مبادئ
الكيمياء الهندسية

بسم الله الرحمن الرحيم

" ربنا لا تؤاخذنا إن نسينا أو أخطأنا "

" سورة البقرة : الآية 286 "

" صدق الله العظيم "

مبادئ
الكيمياء الهندسية

الأستاذ الدكتور

محمد مجدي واصل

أستاذ الكيمياء الفيزيائية بكلية العلوم
جامعة الأزهر

2010 م

الأكاديمية الحديثة للكتاب الجامعى

الكتاب : **مبادئ الكيمياء الهندسية**

المؤلف : **الأستاذ الدكتور محمد مجدى واصل**

رقم الطبعة : الأولى

تاريخ الإصدار : 2010 م

حقوق الطبع : محفوظة للناشر

الناشر : الأكاديمية الحديثة للكتاب الجامعى

العنوان : 82 شارع وادى النيل المهندسين ، القاهرة ، مصر

تلفاكس : 561 33034 (00202) 012/1734593

البريد الإليكترونى: j-Hindi@hotmail.com

رقم الإيداع : 2526 / 2010

الترقيم الدولى : 4 - 46 - 6149 – 977

تحذير :

إهداء

إلى روح أبي وأمي.....

الى زوجتي وأولادي .....

الى أحفادي .....

(نور الدين ، ومحمد ، وجنى ، وحنين ، وروان)

إلى كل الباحثين والدارسين ....

في مصر والعالم العربي ....

أ . د محمد مجدي وا

هم ذكرني ما نسيت ،
وعلمني ما جهلت ،
وانفعني بما علمتني ،
يــــــارب

- سهل أن تعجب بالبدر المكتمل — وصعب أن ترى الجزء الأخر من الصورة

- سهل أن تتمتع بأيام حياتك — وصعب أن تكسبها قيمة حقيقية

- سهل أن تعد احدهم بأمر ما — وصعب أن تفي بوعدك بإخلاص

- سهل أن تنتقد أخطاء الآخرين — وصعب أن تدرك أخطائك الشخصية

- سهل أن تجرح شخصا يحبك — وصعب أن تداوي الجراح التي ألمت به

لقد وجد أن عدداً كبيراً من المنتجات الجديدة للصناعات الكيميائية نجد لها تطبيقات في كافة حقول الهندسة . وأن استعمالها يعتمد غالباً علي خواصها الكيميائية أكثر من خواصها الفيزيائية . وفي كل عام ينمو ويكبر دور الكيمياء والمنتجات الكيميائية في كل فرع من الفروع الهندسية . حيث يوجد في الصناعة ما يقرب من ثلاثمائة منتجاً كيميائياً .

ولقد وجد أن أي تطور حققي في صناعة الطائرات يعتمد علي قوة التعاون بين الكيميائي والمهندس . حيث أن مهندس الطائرات يجب أن يكون علي دراية تامة بالخواص الكيميائية للمواد الجديدة في صناعة الطائرات . وكذلك مهندس الطرق يتعامل مع المواد الكيميائية بصورة أكثر فهو يستعمل معرفته في كيمياء الغرويات لتساعده في إيجاد ظروف تثبت التربة .

ومن بين المواد التي تقدمها الصناعات الكيميائية للطرق العامة الحديثة نجد أن الأنابيب والأشرطة والعواكس البلاستيكية والمطاط والأسفلت ومبيدات الحشرات والأعشاب والراتينجات .

كما يجب علي المهندس المدني أن يكون ملماً بالمبادئ الأولية للتآكل الكهروكيميائي ولتوضيح كيفية حدوث التآكل في محرك السيارة فقد أجريت التجربة التالية : حيث ربط مشبك حديدي علي شكل مربع يمثل محرك السيارة الي طرف جهاز يقيس التيار الكهربائي . وفي الطرف

لمحرك السيارة وأدخلت هذه التشكيلة في محلو كلوريد الكالسيوم ولوحظ تحرك مؤشر جهاز قياس التيار وبعد عدة دقائق تلون محلول الكلوريد بلون الصدأ .

وعليه فإن تفسير المهندس من أن التآكل حدث بسبب محلول الكلوريد القلوي كان غير صحيح .

مما سبق يتضح الهدف من إعداد هذا الكتاب (مبادئ الكيمياء الهندسية) وذلك لتوضيح التطبيقات العملية لبعض الأسس والحقائق الكيميائية بالنسبة لفروع الهندسة الميكانيكية وهندسة البترول والمناجم وهندسة الري . كما يقدم الصفات الكيميائية للمواد القديمة والحديثة التي يستعملها المهندس .

ولقد اشتمل هذا الكتاب (مبادئ الكيمياء الهندسية) علي إثني عشر باباً وهي (حسابات نسب اتحاد المواد في التفاعلات الكيميائية - البترول الخام - وقود المكائن - صناعة الجازولين الحديث - وقود الديزل وأنواع أخري من الوقود - الوقود الغازي - التشحيم ومواد التشحيم - تآكل المعادن - الطلاء الواقي - البلاستيكات - المواد المطاطية - الماء للاستعمالات الصناعية) .

العربية وهو " مبادئ الكيمياء الهندسية " إلى المكتبة العربية ، وأن يحقق

الفائدة المرجوة منه .

و الله ولي التوفيق .

أ . د. محمد مجدي واصل

أستاذ الكيمياء الفيزيائية

بكلية العلوم - جامعة الأزهر

الباب الأول
حسابات نسب اتحاد المواد
في التفاعلات الكيميائية

الباب الأول

حسابات نسب اتحاد المواد في التفاعلات الكيميائية

إن موضوع حسابات نسب اتحاد المواد في التفاعلات الكيميائية في حقل الهندسة الكيميائية هو دراسة موازنات المادة وموازنات الطاقة والقوانين الكيميائية للأوزان المتكافئة كما تطبق في العمليات الصناعية .

وتعتمد موازنة المادة علي قانون حفظ المادة الذي ينص علي أن مجموع كتلة المواد الداخلة عملية ما ، في فترة محددة من الزمن يجب أن يساوي كتلة جميع المواد الخارجة زائداً أي تراكم (Accumulation) قد يحدث في العملية .

فإذا زود فرن فارغ مثلاً بمائة كيلو جرام من الفحم والهواء ، فمجموع المنتجات الغازية زائداً الرماد والمواد المتخلفة الباقية في الفرن يجب أن يساوي مائة كيلو جرام .

والمادة يمكنها أن تتحول إلي طاقة إشعاعية (Radiant Energy) أو تحول عنصري (Transumutation) غير أن فقدان المادة بهذه الكيفية هو من الضالة وإمكانية حدوثه من الندرة بمكان ، بحيث يمكن افتراض سريان مفعول قانون حفظ المادة لكل الأغراض العملية .

وقانون حفظ الطاقة هو الأساس لموازنة الطاقة ، والذي بمقتضاه يمكن تحويل الطاقة من شكل إلي آخر ولكن لا يمكن إتلافها مطلقاً . فإذا وضع 155 كيلو جرام من الفحم في فرن وكان يحتوي علي كمية من الطاقة مقاسة بدرجة حرارته ومحتوي حرارة الاحتراق الذاتية .

وإذا لم يكن هناك فقدان حراري للمحيط ، فيجب أن تظهر نفس الكمية من الطاقة في منتجات الاحتراق من الغازات والمواد الصلبة . حيث أن قسم من هذه الطاقة يمكن أن يظهر كحرارة محسوسة(Heat Sensible) ناشئة عن درجة حرارة منتجات الاحتراق وقسم منها كطاقة ذاتية ناشئة عن عدم اكتمال الاحتراق .

والقوانين الكيميائية للأوزان المتكافئة تعبر عن النسب الوزنية لاتحاد المواد التي تعاني تغيرات كيميائية . فعندما يحترق الكاربون الذي في الفحم إلي ثاني اوكسيد الكاربون ، ويمكن التعبير عن التفاعل الكيميائي :

$$CO_2 \longrightarrow C + O_2$$

وبمقتضي هذه المعادلة ، كتلة ذرية من الكاربون يمكنها الاتحاد مع كتلة جزيئية من الأوكسجين لتكوين كتلة جزيئية من ثاني اوكسيد الكاربون . ويمكن التعبير عنها بوحدات فعلية للكتلة باستعمال الكتل الذرية والجزيئية للمواد المتفاعلة والناتجة . فيمكن القول أن 12 جم من الكاربون يتحد مع 32 جم من الأوكسجين لتكوين 44 جم من ثاني أوكسيد الكاربون .

النظــام الدولـي للوحـدات :

توصف جميع الأنظمة الفيزيائية عادة سواء كانت في حركة أو سكون بواسطة مقاييس معينة . والكميات الأولية كالطول والوقت تعرف وتستعمل كأساس للقياسات .

والكميات الثانوية كالكثافة واللزوجة تعرف بواسطة الكميات الأولية . وتسمي الكميات الأولية الأبعاد . ووحدات القياس للتعبير عن الأبعاد تختلف باختلاف الأنظمة المتبعة للوحدات .

والنظام الدولي للوحدات (International system of units) والذي يسمي اختصاراً SI هو النظام الدولي المتفق عليه في الوقت الحاضر . وقد أخذ هذا النظام يحل محل نظام الوحدات الهندسي الانجليزي ونظام سم . جم – ثانية كما بالجدول التالي :

الوحدات الأساسية للأبعاد بمقتضي هذا النظام هي :

الكتلة	كيلو جرام	كجم
الطول	متر	م
الزمن	ثانية	ثانية
درجة الحرارة	كلفن	ك
كمية المادة	مول	مول
شدة التيار	أمبير	أمبير
شدة الإضاءة	شمعة	شمعة

وتوجد عدة كميات ثانوية اشتقت وحداتها من الوحدات الأساسية وأعطيت أسماء خاصة للسهولة ، إلا أن هذه الأسماء ليست أساسية لنظام الوحدات . ومن هذه الكميات الثانوية والتي لها أهمية في الحقل الهندسي القوة والضغط والطاقة والقدرة .

فالقوة تساوي الكتلة × معدل تغير السرعة ويعبر عنها (كجم) (م) / (ثانية)^2 بالوحدات الأساسية . وقد أعطي اسم نيوتن لهذا المركب من الوحدات .

نيوتن = (كجم) (م) / (ثانية)^2

ويعرف الضغط بالقوة المسلطة علي وحدة المساحة ، ويمكن التعبير عنه (كجـم) (م) / (ثانية)^2 أو نيوتن / م^2 ، ويطلق اسم باسكال علي هذا التركيب من الوحدات .

باسكال = (كجم) (م) / (ثانية)^2 أو نيوتن / م^2

غير أن وحدة الضغط الشائع استعمالها هي البار وهـي ليسـت في الحقيقـة مـن عائلـة النظام الدولي للوحدات ولكنها شاملة الاستعمال في الممارسات الصناعية .

وبار واحد = 100.000 باسكال وقيمة البار قريبة جداً من الضغط الجوي القياسي حيث : بار واحد = 0.986923 ضغط جوي قياسي أو ضغط جوي قياسي 1.01325 بار .

والشغل يساوي القوة × المسافة أو الضغط × تغيـر الحجـم ووحـدة الشغل أو الطاقـة نيوتن – متر وتسمي جول وهي الوحدة الوحيدة المعترف بها دولياً لأي نوع من الطاقة . أي جول = نيوتن – متر

وتعرف القدرة بمعدل الشغل لوحدة زمن ووحدتها جـول / ثانيـة وتسـمي وات (Watt) والوات = جول / ثانية .

ومن الخصائص الجيدة للنظام الدولي للوحدات استعمال المضاعفات والأجزاء العشريـة للوحدات باستعمال كلمات معينة سابقة (Prefixes) للوحدات .

مثل كيلو بار ويساوي 1000 بار وميكرومتر يساوي 1×10^{-6} متر والجـدول التـالي يبـين الكلمات السابقة للوحدات في النظام الدولي لتحويلها إلي مضاعفات أو أجزاء عشرية لها .

الكلمات السابقة للوحدات في النظام الدولي

المعامل	الكلمة السابقة		المعامل	الكلمة السابقة	
10^{-18}	اتو	Atto	10^{-1}	ديكا	Deka
10^{-15}	فيمتو	Femto	10^{-2}	هيكتو	Hecto
10^{-12}	بيكو	Pico	10^{-3}	كيلو	Kilo
10^{-9}	نانو	Nano	10^{-6}	ميجا	Mega
10^{-6}	مايكرو	Micro	10^{-9}	جيجا	Giga
10^{-3}	ملي	Milli	10^{-12}	تيرا	Tera
10^{-2}	سنتي	Centi			
10^{-1}	دسي	Deci			

وعندما يرفع مضاعف الوحدة أو جزء الوحدة العشري فالقوة تشمل كل المضاعف أو الجزء وليس الوحدة فقط . **1** دسم^3 هو حجم مكعب ضلعه **1** دسم أو **0.1** م ويساوي الحجم **0.001** م^3 وليس **0.1** م^3 .

<u>النظام الهندسي الانجليزي ونظام سم - جم - ثانية للوحدات :</u>

ولو أن النظام الدولي للوحدات اخذ يحل تدريجياً الآن محل النظام الهندسي الانجليزي ونظام سم – جم – ثانية للوحدات ، إلا أنهما لا يزالا سائدين في الكتب والمصادر الهندسية في الوقت الحاضر .

ولذلك يصبح من الضروري لطالب الهندسة القدرة علي تحويل الوحدات من نظام إلي آخر . والجدول التالي يبين أهم الوحدات للأنظمة الثلاثة .

	الطول	الزمن	الكتلة	القوة	الطاقة	درجة الحرارة
النظام الدولي	متر	ثانية	كيلو جرام	نيوتن	جول	كلفن
النظام الهندسي الانجليزي	قدم	ثانية	كتلة باوند	قوة باوند	وحدة حرارية بريطانية	فهرنهايت أو رانكين
نظام سم.جم-ث	سنتمتر	ثانية	جرام	داين	أرك أو جول أو سعرة حرارة	مئوية أو كلفن

ويبين الجدول التالي العلاقة بين قيم وحدات النظام الدولي وقيم وحدات النظامين الهندسي الانجليزي والمتري (سم - جم - ثانية) .

الكميـــة		التحويـــــــــــل	
الطول	1 م	=	100 سم
		=	3.2808 قدم
		=	39.37 انج
الكتلة	1 كجم	=	1000 جم
		=	2.2046 كتلة باوند
القوة	1 نيوتن	=	1 كجم (م) / $(\text{ثانية})^2$
		=	10^5 داين
		=	0.2248 قوة باوند
الضغط	1 باسكال	=	1 نيوتن / م^2
		=	10 داين / سم^2
		=	1.4054×10^{-4} قوة باوند / انج^2
		=	1×10^{-5} بار

الحجم	1 م^3	=	10^6 سم^3
		=	1000 لتر (دسم^3)
		=	35.3147 قدم^3
		=	264.172 جالون أمريكي
الكثافة	1 كجم/م^3	=	1 جم / دسم^3
		=	0.001 جم / سم^3
		=	0.06243 كتلة باوند / قدم^3
		=	0.00835 كتلة باوند /جالون أمريكي
الطاقة	1 جول	=	1 كجم (م)^2 / (ثانية)^2
		=	1 نيوتن – م
		=	1 وات ثانية
		=	10^7 داين سم
		=	10^7 إرك
		=	10 (سم^3) (بار)
		=	0.2390 سعر
		=	9.8692 (سم^3) (ضغط جوي)
		=	0.7376 قدم – قوة باوند
		=	9.4783 × 10^{-4} وحدة حرارية بريطانية
القدرة	1 وات	=	1 كجم (م)^2 / (ثانية)^3
		=	1 جول / ثانية
		=	1 فولت (أمبير)
		=	0.2390 سعر / ثانية
		=	0.7376 قدم – قوة باوند / ثانية
		=	1.341 × 10^{-3} قوة حصانية
		=	5.687 × 10^{-2} وحدة حرارية بريطانية/ دقيقة

مثـال : تحويل الوحدات :

إذا كانت سرعة طائرة ضعف سرعة الصوت (بفرض أن سرعة الصوت = 335 م/ثانيـة) ،
فما سرعتها بالكيلو مترات في الساعة ؟

الحـل :

2	335 م	1 كم	60 ثانية	60 دقيقة
	ثانية	1000 م	1 دقيقة	1 ساعة

= 2412 كم / ساعة

ولتقليل احتمالات الأخطاء عند تحويل الوحدات من نظام إلي آخر استخدمت في المثال
1 أعلاه ما يسمي معادلة الأبعاد (Dimensional Equation) التي تضم الوحدات والأرقام معاً .

فلقد ضربت السرعة بعـدد مـن النسـب تسـمي معـاملات التحويـل ذات قـيم مكافئـة
لمجاميع الوقت والمسافة وغير ذلك للوصول إلي الجواب النهائي المرغوب . وتحتوي معادلـة الأبعـاد
علي خطوط عمودية مرتبة لفصل النسب عن بعضها .

ولهذه الخطوط نفس معني علامة الضرب (X) موضوعة بـين كـل نسـبة . ومـن المفيـد
للطالـب أن يتعـود عـلي كتابـة الوحـدات دائمـاً بجانـب القـيم العدديـة المقترنـة (إلا إذا كانـت
الحسابات سهلة جداً) حتي يصبح ملماً باستعمال الوحدات والأبعاد ويستطيع انجازها ذهنياً .

وحدة المول أو وحدة الجزيء الجرامي :

تعرف وحدة المول واحياناً تكتب مختصرة (Mol) في النظام الدولي للوحدات علي أنها
كمية المادة التي تحتوي علي عدد من الجسيمات

الأولية ، مساوي لعدد ذرات الكاربون الموجودة في 0.012 كجم

من نظير الكاربون 12 .

وتحتوي المول الواحدة علي $6.02252×10^{-23}$ من الجسيمات الأولية . والجسيمات في حالة معظم الغازات في درجات الحرارة العادية تعني الجزيئات (Molecules) ، أما في حالة وجود الأيونات والذرات وغيرها مع الجزيئات فكلها تعتبر جسيمات أولية .

وكتلة المول تسمي الكتلة المولية أو كتلة جزيء جرامي . فكتلة مول من الأوكسجين تساوي 0.032 كجم ، بينما 32 كجم من الأوكسجين تكون كيلو مول واحد من الأوكسجين . أي أن :

$$عدد المولات = \frac{الكتلة\ بالجرامات}{الكتلة\ المولية}$$

$$عدد الكيلو مولات = \frac{الكتلة\ بالكيلوجرامات}{الكتلة\ المولية}$$

وتتكون كتل المول النسبية لمختلف العناصر والمركبات من مجموع الأوزان الذرية لمكونات المول علي أساس مقياس اختياري معين لكتل العناصر النسبية . ويستعمل نظير الكاربون 12 كعنصر قياسي مرجعي الآن لقياس كتل العناصر الاخري ، ووزنه الذري يساوي 12 تماماً في سلم الأوزان الذرية . وتجدر الإشارة هنا إلي أنه يجب عدم الاستمرار في استعمال الاصطلاحين الوزن الذري والوزن الجزيئي ، والاستعاضة عنهما بالاصطلاحين : الكتلة الذرية والكتلة المولية أو كتلة الجزيء ، اللذين هما أكثر دقة لعدم اعتمادهما علي الجاذبية الأرضية التي تختلف من محل إلي آخر .

غير أن الوزن كان الأسلوب الأساسي لمقارنة الكتل الذرية والأوزان الذرية النسبية الناتجة عن ذلك هي في الحقيقة مماثلة للكتل الذرية النسبية طالما استخدمت نفس قيمة الجاذبية في الحسابات .

موازنة المادة : (Material Balance) :

إن أساس موازنة المادة هو قانون حفظ المادة . ويمكن تصور تطبيق هذا القانون بتخيل صندوق فارغ يصب فيه ثلاث مجاري من المواد ويخرج منه مجري واحد .

فمجموع وزن المجاري الثلاثة الداخلة خلال فترة محددة من الزمن يجب أن يساوي مجموع وزن المجري الخارج زائداً الوزن الإضافي لمكتسب للصندوق الناشئ عن تراكم المواد فيه خلال الفترة المذكورة .

ويمكن تطبيق قانون حفظ المادة علي العناصر الكيميائية أيضاً ، حيث يمكن الافتراض بأنه من المستحيل عملياً تحويل عنصر إلي عنصر آخر . فإذا دخلت مثلاً عشرة كيلو جرامات من الكاربون المفاعل ، فيجب أن تخرج عشرة كيلو جرامات من الكاربون من المفاعل أو تتراكم فيه .

ولا يغير شيئاً شكل الاتحاد الكيميائي الذي يطرأ علي الكاربون عند ظروف دخوله أو خروجه المفاعل . وطالما تطبق الموازنة علي عنصر الكاربون أو الهيدروجين أو الأوكسجين ، فالموازنة الكلية يجب أن تطبق ايضاً .

المادة الرابطة :

تسهل الأعمال الرياضية الضرورية غالباً في حسابات اتحاد المواد ، إذا وجدت المادة التي تدخل العملية في مجري واحد فقط

وتخرج منها غير متغيرة في مجري واحد آخر . وتسمي مادة كهذه المادة الرابطة .

ومثل جيد لـذلك يحـدث في مركز (Concentrator) مسـتمر لمحلول ملحـي . فيسـيل المحلول الملحي المخفف إلي المركز الذي يتبخر فيه الماء ثم يندفع خارجاً المحلول الملحي المركز .

ويمكن الافتراض في هذه العملية ، بعدم حصول أي تراكم في المركز ، حيث يأتي كل الملح في مجري واحد إلي الجهاز ويخرج بنفس الكمية بمجري آخر . ويمكن أن يؤخذ الملح عندئذ كمادة رابطة في هذه العملية .

ولإيضاح التطبيق المباشر للمادة الرابطة لحسابات موازنة المادة ، لنأخذ الحالة التي يراد فيها حساب كمية الماء المتبخر من 100 كجم من محلول 10% وزناً NaCL في الماء لتركيزه إلي محلول 20% وزناً NaCL .

فإذا أخذنا كأساس للحل 100 كجم من المحلول الأصلي فيوجد 10 كجم من الملح و90 كجم من الماء فيه قبل التركيز ، ويجب إن يكون هناك في المحلول المركز الباقي 10 كجم من الملح التركيز . ولذا يمكن اعتبار الملح مادة رابطة حيث يدخل جميعه في مجري واحد ويخرج دون تغير في مجري واحد آخر أيضاً .

فإذا فرضنا X يمثل كجم من الماء الباقي في المحلول المركز ، $\dfrac{10}{X+10}$ (100) يجب إن

يساوي تركيز الملح في المحلول المركز ، $\dfrac{10}{X+10}$ (100) = 20

وبحل المعادلة لإيجاد قيمة X ، X = 40

فقبل التركيز ، يوجد 90 كجم من الماء في المحلول لكل 100 كجم من المحلول الأصلي أو لكل 10 كجم من الملح . وبعد التركيز يوجد 40 كجم من الماء في المحلول النهائي لكل 10 كجم من الملح .

فكمية الماء المتبخر لكل 100 كجم من المحلول الأصلي يجب لذلك أن تساوي 90-40=50 كجم .

مثـــال :

تطبيق موازنة المادة المتضمن مادة رابطة في مسائل ترطيب الهواء (Humidification) .

وجد في عملية مستمرة ، 100 كجم من الهواء الرطب في الدقيقة يحتوي علي 0.02 كجم من بخار الماء لكل كجم من الهواء الجاف . يدخل حجرة ترطيب حيث يضاف فيها بخار الماء إلي الهواء .

ويحتوي الهواء الخارج من الحجرة علي 0.05 كجم بخار ماء لكل كجم من الهواء الجاف والمطلوب حساب كمية الماء المضاف إلي الهواء الرطب الداخل في الدقيقة .

والشكل التالي رسم تخطيطي للعملية .

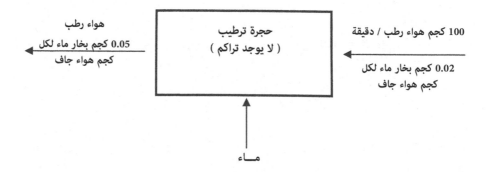

الحـــل :

ليكن أساس الحل دقيقة واحدة ، ومعادلة إلي 100 كجم من الهـواء الرطـب الـداخل إلي الحجرة . كل الهواء الجاف الداخل للحجرة في مجري واحد يجب أن يخرج في مجري الهواء الخارج ، ولذا يمكن اعتبار الهواء مادة رابطة .

نفرض أن X يساوي وزن بخار الماء الـداخل للحجـرة في الدقيقـة ، فـوزن الهـواء الجـاف الداخل للحجرة يجب أن يساوي 100 – X كجم . وحيث أن كجم بخار ماء لكل كجم هـواء جـاف في المجري الداخل يساوي 0.02 ، لذا $\frac{X}{X - 100} = 0.02$ ، X = 1.96 كجم / دقيقة

كجم هواء جاف داخل إلي الحجرة = كجم هواء جـاف خـارج مـن الحجـرة = 100 – 1.96 = 98.04 كجم / دقيقة

وحيث يوجد 0.05 كجم بخار الماء لكل كجم هواء جاف خارج من الحجرة ، فكجم بخار ماء خارج من الحجرة في الدقيقة يساوي (0.05)(98.04) = 4.90 وبما أن الحسابات المتقدمة أنجزت علي أساس دقيقة واحدة ، لذلك فكجم الماء المضاف إلي الهواء الأصلي في الدقيقة يساوي كجم بخار الماء الخارج مع الهواء النهائي في الدقيقة ناقصاً كجم بخار الماء الداخل مع الهواء الأصلي في الدقيقة ، أو 1.69-4.90= 2.94 كجم من الماء أضيف إلي الهواء في الدقيقة .

مثـــال :

عند تطبيق موازنة المادة علي مجار متعددة . يراد تحضير خليط يحتوي علـي 30% وزنـاً حامض النتريك و 40% وزناً حامض الكبريتيك و 30% وزناً ماء بصورة مستمرة وذلك بخلط حامض الكبريتيك المركز

(98% وزناً H_2SO_4 و 2% وزناً H_2O) وحامض النتريك المركز (90% وزناً HNO_3 و 10% وزناً H_2O)

وحامض النفاية (20% H_2SO_4 و 75% H_2O و 5%HNO_3). المطلوب حساب الكيلوجرامات الضرورية من حامض الكبريتيك المركز وحامض النتريك المركز وحامض النفاية لكل 1000 كجم من الخليط النهائي.

والشكل التالي رسم تخطيطي للعملية

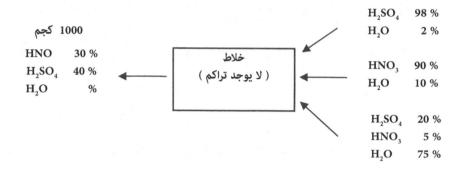

الحـل :

أساس الحل 1000 كجم من الخليط النهائي .

نفرض x = كجم حامض الكبريتيك المركز الضروري و y = كجم حامض النتريك المركز الضروري و z = كجم حامض النفاية الضروري .

موازنة المواد الكلية :

الوزن الداخل = الوزن الخارج

الوزن الداخل = $x + y + z$

الوزن الخارج = 1000 ... (1)

موازنة HNO_3 :

وزن HNO_3 الداخل = **Z 0.05 + Y 0.90**

وزن HNO_3 الخارج = (1000) (0.30)

300 = Z 0.05 + Y 90 ... (2)

موازنة H_2SO_4 :

وزن H_2SO_4 الداخل = **Z 0.20 + X 0.98**

وزن H_2SO_4 الخارج = (1000) (.040)

400 = Z 0.20 + X 0.98 ... (3)

تمثل المعادلات (1) و (2) و (3) ثلاثة معادلات مستقلة متضمنة ثلاثة مجاهيل ، يمكن حلها لتنتج :

X = 338 كجم حامض الكبريتيك المركز الضروري .

Y = 313 كجم حامض النتريك المركز الضروري .

Z = 349 كجم حامض النفاية الضروري .

1000 كجم مجموع الوزن

ويمكن التأكد من هذه النتائج بتطبيق موازنة الماء للعملية

وزن الماء الداخل=(338)(0.02) + (313)(0.10) + (349)(0.75)=300

وزن الماء الخارج = (1000) (0.30) = 300

وحيث أن وزن الماء الداخل للجهاز يساوي وزن الماء الخارج من الجهاز فموازنة الماء متوفرة والنتائج لذلك صحيحة .

التفاعلات الكيميائية ووحدات المول :

وجد أنه عندما تتضمن العملية تفاعلات كيميائية فالأفضل معاملة موازنات المـادة عـلي أساس حفظ العناصر باستعمال وحدات المول . فإذا احترق 24 كجم من الفحم مثلاً إلي ثاني أكسيد الكاربون وأول اوكسيد الكاربون .

وكانت كمية ثاني اوكسيد الكاربون المتكون 66 كجم كما يشير التحليل ، فيمكن حساب كمية أول أكسيد الكاربون المتكون بموازنة الكاربون .

والكتلة المولية لثاني أوكسيد الكاربون هي 44 ، لذلك يوجد 44/66 = 1.5 كيلو مول من ثاني اوكسيد الكاربون متكون ، وذلك باستعمال وحدات المول . وحيث أن كيلو مول واحد من CO_2 يحتوي علي 12 كجم كاربون و 32 كجم أوكسجين .

فيحتوي 1.5 كيلو مول مـن CO_2 عـلي (1.5) (12) = 18 كجـم كـاربون . 24 كجم مـن الكاربون يدخل التفاعل و 18 كجم من هذا الكاربون يتحـول إلي CO_2 . فبقيـة الكاربون ، أو 24- 18 = 6 كجم يجب أن يكون متحولاً إلي CO .

وبما أن كيلو مول واحد من CO يحتوي 12 كجم كاربون و 16 كجم أوكسجين ، وحيث أن 6 كجم من الكاربون في CO ، فيجب أن يكون 0.5 كيلو مول من CO قد تكون . كيلو مول واحد من CO يزن 28 كجم ، فمجموع وزن CO المتكون (0.5) (28) = 14 كجم .

القوانين الكيميائية والأوزان المكافئة :

يمكـن التوصـل إلي العلاقـة بـين أوزان المـواد المتفاعلـة (Reactants) والمـواد الناتجـة (Products) في تفاعل كيميائي من دراسة معادلة التفاعل والكتل المولية للمواد المشمولة .

فتكتب المعادلة بحيث تكون المواد المتفاعلة في الجهة اليسري والمـواد الناتجـة في الجهـة اليمني . والكتل المولية لأي عنصر أو مركب يمكن الحصول عليها من جدول الأوزان الذرية ..

ولتوضيح ذلك ، يمكـن أن يؤخـذ إنتـاج ثـاني اوكسـيد الكبريـت بأكسـدة بـيرات الحديـد (Pyrites) كمثل . فالمواد المتفاعلـة هـي الأوكسـجين والبـيرات، والمـواد الناتجـة هـي ثـاني اوكسـيد الكبريت واوكسيد الحديديك . ويمكن كتابة المعادلة الموزونة كما يلي :

$$4FeS_2 + 11O_2 = 2Fe_2O_3 + 8SO_2$$

وعلي ذلك فالصيغة الكيميائية للبيرات يمكن أن تؤخذ FeS_2 ، والكتلة المولية لهذا المركب تساوي الوزن الذري للحديد زائداً ضعف الوزن الذري للكبريـت . أو تسـاوي 55.85+(2) (32.06) = 119.97 ويمكن الحصول علي الكتل المولية للمواد الاخري المشمولة في التفاعل بطريقة مماثلة .

وحسب معادلة التفاعل 4 مولات من FeS_2 تتفاعل مع 11 مول O_2 لتنتج مـولين Fe_2O_3 و 8 مولات SO_2 . ويمكن كتابة ذلك بشكل يدل علي الأوزان الموجودة بالاتحاد :

$$4FeS_2 + 11O_2 = 2FO_2O_3 + 8SO_2$$

(4) (119.97)   (11) (32.0)   2(159.70)   8(64.06)

479.88   352.00   319.40   512.48

أي أن 479.88 أجـزاء وزنيـة FeS_2 تتفاعـل مـع 352.00 أجـزاء وزنيـة أوكسـجين لإنتـاج 319.40 أجزاء وزنية Fe_2O_3 و 512.48 أجزاء وزنية SO_2 .

وهذه النسب الوزنية يجب أن تسري علي هذا التفاعل بغض النظر عن كمية كل المـواد الموجودة . فإذا كان وزن احد المركبات معروفاً ، فمن الميسور حساب الكميات النظريـة للمركبـات الثلاثة الاخري .

فكمية الأوكسجين الضرورية للتفاعل مـع 100 كجـم مـن كبريتيـد الحديـد تسـاوي وزن الأوكسجين اللازم لكيلو جرام من كبريتيد الحديد مضروباً بمائة . أو :

$\frac{352.00}{479.88}$ (100) = 73.5 كجم من الأوكسجين اللازم للتفاعل مع 100 كجم من كبريتيد الحديـد .

وبطريقة مماثلة ، وزن اوكسيد الحديديك الناتج من 100 كجم FeS_2 يكون : $\frac{319.40}{479.88}$ (100) = 66.6 كجم

ووزن ثاني اوكسيد الكبريت الناتج $\frac{512.48}{479.88}$ (100) = 106.9 كجم ويمكن التأكد من هذه النتائج بتحديد إمكانية إجراء الموازنة الكلية .

مجموع أوزان المواد المتفاعلة = 100 + 73.5 = 173.5 كجم .

مجموع أوزان المواد الناتجة = 66.6 + 106.9 = 173.5 كجم .

وحيث أن وزن المواد الناتجة يساوي وزن المواد المتفاعلة فشرط الموازنة الكلية متوفر والنتائج لذلك صحيحة .

<u>قوانيـــن الغـــازات :</u>

وعند تطبيق مبادىء حسابات نسب اتحاد المواد للغازات ، فالعلاقة بين كتلة المادة ودرجة الحرارة والضغط والحجم مهمة جداً .

وهناك طرق عديدة متوفرة تبين تأثير تبدل واحد أو أكثر من هذه المتغيرات .

والقوانين التي تطبق علي ما يسمي الغازات المثالية (Idea Gases) مهمة جداً ، ولو أنها ليست دقيقة ولكنها تعطي نتائج وافية بالغرض للحسابات العادية طالما تكون الغازات المعنية تحت ضغط لا يزيد عن ضغط جوي واحد أو اثنين .

قانـون الغـاز المثالي :

أدت البحوث التجريبية لعدد كبير من الغازات المختلفة وفي ظروف متغيرة إلي المعادلة التالية ، المشتقة عملياً ، والتي تسمي معادلة الغاز المثالي : $PV = nRT$

حيث P = الضغط المطلق كجم / (م) (ثانية) أو نيوتن / م^2 أو باسكال . و V = حجم مولات n من الغاز . و n = عدد المولات من الغاز . و T = درجة الحرارة المطلقة ك . و R = ثابت الغاز العام .

R = 8.314 (كجم) (م^2) / (ثانية)^2 (مول) (ك) أو R = 8.314 (نيوتن) (م) / (مول) (ك)

.

والتعبير عنه بالوحدات الثانوية أكثر شيوعاً ، حيث يستعاض عن نيوتن متر بجـول : R = 8.314 جول / (مول) (ك) .

ومقياس درجة الحرارة المطلقة يعتمد علي نقطة الصفر المطلقة ، تلك الدرجة التي تتوقف عندها نظرياً حركة الجزيئات . ولقد وجد أن هذه الدرجة تساوي = -273°م ودرجة الحرارة المطلقة بدرجات كلفن = درجة الحرارة بالمقياس المئوي + 273 .

مثـال :

احسب الحجم الذي يشغله مولان من الغاز المثالي تحت ضغط 120 كيلو باسـكال **Kpa** وعند درجة حرارة 300 ك .

الحـل :

$$V = \frac{nRT}{P} \quad \therefore \quad V = \frac{(2)(8.314)(300)}{(120)(1000)} = 0.04157 \text{ م}^3$$

مثـال :

إذا كانت درجة حرارة غاز 311 ك وضغطه 96.5 كيلو باسكال ويشغل حجماً مقداره 1.416 م^3 ، فما حجمه إذا تغيرت درجة الحرارة إلي 339 ك والضغط إلي 172.4 كيلو باسكال ؟

الحـل :

يمكن التعبير عن الظروف الأولي حسب قانون الغاز المثالي :

$$(96.5)\ 1.416 = (n)\ (R)\ (311) \qquad (1) \ldots$$

نفرض أن **V** يمثل الحجم في الظروف الثانية والتي يمكن التعبير عنها :

$$(172.4)\ (V_2) = (n)\ (R)\ (339) \qquad (2) \ldots$$

وحيث لم يضف أو يؤخذ غاز من الجهاز فعدد مولات الغاز يجب إن تكون متساوية في المعادلتين (1) و (2) . كما أن قيمة **R** ثابتة لكلي المعادلتين وذلك لاستعمال نفس الوحدات للكميات المماثلة . وبتقسيم المعادلة (2) علي المعادلة (1) يحذف **n** و **R** وينتج حجم الغاز في الظروف الثانية .

$$\frac{(172.4)(V_2)}{(96.5)(1.416)} = \frac{(n)(R)(339)}{(n)(R)(311)}$$

$$0.864 \, \text{م}^3 = \frac{(1.416)(96.5)(339)}{(172.4)(311)} = V_2$$

قانـــون دالتـــون : Dalton's Law :

يعرف الضغط الجزئي لكل من الغازات المكونة لخليط غازي بأنه الضغط الـذي يسـلطه الغاز المكون لو وجد لوحده في نفس حجم وعند نفس درجة حرارة الخليط الغازي .

وينص قانون دالتون علي أن الضغط الكلي لخليط مـن الغـازات المثاليـة يساوي حاصل جمع الضغوط الجزئية للغازات المكونة إلي يتألف منها الخليط ، أي أن : $P = Pa + Pb + Pc + $

....

حيث : P الضغط الكلي و Pc , Pb , Pa وغير ذلك الضغوط الجزئيـة لكـل مـن الغـازات المكونة .

ونتيجـة طبيعيـة مهمـة جـداً لقـانون دالتـون تـنص علـي إن نسبة الجـزء المـولي Mole Fraction لغاز مكون في خليط من الغازات المثالية يساوي الضـغط الجزئي لهـذا المكون مقسـوماً علي الضغط الكلي .

$$Xa = \frac{na}{na + nb + nc + ...} = \frac{Pa}{P}$$

ويمكن البرهنة علي ذلك باستعمال قانون الغاز المثالي بـالاقتران مـع قـانون دالتـون ، لـذا فللغاز المثالي :

(1) Pav = na RT

(2) (Pa + Pb + ...) V = PV = (na + nb + ..) RT

وبقسمة المعادلة (1) علي المعادلة (2) :

$$\frac{Pa}{P} = \frac{na}{na + nb + nc + ...} Xa =$$

<u>قانـــون الحجــوم :</u>

يعرف حجم الغاز النقي في خليط من الغازات بأنه الحجم الذي يشغله ذلك الغاز لو وجد لوحده في نفس درجة حرارة وضغط الخليط الغازي . وينص قانون الحجوم علي أن الحجم الكلي الذي يشغله خليط غازي يساوي حاصل جمع حجوم الغازات النقية ، أو :

$$V = Va + Vb + Vc + ...$$

حيث V = الحجم الكلي و va , vb , vc الخ ... حجوم الغازات النقية التي يتألف منها الخليط .

وتنص نتيجة طبيعية لقانون الحجوم علي أن نسبة الجزء المولي لغاز في خليط من الغازات المثالية ، تساوي حجم الغاز النقي مقسوماً علي الحجم الكلي للخليط ، أو :

$$Xa = \frac{va}{V}$$

ويمكن إثبات ذلك بنفس الأسلوب الذي اتبع لإثبات قانون دالتون . بما أن النسبة المئوية للمول تساوي نسبة الجزء المولي مضروباً بمائة . والنسبة المئوية للحجم تساوي نسبة الجزء الحجمي مضروباً بمائة .

ولذا يمكن القول بأن النسبة المئوية للحجم لغاز في خليط من الغازات المثالية تساوي دائماً نسبته المئوية المولية في الخليط . وتستعمل هذه الحقيقة بصورة واسعة في حسابات نسب اتحاد المواد لتسهيل الحسابات المعتمدة علي تحاليل النسب المئوية للحجم في خليط غازي .

مثـال :

يدفع نفاخ (Blower) هواء جاف بدرجة حرارة تساوي 323 كلفن وضغط يساوي بار واحد ، ثم يضاف إلي الهواء المدفوع 10 كجم من الامونيا في الدقيقة . وعند تحليل عينة من الخليط الغازي تبين انه

يتكون من : NH_3 %15.0 , O_2 %17.9 , N_2 %67.1

حجماً والمطلوب حساب معدل سرعة الهواء المدفوع بالنفاخ كمتر مكعب في الثانية .

يمكن اعتبار تركيب الهواء الجاف NH_2 %79 , O_2 %21 .

الحـل :

الشكل التالي يبين رسماً تخطيطاً للعملية :

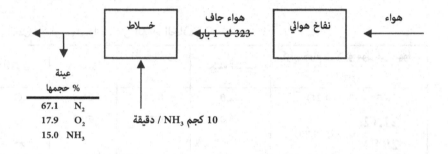

عدد كيلو مول NH_3 في الخليط الغازي = $\frac{10}{17}$ = 0.59 كيلو مول . 0.59 كيلو مول =

15% حجماً من الخليط الغازي = 15% مولاً من الخليط الغازي .

نفرض x = مجموع الكيلومولات من NH_3 , N_2 , O_2 في الخليط .

$0.59 = x\ 0.15$ ، $3.93 = x$

عدد الكيلو مولات للأوكسجين والنتروجين في خليط الامونيا والهواء يساوي عدد الكيلو مولات للأوكسجين والنتروجين في الهواء

المدفوع بالنفاخ = 3.93 – 0.59 = 3.34 كيلو مول من الهواء يدفعه النفاخ علي أساس دقيقة واحدة

معدل سرعة الهواء باستعمال قانون الغاز المثالي $V = \frac{nRT}{P}$

$n = 3.34$ كيلو مول = (3.34) (1000) مول

$$V = \frac{(1000)(3.314)(8.314)(323)}{100.000} =$$ 89.693 م^3/ دقيقة

<u>مثــال :</u>

المطلوب حساب معدل الكتلة المولية والكثافة للهواء الجـاف عنـد درجـة حـرارة 294.4 كلفن وضغط 0.973 بار ، مع فرض أن الهواء الجاف يحتوي عـلي O_2 بنسـبة 21 % و N_2 بنسـبة 79% حجماً .

<u>الحــل :</u>

أساس الحل : كيلو مول واحد من الهواء الجاف

المكون	% حجما	نسبة الجزء المولي	الكتلة المولية	كيلو جرام في كيلو مول من الهواء الجاف
O_2	21.0	0.21	32.0	6.72 = (32) (0.21)
N_2	79.0	0.79	28.0	22.12 = (28) (0.79)
المجموع				28.84

كيلو مول واحد من الهواء يزن 28.8 كجـم ، لـذلك فمعـدل الكتلـة الموليـة للهـواء هـو 28.48

حجم كيلو مول واحد من الهواء عند درجة 294.4 كلفن وضغط 0.973 بار هو $\frac{nRT}{P}$

$V =$

$$V = \frac{(1)(1000)(8.314)(294.4)}{(0.973)(100.000)} =$$ 25.156 م^3

كثافة الهواء الجاف عند 294.4 كلفن و0.973 بار هي $\frac{28.84}{25.156}$ = 1.1464 كجم / م^3

مثـال :

يتفكك N_2O_4 جزئياً في الحالة الغازية حسب المعادلة التالية : $N_2O_4 = 2NO_2$ فإذا وجد 24.0 جم من خليط غازي محتوياً علي N_2O_4 و NO_2 يشغل حجماً مقداره 15.100 سم^3 عند درجة حرارة 363 كلفن وضغط 0.973 بار . المطلوب حساب النسبة المئوية لتفكك N_2O_4 إلي NO_2

الحـل :

أساس الحل : **24.0** جم N_2O_4 قبل التفكك . والكتلة المولية لغاز N_2O_4 = 92 مول من

N_2O_4 موجود قبل التفكك = $\frac{24.0}{92}$ = 0.261

نفرض أن **X** = عدد مولات N_2O_4 التي تفككت . وحيث أن مولين من NO_2 تتكون لكل مول واحدة N_2O_4 تتفكك **X2** = عدد مولات NO_2 متكونة .

وعدد المولات النهائية في الغاز = عـدد مـولات N_2O_4 + عـدد مـولات NO_2 = (**0.61 – X**) + **X2**

وباستعمال قانون الغاز المثالي ، العدد النهائي لمولات الغاز هي : $n = \frac{PV}{RT}$

$$= \frac{(0.973)(100,000)(15,1000)}{(8.314)(363)(1,000,000)} = 0.487$$ مول

لذلك ، **0.487 = X 2 + (0.261 – X)**   **∴ X = 0.226**

النسبة المئوية لتفكك N_2O_4 هي $\frac{0.226}{0.261}$ (100) = 86.7%

موازنـة الطاقـة :

ينص قانون حفظ الطاقة على أن الطاقة لا تفنى ولا تستحدث ، ومجموع كميـة الطاقـة الداخلة لجهاز معين يجب أن تساوي الطاقة الخارجة زائداً أي طاقة متراكمـة في الجهـاز . ويسـمى التعبير الرياضي لهذا القانون موازنة الطاقة .

ويوجد نوعان أساسيان للطاقة هما الطاقة الكامنة والطاقـة الحركيـة . والطاقـة الكامنـة تشير إلى طاقة الجسم أو المادة الناتجة عن موضع ذلك الجسم أو المادة نسبة إلى مادة أخرى .

مثلاً قطعة فحم تحتوي على طاقة كامنة معينـة عنـدما توضـع عنـد مسـافة ثابتـة مـن سطح الأرض وذلك لقدرتها على السقوط والارتطام بسطح الأرض بعزم يعتمد على كتلتها وسرعتها . وتشير الطاقة الحركية إلى الطاقة الناشئة عن الحركـة . فالرصاصـة بعـد انطلاقهـا يكـون لهـا طاقـة حركية ناشئة عن حركتها .

وانسياب الحرارة من جسم إلى آخر يمكن اعتباره طاقة في حالـة انتقـال - **Energy in Transition**) فعندما تنساب الحرارة من الجسم الحار إلى الجسم البـارد تـزداد الطاقـة الداخليـة للجسم البارد على حساب الطاقة الداخلية للجسم الذي انتقلت منه الحرارة .

والشغل نوع آخر من الطاقة في حالة انتقال . ويعرف الشغل بالطاقة المنتقلة بفعل قوة ميكانيكية متحركة تحت ضوابط معينة خلال مسافة ملموسة . ولا يمكن خزن الشغل كشغل ، ولكن القدرة لعمل شغل يمكن خزنها كطاقة كامنة أو طاقة حركية أو طاقة داخلية .

السعة الحرارية والحرارة النوعية :

يتطلب غالباً في أكثر الأعمال الكيميائية ذات العلاقة بالحرارة حساب كمية الحرارة اللازمة لرفع درجة حرارة جسم معين قيمة معينة . ويمكن حساب ذلك باستعمال السعة الحرارية أو الحرارة النوعية .

وتعرف السعة الحرارية بكمية الحرارة اللازمة لرفع درجة حرارة كمية معينة من المادة درجة حرارية واحدة . والحرارة النوعية لجسم معين هي نسبة السعة الحرارية لذلك الجسم إلى السعة الحرارية لوزن مساو له من الماء في درجة حرارة 288.13 كلفن .

فإذا كانت الحرارة النوعية لمادة ما تساوي 2.3 مثلاً فمعناها أنه يتطلب : 4.184 × 2.3 كيلو جول لرفع درجة حرارة كجم من تلك المادة درجة كلفن واحدة .

ويمكن التعبير عن السعة الحرارية للمادة على أساس الوزن أو الكتلة المولية ، فالسعة الحرارية المولية للماء عند درجة حرارة 288.13 كلفن تساوي 75.3 جول / (مول) (ك) ، كما يمكن التعبير عن السعة الحرارية للماء 4.184 جول / (جم) (ك) .

متوسط السعة الحرارية للغازات :

يتطلب حساب كمية الحرارة اللازمة لرفع درجة حرارة غاز ما من درجة حرارة إلى أخرى . وحيث أن السعة الحرارية للغازات تتغير مع درجة الحرارة ، لذا فمعرفة متوسط السعة الحرارية لغاز ما على مدى درجات الحرارة المشمولة أمر مرغوب فيه جداً .

فإذا كان متوسط السعة الحرارية معروف فمن السهولة حساب الحرارة الكلية بضرب متوسط السعة الحرارية بتغير درجة الحرارة وبعدد المولات أو الكيلومولات للغاز .

ومن الممكن حساب السعة الحرارية للغازات عند أي درجة حرارة من معادلات من النوع : $C_p = a + bT + cT^2$ حيث C_p = السعة الحرارية عند ضغط ثابت ودرجة حرارة مطلقة T أما a و b و c ثوابت تجريبية (Empirical Constants) لكل غاز . ويمكن الحصول على معدل السعة الحرارية لمدى درجات حرارة معينة .

كما أن اعتبار متوسط السعة الحرارية للغازات الشائعة ، كالهواء والأوكسجين والنتروجين والهيدروجين وأول أوكسيد الكاربون وبخار الماء وثاني أوكسيد الكاربون . على أنها السعة الحرارية عند معدل الدرجة الحرارية المطلقة خلال التسخين يتضمن إدخال خطأ ضئيل فقط .

وبوجه عام يمكن افتراض عدم تأثر السعة الحرارية للغازات الشائعة بالضغط إذا كانت درجات الحرارة أعلى من 273 كلفن والضغط اقل من 5 بار .

وتسهل حسابات المحتويات الحرارية للغازات باستعمال جداول أو مخططات تبين متوسط السعة الحرارية أو محتوي الحرارة المحسوسة (Sensible Heat) بالنسبة إلى درجة حرارة مرجعية ملائمة .

وتجري معظم حسابات نسب اتحاد المواد بظروف يكون الضغط عندها ثابت . غير انه إذا سخن الغاز عند حجم ثابت

فالحرارة المتطلبة لرفع درجات حرارة معينة تكون اقل عما هو ضروري عند ضغط ثابت .

وهذا لعدم تطلب أي طاقة لشغل التمدد (**Work of Expansion**) ، ولقد وجد أن السعة الحرارية المولية للغازات المثالية عند حجم ثابت تساوي السعة الحرارية المولية عند ضغط ثابت ناقصاً الثابت العام للغازالمثالي **R** في وحدات منسجمة : $C_v = C_p - R$

ولذلك إذا كانت السعة الحرارية المولية لثاني أوكسيد الكاربون عند ضغط ثابت = 38.70 جول / (مول) (ك) فالسعة الحرارية لهذا الغاز عند حجم ثابت تساوي : 38.70 - 8.314 = 30.386 جول / (مول) (ك)

ووحدة **R** يجب أن تكون نفس وحدات السعة الحرارية ، فوحدة **R** في المثال أعلاه تساوي 8.314 جول / (مول) (ك) .

مثـال :

المطلوب حساب كمية الحرارة اللازمة لتسخين 10 مولات CO_2 من 373 إلي 773 ك عند ضغط ثابت مقداره بار واحد .

الحـل :

إن قيم السعات الحرارية هي عند ضغط ثابت مقداره 1.013 بار ، وسوف تطبق هذه القيم نفسها عند ضغط ثابت مقداره بار واحد . ووجد أن قيمة السعة الحرارية لثاني اوكسيد الكاربون بين 273 و 373° ك هي 38.166 جول / (مول) (ك) .

وبفرض المحتوي الحراري يساوي صفر عند 273 ك ، فيكون المحتوي الحراري لـ 10 مولات لثاني اوكسيد الكاربون عند 373 ك :

(38.166) (10) (273-373) = 38.166 جول

إذن متوسط السعة الحرارية لثاني اوكسيد الكاربون بين 273 و 773 ك يساوي 44.685 ومجموع المحتوي الحراري للغاز عند 773 ك :

(44.685) (10) (773 – 273) = 223.425 جول

فمجموع الحرارة المضافة لرفع درجة حرارة الغاز من 373 و 773 ك هي الفرق بين المحتوي الحراري عند 373 ك والمحتوي الحراري عند 773 ك :

223.425 – 38.166 = 185.259 جول / 10 مولات CO_2

حــرارة التفاعــل :

وجد أن التفاعلات الكيميائية يصاحبها انبعاث أو امتصاص حرارة عند حدوثها. ويعبر دائماً عن حرارة التفاعل بوحدات المول في موازنات الطاقة عند حسابات نسب اتحاد المواد ، وذلك حتي يمكن تطبيقها مباشرة في معادلة التفاعل .

فإذا تفاعل مثلاً مول واحد من CaO عند درجة حرارة 291 ك مع مول واحد مـن CO_2 عند درجـة حـرارة 291 ك لإنتـاج مـول واحـد مـن $CaCO_3$ عنـد درجـة حـرارة 291 ك ، فالحرارة المنبعثة تساوي 182.422 جول . ويمكن التعبير عن ذلك :

$CaO + CO_2 = CaCO_3$ + 182.422 جول

ولو انعكس هذا التفاعل لوجب تزويد وسط التفاعل بحرارة قيمتها 182.422 جول قبل أن يتحلل مول واحد من $CaCO_3$ عند درجة 291 ك إلي مول واحد من CaO ومول واحد من CO_2 كلاهما عند درجة 291 ك .

لذا يمكن تعريف حرارة التفاعل ، بصورة عامة ، علي أنها كمية الحرارة المنبعثة أو الممتصة عند حدوث التفاعل مع

اعتبار المواد المتفاعلة والناتجة في حالتها العادية عند درجة 291 ك وضغط بار واحد .

ونجد أن القيم الحرارية للتفاعل مع محتوي الحرارة المحسوسة للمواد الداخلة إلي الجهاز والخارجة منه ، تشكل أساس معظم موازنات الطاقة في حسابات نسب اتحاد المواد . ولتسهيل هذه الحسابات ، تختار دائماً درجة حرارة ملائمة يفرض عندها المحتوي الحراري مساوياً لصفر .

مثال :

يحترق 100 كجم من الكاربون النقي إلي CO_2 مع الكمية الضرورية نظرياً من الهواء الجاف (79% N_2 و 21% O_2) لتزويد الأوكسجين اللازم للاحتراق . يدخل الكاربون والهواء إلي الحارق (**Bruner**) عند درجة حرارة 291 ك ، وتخرج الغازات الناتجة عند درجة حرارة 2273 ك ، كما يعمل الحارق عند ضغط ثابت مقداره بار واحد . المطلوب حساب كمية الحرارة المنبعثة .

الحل :

أساس الحل : 100 كجم من الكاربون النقي عند درجة حرارة 291 ك والتي عندها يعتبر مستوي الطاقة يساوي صفر .

التفاعل الكامل : $C + O_2 = CO_2 +$ 393.654 كيلو جول

الحسابات المبدئية : كيلو مول كاربون = $\frac{100}{12}$ = 8.34

كيلو مول O_2 يتطلب من الهواء = 8.34

كيلو مول هواء يتطلب = $\frac{(100)(8.34)}{21}$ = 39.7

كيلو مول CO_2 في الغاز الناتج = 8.34

كيلو مول N_2 في الغاز الناتج = (39.7) (0.79) = 31.36

موازنة الطاقة الحرارية : الطاقة الحرارية الداخلة

الحرارة المحسوسة في الهواء = O (الهواء يدخل عند مستوي الصفر للطاقة)

الحرارة المحسوسة في الكاربون = O (الكاربون يدخل عند مستوي الصفر للطاقة)

حرارة التفاعل = (8.34) (393.654) = 3.283.083 كيلو جول

مجموع الطاقة الحرارية الداخلة = 3.283.083 كيلو جول

الطاقة الحرارية الخارجة = متوسط السعة الحرارية المولية لـCO_2 عند ضغط ثابت بين 291 و 2273 ك = 54.52 كيلو جول / (كيلو مول) (ك) .

متوسط السعة الحرارية لـ N_2 عند ضغط ثابت بين 291 و2273 ك = 33.43 كيلو جول / (كيلو مول) (ك) .

مجموع الحرارة المحسوسة الخارجة في الغازات :

(8.34) (54.52) (2273-291) + (31.36) (33.43) (2273-291)

= 901.209 + 2.077.859 = 2.979.068 كيلو جول

مجموع الطاقة الحرارية الخارجة = 2.979.068 + الحرارة المنبعثة

الموازنة الكلية للطاقة الحرارية .

مجموع الطاقة الحرارية الداخلة = مجموع الطاقة الحرارية الخارجة

الحرارة المنبعثة = 3.283.083 – 2.979.069 = 304.014 كيلو جول .

الوقــود والاحتـراق :

إن تطبيق مبادىء حسابات نسب اتحاد المواد علي المسائل المتضـمنة الوقـود والاحـتراق من الأهمية بمكان في مجال الصناعات الحديثة . ولقد طورت طرق معينة لحساب النتائج بسـهولة وبسرعة دون الحاجة إلي أجهزة معقدة وباهضة التكاليف للحصول علي تلك النتائج .

أصناف الوقــود :

يصنف الوقود من حيث طور المادة إلي ثلاثة أصناف رئيسية : الصلبة والسائلة والغازية . ومعالجة المسائل المتضمنة هذه الأصناف المختلفة متشابهة في حسابات نسب اتحاد المواد ولذا ، فطور الوقود ليس مهماً جداً في دراسة الطرق المختلفة للاستفادة من المعلومات المتوفرة ذات العلاقة .

القيمــة الحراريــة :

إن من أهم صفات الوقود قيمته الحرارية . وتمثل القيمة الحرارية كمية الحرارة المنبعثة عن احتراق كامل لكمية معينة من الوقود والمواد الرئيسية الناتجة عن الاحتراق الكامل للوقود هي ثاني اوكسيد الكاربون والماء .

ويتكون ثاني اوكسيد الكاربون من تأكسد الكاربون في الوقود ، كما يتكون الماء من تأكسد الهيدروجين في الوقود زائداً الماء الموجود في الوقود في الأصل . ونظراً لوجود كميات متفاوتة من الماء في أنواع الوقود المختلفة ، فهناك طريقتان شائعتان للتعبير عن القيمة الحرارية .

القيمة الحرارية الإجمالية (**Gross Heating value**) وتعرف بكمية الحرارة المنبعثة عن الاحتراق الكامل لوحدة وزن من الوقود تحت ضغط ثابت ودرجة حرارة معينة ، مثل 291 ك .

وعندما يتكثف جميع الماء الموجود في الأصل والماء المتكون خلال التفاعل إلي ماء سائل عند هذه الدرجة الحرارية (وهي 291 ك) . والقيمة الحرارية الصافية (**Net Heating value**) وتعرف بكمية الحرارة المنبعثة من الاحتراق الكامل لوحدة وزن من الوقود تحت ضغط ثابت عند درجة حرارة معينة .

ويكون ذلك مثل 291 ك ، عندما تكون كل النواتج بضمنها الماء في الحالة الغازية عند هذه الدرجة الحرارية 291 ك) .

والقيمة الحرارية الإجمالية اكبر من القيمة الحرارية الصافية بمقدار حرارة التبخر الكامنة (**Latent Heating of Vaporization**) لجميع الماء الموجود في الأصل في الوقود والماء المتكون خلال احتراق الهيدروجين .

الهواء الزائد : Excess Air

الهواء هو مصدر الأوكسجين اللازم للتأكسد في أكثر عمليات الاحتراق . ومن الممارسة الشائعة إدخال أوكسجين أو هواء أكثر مما يتطلب فعلياً للتأكد من توفر كمية كافية من الأوكسجين ، وهذا يعني أن بعض الأوكسجين الزائد يخرج ضمن الغازات الناتجة دون تغير .

ويعرف الهواء الزائد بكمية الهواء المزودة الزائدة عن تلك الكمية الضرورية نظرياً للتأكسد الكامل للمواد القابلة للاحتراق في الوقود . والنسبة المئوية للهواء الزائد يساوي 100 مضروباً بنسبة كمية الهواء الزائد إلي كمية الهواء المطلوبة نظرياً .

وتوجد عدة طرق للتعبير عن النسبة المئوية للهواء الزائد كما يلي :

$$\text{النسبة المئوية للهواء الزائد} = \frac{\text{الهواء الزائد}}{\text{الهواء الضروري نظرياً}} \times 100$$

$$\text{النسبة المئوية للهواء الزائد} = \frac{\text{مجموع الهواء} - \text{الهواء الضروري نظرياً}}{\text{الهواء الضروري نظرياً}}$$

$$\text{النسبة المئوية للهواء الزائد} = \frac{\text{الهواء الزائد}}{\text{مجموع الهواء} - \text{الهواء الزائد}} \times 100$$

<u>مثـــال :</u>

في عملية احتراق 100 كجم من الفحم يحتوي علي 80% وزنا كاربون و10% وزنا هيدروجين و10% وزنا رماد ينتج غاز يحتوي علي 60 كيلو مول نتروجين إضافة إلي CO و CO_2 و O_2 و H_2O . المطلوب حساب النسبة المئوية للهواء الزائد .

<u>الحــل :</u>

كمية الهواء الضـرورية نظريـاً هـي الكميـة اللازمـة لإحـراق 80 كجـم كـاربون إلي ثاني اوكسيد الكاربون زائداً الكمية اللازمة لإحراق 10 كجم من الهيدروجين إلي ماء .

$$C + O_2 = CO_2 \quad , \quad H_2 + \frac{1}{2} O_2 = H_2O$$

كيلو مول من الأوكسجين الضروري نظرياً من الهواء

$$= \frac{(1)(80)}{12} + \frac{(1)(10)}{(2.02)(2)} = 9.14 \text{ كيلو مول } O_2$$

علي أساس 100 كجم من الفحم ، يوجد 60 كيلو مول نتروجين في الغاز النـاتج . وحيـث يمكن اعتبار النتروجين كمادة رابطة ، 60 كيلو مول

من النتروجين يجب أن تجهز مع الهواء المزود الأصلي ، أو مجموع الكيلو مولات للهواء المجهز فعلياً :

$$= \frac{(100)(60)}{(79)} = 76.0 \text{ كيلو مول}$$

$$\text{النسبة المئوية للهواء الزائد} = \frac{\text{مجموع الهواء} - \text{الهواء الضروري نظرياً}}{\text{الهواء الضروري نظرياً}} (100)$$

$$= \frac{(43.5 - 76.0)}{43.5} = 74.7 \%$$

ولا يؤثر عدم تأكسد بعض الكاربون في الفحم بصورة كاملة علي حساب النسبة المئوية للهواء الزائد في أي حال .

الوقود السائلة والغازية :

تتألف الوقود السائلة أساساً من الكاربون والهيدروجين في شكل هيدروكربونات مختلفة . وبعض المكونات الشائعة للوقود الغازية هي الميثان والايثان والبروبان وأول أوكسيد الكاربون والهيدروجين والنتروجين وثاني أوكسيد الكاربون .

ويستحصل علي اوكسيد الكالسيوم بتسخين كاربونات الكالسيوم في فرن الجير (Lime Klin) فيشحن الفرن بحجر الكلس الذي يحتوي علي كاربونات الكالسيوم وتزود الحرارة اللازمة بإحراق وقود صلبة أو سائلة .

ويطلق علي عدد الكيلوجرامات من اوكسيد الكالسيوم الناتجة لكل كيلو جرام واحد من الوقود المجهز بنسبة الوقود (Fuel Ratio) ويمكن حساب نسبة الوقود هذه من تحاليل الوقود والغازات الناتجة .

مثـــال :

حجر الكلس يحتوي علي $CaCO_3$ ومادة خاملة تحرق مع فحم الكوك الذي يحتوي عـلي 80% وزنا كربون و 20% وزنا رماده وتركيب الغـازات الناتجـة حجـماً هـو 25% CO_2 و 5% O_2 و 70% N_2 فإذا نحلل كل كاربونات الكالسيوم إلي CaO و CO_2 واحترق كـل الكربـون في الكـوك إلي CO_2 . فالمطلوب حساب نسبة الوقود .

الحـــل :

يوجد 25 كيلو مول CO_2 في الغاز الناتج

= 25 كيلو مول كربون = 25 كيلو مول أوكسجين .

مجموع كيلو مولات أوكسجين في الغازات الناتجة .

= 25 +5 = 30 كيلو مول .

عدد كيلو مـولات الأوكسـجين المجهـز مـن الهـواء عـلي أسـاس النتروجـين في الغـازات الناتجـة =

$$18.6 = \frac{(20)(70)}{(79)}$$

الفرق بين عدد كيلو مولات الأوكسجين الموجودة في الغازات وعدد كيلومولات الأوكسجين المجهزة من الهواء يجب أن تكون في تركيب CO_2 الناتج من تحلل $CaCO_3$ لذلك فعدد كيلو مولات الأوكسجين في CO_2 الناتج من تحلل $CaCO$= 30.0-18.6=11.4

لكل مول واحد من الأوكسجين في CO_2 الناتج من التفاعل

$$CaO + CO_2 \longrightarrow CaCO_3$$

يتكـون مـول واحـد CO_2 ومـول واحـد CaO . لـذلك فمجمـوع كيلومـولات اوكسـيد الكالسيوم المتكون = 11.4 كيلو مول .

(11.4) (56) = 638 كجم CaO متكون

وحيث يوجد 25 كيلو مول CO_2 في الغاز الناتج ، 11.4 مول ناتج عن تحلل $CaCO_3$ ، أو 25.0 – 11.4 = 13.6 كيلو مول CO_2 ناتج عن احتراق الكوك . وهذا يعني :

(13.6)(12) = 163 كيلو جرام كربون مجهز من الكوك لكل 100 كيلو مول من الغاز الناتج . ويوجد 100 كجم من الكوك في الأصل لكل 80 كجم من الكربون في الكوك ، لذلك

فمجموع الكيلوجرامات من الكوك المجهز = $\dfrac{(100)}{80}$ = 204 كجم

نسبة الوقود = $\dfrac{\text{كجم}CaO\text{تكون}}{\text{كجم وقود استعمل}}$ = $\dfrac{638}{204}$ = 3.13

" الأسئلــة "

1- ورق رطب يحتوي علي 20% وزنا ماء يدخل إلي مجفف (Drier) في عملية مستمرة . ويخرج الورق من المجفف محتوياً علي 2% وزنا ماء . احسب وزن الماء المزال من الورق لكـل 100 كجم من الورق الرطب الأصلي .

2- 100 كجم من هواء رطب يحتوي علي 0.1 كجم بخار ماء لكل كجم هواء جاف خلـط مـع 50 كجم من هواء رطب آخر يحتوي علي 0.02 كجم بخار ماء لكل كجم هواء جاف ، احسـب كيلوجرامات بخار الماء لكل كجم من الهواء الجاف في الخليط النهائي .

3- 20 كجم من الكاربون النقي حرق مع هواء ليعطي ناتج غـازي يحتـوي عـلي 16 وزنـا CO_2 و 4% وزنا CO . احسب وزن CO_2 المتكون .

4- افرض أن التفاعل $Na_2CO_3 + Ca(OH)_2 = CaCO_3 + 2NaOH$ يصل حد الاكتمال ، احسـب مـا يلي :

(أ) كجم $Ca(OH)_2$ ليتفاعل مع 100 كجم Na_2CO_3

(ب) كجم $CaCO_3$ ينتج من 100 كجم Na_2CO_3

(ج) كجم $Ca(OH)_2$ ضروري لإنتاج 100 جم NaOH

(د) كجم Na_2CO_3 ضروري لإنتاج 400 جم $CaCO_3$

5- احسب حجم 4 كجم من الهيدروجين كمتر مكعب

(أ) عند درجة حرارة 273 ك وضغط بار واحد .

(ب) عند درجة حرارة 293 ك وضغط 97.360 باسكال .

(ج) عند درجة حرارة 300 ك وضغط 99.500 باسكال .

6- احسب وزن بخار الماء لكل كيلو جرام من الهواء الجاف في خليط من الهواء – بخار ماء عند ضغط كلي يساوي 98.680 باسكال عندما يكون الضغط الجزئي لبخار الماء في الخليط يساوي 5260 باسكال .

7- احسب الكثافة كجم / م³ عند درجة حرارة 273 ك وضغط بار واحد لغاز يتكون من 25 % حجما CO_2 و 10% حجماً CO و 5% حجماً O_2 و 60 % حجماً N_2 .

8- ما مقدار الكثافة كجم / م³ لخليط غازي يتكون من الهواء وبخار الماء إذا كان الضغط الجزئي لبخار الماء = 26300 باسكال ، والضغط الكلي = 97.370 باسكال ودرجة الحرارة = 343 ك .

9- 4230 جول من الحرارة أضيفت إلي 22.4 دسم³ من غاز مثالي عند ضغط ثابت مقداره بار واحد ، وعند درجة حرارة مقدارها 273 ك . ما هي درجة الحرارة النهائية لهذا الغاز إذا كان متوسط السعة الحرارية عند ضغط ثابت وعلي مدي درجات الحرارة المشمولة يساوي 30.12 جول / (مول) (ك) .

10- مول من غاز يحتوي علي 30% حجماً CO و 60% حجماً N_2 و 10 حجماً O_2 ، عند درجة حرارة 373 ك وضغط بار واحد ، سخن من 373 ك إلي 773 ك مع بقاء الضغط ثابت . احسب كمية الحرارة المضافة إلي هذا الغاز ككيلو جول .

11- كجم واحد من الكاربون النقي (جرافيت) عند درجة حرارة 291 ك أكسد إلي CO نقي عند درجة حرارة 2273 ك وقد زودت الكمية الضرورية نظرياً من الأوكسجين النقي عند 291 ك . احسب كمية الحرارة المنبعثة ككيلو جول .

12- تأكسد NH_3 إلى NO بواسطة محفز بلاتيني ودرجة حرارة عالية حسب المعادلة الآتية :

$$4NH_3 + 5O_2 = 4NO + 6H_2O$$

احسب كم كجم من الأوكسجين يجب أن يزود لإنتاج 20 كجم مـن NO باستعمال 35% هواء زائد ؟ افرض التفاعل التأكسدي أعلاه يصل حد الاكتمال .

13- 50 كجم مـن محلـول $NaCl$ (40% $NaCl$, 60%H_2O) و 40 كجم محلـول الفضـلات 10% ($NaCl$ و5% سكر و 80%H_2O) مزجت سوية وسخنت . بعض الماء فقـد بالتبخر . فإذا كان الخليط النهائي يحتوي علي 15% $NaCL$ مـا هـي النسبة المئوية للـماء المتبخر إلي مجموع الماء الداخل للمزيج ؟ (كل النسب علي أساس الوزن) .

14- 100 كجم من حجر الكلس يحتوي علي 80% $CaCO_3$ و 20% مادة خاملة ، حرق مع 100كجم من الفحم النقي واستعمل 21% هواء زائد . فإذا تحلل كل كاربونات الكالسيوم إلي CaO و CO_2 وتحول كل الفحم إلي CO_2 . احسب التركيب الحجمي لخليط الغازات الناتجة .

الباب الثاني
البترول الخام

الباب الثاني

<u>البترول الخــام</u>

البترول الخام عبارة عن مزيج من مجموعة كبيرة من المركبات الهيدروكربونية ويتواجد
في الطبيعة متجمعاً في باطن الأرض وعلى أعماق مختلفة . وقد تكون منذ أمد بعيد نتيجة تحلل
المخلفات الحيوانية والنباتية بفعل الضغط والحرارة .

والهيدروكربونات مركبات كيميائية تحتوي على عنصري الهيدروجين والكربون فقط ،
وقد تكون سوائل أو غازات أو جوامد في درجة الحرارة والضغط العادية وفقاً لما يكون تركيب
جزيئاتها من تعقيد .

وكذلك التجمعات الطبيعية قد تكون في حالة غازية أو سائلة أو جامدة حسب التناسب
بين مختلف المواد الهيدروكربونية الموجودة في هذا المزيج أو ذاك .

وتطلق كلمة البترول عند استعمالها في أوسع معانيها على جميع الهيدروكربونات التي
تتكون في باطن الأرض بصورة طبيعية ولكن الكلمة بمعناها التجاري الضيق تقتصر عادة على
التجمعات السائلة ، أي البترول الخام .

بينما يطلق على التجمعات الغازية اسم " الغاز الطبيعي " وعلى التجمعات الجامدة
اسم " الأسفلت " أو " الشمع " حسب طبيعة تركيبها .

وتحتوي معظم أنواع البترول الخام السائل على هيدروكربونات غازية أو صلبة ذائبة في السائل . وتتحرر الغازات من المحلول السائل عند تقليل الضغط في عمليات استخراج البترول الخام أو خلال المراحل الأولى من التكرير .

حيث تمثل جزءاً من مجموع إنتاج الغاز الطبيعي . وأما الجوامد فإن بعضها يستخلص خلال عمليات التكرير بشكل أسفلت أو شمع ، ويبقى البعض الآخر محلولاً في منتجات البترول السائلة .

ولقد عرف البترول الخام منذ قديم الزمان . فقد استعمل منذ القدم للتدفئة والإضاءة ورصف الطرق والبناء بصورة بدائية ، وكان زيت الإضاءة المستعمل في العالم وحتى منتصف القرن التاسع عشر يستخلص من مصادر حيوانية أو نباتية .

وكانت الآلات في أول عهدها تزيت بزيت الخروع أو زيت الحوت . ثم استخلص زيت المصابيح (Lamp Oil) من تقطير الفحم لاستخدامه في المصابيح . ثم عثر على البترول الخام في ولاية بنسلفانيا في الولايات المتحدة الأمريكية على عمق 21.11 متر . وقد اعتبر ذلك التاريخ بصورة عامة بداية صناعة البترول الحديثة .

وفي الأيام الأولى لهذه الصناعة كان الكيروسين (البترول الأبيض) بوصفه زيت الإضاءة أهم منتجات البترول . وكان الهدف الرئيسي من التكرير هو أن يستخرج من البترول الخام أكثر ما يمكن من الكيروسين .

وكذلك مواد التزييت والتشحيم وبعض زيوت الوقود الناتجة من التكرير . أما الجازولين (البنزين) فكان يحرق باعتباره شيئاً لا قيمة له كما كان الأسفلت يعتبر شيئاً لا نفع منه .

ثم توسعت صناعة البترول وأصبح ينتج في أقطار مختلفة . وعند اختراع محرك الاحتراق الداخلي لتسيير السيارات أصبح الجازولين من المنتجات الرئيسية .

ثم زاد وتنوع الطلب على المنتجات البترولية نتيجة للتقدم الصناعي والتكنولوجي ، وظل الطلب يتزايد على البترول الخام حتى يومنا هذا .

أنــواع البترول الخــام :

تختلف أنواع البترول الخام من حيث خواصها الطبيعية كالمظهر (**Appearance**) والتماسك (**Consistincy**) باختلاف مصدرها . فتتفاوت من سوائل رجراجة (**Mobile**) ذات لون بني . يميل إلى الصفوة إلى سوائل سوداء مرتفعة اللزوجة وشبه صلبة .

ويرجع هذا الاختلاف إلى نسب مكونات البترول من الهيدروكربونات المختلفة خاصة نسبة البارافينات والنفثينات ، وسواء كان البترول محتوياً على بارافينات بنسبة عالية أو نفثينات بنسبة عالية .

فقد تكون نسبة الهيدروكربونات الخفيفة مرتفعة ويكون البترول عندئذ رجراجاً أو محتوياً على مقدار كبير من الغازات الذائبة فيه . كما قد تكون المركبات الهيدروكربونية التي يتألف منها هي مركبات ثقيلة ويكون البترول عندئذ مرتفع اللزوجة وخالي من الغازات الذائبة أو محتوياً على كمية ضئيلة منها .

وتتحكم طبيعة البترول الخام إلى حد ما في نوع المنتجات المستخلصة منه وملائمتها للاستعمال في مجالات معينة . فالبترول الخام النفثيني هو أنسب من غيره لإنتاج الأسفلت ، والبترول الخام البارافيني أنسب لإنتاج الشمع .

كذلك البترول الخام النفثيني ، خصوصاً إذا كان عطرياً ، يؤدي إلى إنتاج زيوت تزييت (Lubricating Oils) تكون لزوجتها شديدة التأثر الحرارة . غير أن طرق التكرير الحديثة تحقق قدراً كبيراً من المرونة في استخدام مختلف أنواع البترول الخام لصنع أي نوع مرغوب فيه من المنتجات .

تصنف أنواع البترول الخام عادة إلى ثلاثة أصناف حسب مكوناته من الهيدروكربونات التي تحتوي عليها .

1- **بترول برافيني الأصل** : يتألف هذا النوع بصورة رئيسية من هيدروكربونات برافينية . ويحتوي على شمع البارافين وهو خالي أو يكاد يكون خالياً من المواد الأسفلتية . ويعطي هذا النوع من البترول عادة إنتاجاً حسناً من شمع البرافين وزيوت التزييت الممتازة .

2- **بترول نفثيني الأصل** : يتألف هذا النوع بصورة رئيسية من النفثينات . ويحتوي على كمية قليلة من شمع البارافين أو يكون خالياً منه ، إلا أنه يحتوي على نسبة عالية من المواد الأسفلتية .

ويعطي زيوت تزييت ذات لزوجة أكثر تأثراً بالحرارة من زيوت التزييت المنتجة من البترول البارافيني ، ولكن يمكن تحسين زيوت التزييت هذه وجعلها مماثلة لتلك المنتجة من أنواع البترول البارافينية بعمليات تكرير خاصة . ويسمى هذا النوع من البترول الخام أيضاً البترول الخام الأسفلتي الأصل .

3- **بترول مختلط الأصل** : ويتألف هذا النوع بصورة رئيسية من البترول من مزيج من البرافينات والنفثينات ونسب قليلة من العطريات . ويحتوي على مقادير وافية من كل من شمع البرافين والمواد الأسفلتية .

ومن الجدير بالذكر أن هناك تداخلاً بين هذه الأصناف من أنواع البترول الخام ، ولكن الغالبية العظمى من أنواع البترول الطبيعية هي من نوع البترول المختلط الأصل .

احتياطي البترول الخام : (Crude Oil Reserves) :

تعتمد كمية البترول المستخلصة من المكمن الصخري على طبيعة البترول والمكمن . واستخلاص أكبر كمية ممكنة من البترول الخام من صخر المكمن هو مسألة اقتصادية هامة في استغلال حقل البترول . مثلاً يمكن استخلاص 30 بالمائة من البترول الموجود في مكمن اعتيادي .

وفي حالة كون البترول قليل اللزوجة والمكمن من الرمل الشديد النفاذية (Highly Permeable) فيمكن استخلاص ما يقرب من 80 بالمائة بعملية الدفع بالماء (Water Drive) .

بينما لا يمكن استخلاص أكثر من 10% من مكمن حجر رملي (andstone) دقيق الحبيبات خاصة إذا كان البترول لزجاً . ويعرف معامل الاستخلاص (Recovery Factor) بأنه نسبة البترول التي يمكن الحصول عليها من المكمن وهذا العامل له أهمية خاصة في تقدير احتياطي البترول .

ويمكن زيادته بطرق الاستخلاص الثانوية (Secondary Recovery) كحقن المكمن بالماء أو الغاز أو إتباع طرق حرارية في حالات البترول الخام الثقيل ذات اللزوجة العالية .

والاحتياطي الثابت وجوده (Proven Resrvery) هو كمية البترول التي ثبت وجودها فعلاً في المكمن وبالإمكان استخلاصها تجارياً بالأساليب

الفنية التقليدية . ويتغير الاحتياطي الثابت وجوده في منطقة ما من فترة إلى أخرى بتغير الإنتاج واكتشاف مكامن جديدة .

التقطيـــر : (Distillation) :

تعتبر عملية فصل مكونات البترول الخام الرئيسية بالتقطير الخطوة الأولى في مجال الصناعات البترولية . وهذه أهم عمليات التكرير إذ إنها بالإضافة إلى الفصل تلعب دوراً مهماً في تكرير المنتجات البترولية وفقاً للمواصفات التسويقية .

ومن الصفات المميزة الرئيسية لمختلف المنتجات البترولية قابليتها للتطاير أو التبخر ، وتتوقف هذه القابلية على الحجم الجزيئي .

ففي المركبات المتشابهة النوع تنخفض قابلية التبخر كلما كبر الحجم الجزيئي . فالجازولين سائل يتبخر بسهولة في الظروف الاعتيادية لدرجة الحرارة والضغط .

أما الكيروسين وزيت الوقود فيلزم لتبخرهما حرارة أعلى . والمنتجات الجامدة في الأحوال العادية ، كشمع البارافين مثلاً ، يتطلب تسخينها إلى درجات حرارة أعلى لتسييلها والى درجات حرارة أكثر ارتفاعاً لتبخرها .

وترتبط قابلية التطاير بدرجة الغليان ، فالسائل الذي درجة غليانه منخفضة يكون أكثر تطايراً من السائل الذي درجة غليانه مرتفعة . وعند تسخين سائل ما تزداد طاقة جزيئاته ويصبح في مقدور عدد كبير منها تخطي سطح السائل إلى الفضاء .

أي أن عدداً كبيراً من الجزيئات يتحول إلى حالة بخار . وعندما يعادل ضغط البخار الضغط الجوي يغلي السائل . وتشكل درجة الحرارة التي يغلي عندها السائل النقي درجة غليانه .

وتبقى هذه الدرجة ثابتة إلى أن يتبخر جميع السائل . وهذه إحدى الصفات المهمة التي تتميز بها المواد النقية . وتتغير درجة الغليان بتغير الضغط . فالماء النقي يغلي مثلاً في الضغط الجوي العادي 1.013 بار عند درجة حرارة 373 كلفن .

وكذلك تتميز كل من الهيدروكربونات الموجودة في البترول الخام بدرجة غليان خاصة . وتنخفض درجة الغليان بانخفاض الضغط وترتفع بارتفاعه .

<u>التقطير المعملي البسيط :</u>

التقطير عبارة عن عملية فيزيائية لفصل سائل أو أكثر من مزيج متجانس . وتنجز عملية التقطير من خلال تبخير السائل بالتسخين وإعادة تكثيفه . تعتمد عملية فصل السوائل بالتقطير على الفرق في درجات غليان مكونات المزيج .

وتتم عملية التقطير في أبسط صورها في جهاز بسيط للتقطير في المختبر ومبين في الشكل التالي حيث يغلي السائل في دورق (Flask) ويكثف البخار في أنبوب أو مكثف (Condenser) يحيط به ماء بارد وجاري ويجمع المستقطر (Distillate) في دورق الاستقبال .

وفي حالة مزيج متجانس من عدة مركبات سائلة تختلف في درجات غليانها ، ويتميز كل مركب منها بضغطه البخاري الخاص ، والضغط البخاري الكلي للمزيج السائل يساوي مجموع الضغوط البخارية لهذه المركبات . ويغلي المزيج هذا عندما يعادل الضغط البخاري الكلي الضغط الخارجي فوق السائل .

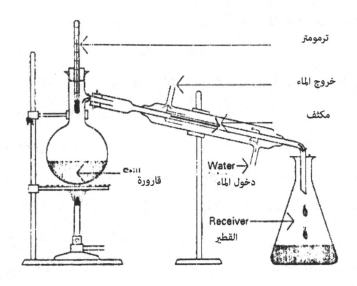

ترمومتر

خروج الماء

مكثف

Still

قارورة

Water ←
دخول الماء

Receiver ←
القطير

جهاز معملي للتقطير البسيط

وعند تقطير مزيج كهذا تتبخر جزيئات كل مركب ، ويتوقف تركيب البخار الناتج على الضغوط البخارية وعلى تركيز المركبات في المزيج السائلي . يتناسب الضغط البخاري للمركبات السائلة عكسياً مع درجة غليانها . فيزداد الضغط البخاري مع انخفاض درجة الغليان وبالعكس .

لذلك فإن المستقطر يكون غنياً بالمركبات الأكثر تطايراً بينما السائل المتبقي في القارورة غنياً بالمركبات الأقل تطايراً . وباستمرار التقطير يتغير تركيب كل من المواد المستقطرة والمتخلفة تدريجياً ، إلى أن يتبخر السائل بكامله ويتقطر في وعاء الاستقبال .

ويبدأ الغليان عند درجة حرارة تكون ضمن حدود درجات غليان مركبات المزيج ، وتعتمد على نسبة وجود المركبات في المزيج ودرجة الغليان الأولية (Initial Boiling point) هـي درجة الحرارة التي تسقط فيها أول قطرة .

وتزداد درجات الغليان تدريجياً أثناء التقطير فتتقطر المركبات التي ترتفع فيها قابلية التطاير ، ويزداد تركيز المركبات التي ترتفع درجات غليانها في السائل المتبقي إلى أن تتبخر آخر قطرة من السائل عند أعلى درجة حرارة هي درجة الغليان النهائية .

التقطير التجزيئي المعملي :

تبين أنه لا يمكن فصل المركبات لمزيج ما بصورة نقية في عملية تقطير واحدة باستعمال جهاز تقطير بسيط . وينتج عند إعادة تقطير المستقطر مستقطر أغنى بالمركبات الأكثر تطايراً ، ولكن الكمية المنتجة تكون قليلة إذ أن قسماً من المركبات يبقى دائماً في القارورة .

ومن الضروري لفصل العناصر فصلاً جيداً وبصورة نقية أن تكرر عملية التبخير والتكثيف لعدة مرات وبصفة مستمرة ، ويمكن انجاز ذلك باستعمال عمود تجزئة بين القارورة والمكثف كما هو مبين في الشكل التالي :

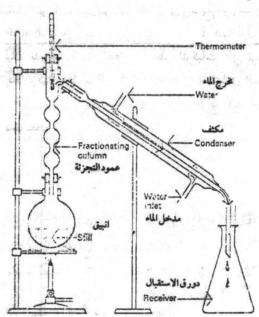

وبهذه الطريقة يتكثف بعض البخار المتصاعد من السائل المغلي في كل بصلة من بصلات العمود . وبتكثف المزيد من البخار المتصاعد من القارورة تنتج الحرارة التي تعمل على إعادة تبخير مركبات السائل الخفيفة ذات درجات الغليان المنخفضة في البصلات .

وهذه المركبات تتكثف في البصلة التالية ، وهكذا تستمر عملية التكثيف والتبخير من بصلة إلى أخرى حتى نهاية العمود . من خلال هذه العملية تتكثف المركبات الثقيلة الأقل تطايراً وتجري عائدة إلى القارورة .

وهكذا يتولد تياران عكسيان (Counter Currents) للبخار والسائل . فيتصاعد بخار المواد الأكثر تطايراً في العمود وينحدر السائل المكثف في العمود عائداً إلى القارورة حيث تزداد درجة غليانه تدريجياً نتيجة انخفاض نسبة المكونات المتطايرة .

ويتألف البخار الذي يتجاوز قمة العمود إلى المكثف في البداية من المركبات التي درجة غليانها منخفضة ثم تتقطر المركبات التي درجات غليانها أعلى . وبتغير دورق الاستقبال بين حين وآخر يمكن الحصول على مركبات مختلفة بصورة نقية .

ويتألف الجزء المفصول بهذه الطريقة من مركب نقي نسبياً من مزيج بسيط أو من عدد من المركبات من مزيج معقد . ويعتمد ذلك على تركيب المزيج المراد تقطيره وعلى نوع جهاز التقطير . وتسمى هذه العملية بعملية التقطير الجزيئي .

تقطيــر البترول الخــام :

يفصـل البـترول الخـام بعمليـة التقطـير التجزيئـي إلى مجموعـة مـن المسـتقطرات والى متخلف (Residue) يتكون من مركبات درجات غليانها

عالية . ويتكون كل مستقطر من مجموعة معقدة من المركبات الهيدروكربونية تتميز بدرجات غليان خاصة في حدود معينة اعتماداً على طبيعة ونسب مكوناته .

وقد تكون حدود الغليان لمستقطر معين هي الحدود اللازمة لناتج معين من المنتجات كالجازولين مثلاً . ويمكن بدلاً من ذلك تحضير ناتج معين بموالفة (Blending) عدد من المستقطرات بحيث يكون للمزيج المتوالف حدود الغليان اللازمة .

والفصل الصحيح للبترول الخام إلى منتجاته مهم لتلافي تداخل ناتج ما بالناتج الذي يليه . فيجب مثلاً أن لا يحتوي الكيروسين على المركبات الأكثر تطايراً والتي تدخل ضمن ناتج الجازولين حيث تؤدي إلى انخفاض درجة الغليان الأولى ونقطة الوميض .

وهي أدنى درجة حرارة تلتهب عندها الأبخرة لدى اختلاطها بالهواء في ظروف مناسبة . ومن جهة أخرى يجب أن لا يحتوي ناتج الجازولين على مركبات الكيروسين التي من شأنها رفع درجة غليان الجازولين مما يؤثر تأثيراً معاكساً في مفعوله كوقود للمحركات .

وكانت القارورة في أيام التكرير الأولى يتكون من صهريج أسطواني يملأ بالبترول الخام ، حيث يسخن البترول ويتكثف البخار دون استعمال معدات التقطير التجريئي .

وكان زيت الإنارة (الكيروسين) هو الناتج الرئيسي . وكانت عملية التكرير تجري بصورة متقطعة ، فيرفع ما يتخلف من البترول الخام في القارورة ويحل محله بترول جديد . وبعد اكتشاف المحرك ذي الاحتراق

الداخلي دعت الحاجة إلى تحسين التجزئة والى استعمال عمود تجزئة بسيط . ولم تعد طريقة التجزئة المتقطعة البسيطة تستعمل في المصافي .

ونجد أن الطلب في يومنا هذا لكميات كبيرة من المنتجات البترولية ولدرجات مرتفعة من الجودة ، يتطلب أجهزة قادرة على العمل المستمر والتجزئة الفعالة . فيسخن البترول الخام إلى درجة الحرارة العالية اللازمة لتبخر جميع المركبات الأكثر تطايراً والتي تدخل عمود التجزئة مع المركبات الأقل تطايراً حيث يحدث التكثيف وإعادة التبخر بتصاعد الأبخرة في العمود .

وتسحب الأجزاء التي تتميز بحدود الغليان المطلوبة من نقاط مناسبة من العمود بصورة مستمرة ، كل حسب خفته ابتداء من القمة حيث يسحب الأكثر خفة والأكثر تطايراً ونزولاً تدريجياً إلى الأثقل والأقل تطايراً عند أدنى المستويات .

ويسحب من أسفل العمود ذلك الجزء من البترول الخام الذي لا يتبخر في القارورة . ويساعد استعمال بخار الماء على فصل المركبات الأكثر تطايراً . فعندما ينفخ بخار الماء بصورة مستمرة خلال البترول الساخن فإنه يساهم بضغطه الجزئي الخاص في تخفيض الضغط الجزئي (Partial Pressure) للبترول بحيث يغلي عند درجة حرارة أقل .

ويستعمل التقطير البخاري في تقطير المركبات التي درجات غليانها عالية تفادياً للتحلل الكيميائي الذي يحدث عند ارتفاع درجة حرارة التقطير . كذلك يستعمل التقطير بضغط منخفض أي التقطير الفراغي (Vacuum Distillation) للسبب نفسه .

وحدة تقطير البترول الخام :

يبين الشكل التالي وحدة بسيطة لتقطير البترول الخام . يسيل البـترول الخـام أولاً خـلال مبادل حراري (Heat Exchanger) باتجاه معـاكس للمتخلـف مـن المنتجـات الحـارة السـائلة إلى الخارج (زيت الوقود) التي تبرد قبل سحبها إلى التخزين .

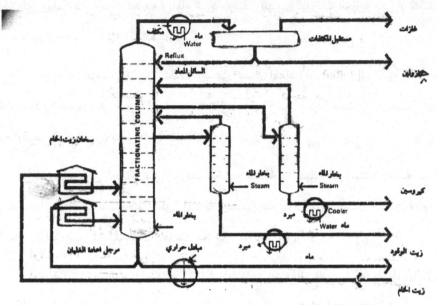

وحدة بسيطة لتقطير البترول الخام

ثم يدخل البترول الخام الذي سبق تسخينه إلى الفرن حيث يسيل بصورة مستمرة داخل سلسلة أنابيب تشتعل حولها النـيران . وترتفـع درجـة الحـرارة إلى الدرجـة اللازمـة لتبخـير جميـع المركبات السريعة التطاير .

ويدخل المزيج الحار للبخار والسائل إلى عمود التجزئة بشكل رذاذ فيتصاعد البخار إلى أعلى وينحدر السائل إلى أسفل . وتأخذ عملية التكثف وإعادة التبخر مجراها في قسم التصفية بإعادة التقطير (Rectifying Section) .

ويسيل البترول الساخن إلى الطبقة السفلى من العمود ويدخل قسم الاستئصال أو التجريد أو التعرية (Stripping Section) حيث يتم التخلص من أي منتجات خفيفة بفعل بخار الماء .

يسحب المنتجان الأكثر تطايراً ، وهما الغاز والجازولين ، من قمة العمود . ويتكثف بخار الجازولين في المكثف (Condenser) بالماء البارد ، وتبقى الهيدروكربونات الغازية التي لا تتكثف في حالة بخار حيث تفصل بهذا الشكل .

وبإعادة جزء من السائل المكثف ويسمى السائل المعاد (Reflux) إلى الجزء الأعلى من العمود يتم الحصول على مجرى للسائل ينحدر إلى أسفل العمود بصورة مستمرة . وتضبط درجة الحرارة عند قمة العمود بتغيير كمية السائل المعاد .

وتسحب من العمود على ارتفاعات مختلفة منتجات التقطير الجانبية في حالة سائلة ، ويتم اختيار نقاط السحب بحيث تكون المنتجات ضمن حدود درجات غليان محدودة . ويبين الشكل السابق اثنين من المنتجات الجانبية هما الجازولين وزيت الغاز .

ولغرض الحصول على مستقطرات أنقى ولتفادي استعمال عمود رئيسي طويل وبالتالي أكثر كلفة ، يقطر كل سائل جانبي مرة أخرى في عمود تعرية (Stripping Column) جانبي ، والذي هو بالفعل

عمود تقطير صغير تنجز فيه عملية تنقية المستقطر الجانبي من المركبات الأكثر تطايراً .

وذلك من تلك التي تدخل ضمن ذلك المستقطر بمساعدة بخار الماء الذي يدخل العمود من أسفله . وتعاد أبخرة المواد الأكثر تطايراً

إلى العمود الرئيسي ، وتبرد المنتجات المسحوبة من قاع عمود التعرية الجانبي قبل خزنها .

وللحفاظ على درجة الحرارة المناسبة في أسفل العمود (وبالتالي درجات الحرارة على طول العمود) تتم عملية تدوير لجزء من المتخلف (Residue) بواسطة سخان يسمى مرجل إعادة الغليان (Reboiler) وإعادته إلى العمود . هذا ويحافظ السائل المعاد (Reflux) على درجة الحرارة في قمة العمود .

وحدة التقطير الفراغي (Vacuum Distillation Unit) :

إن المتخلف في أسفل عمود البترول الخام في وحدة التقطير يمكن استعماله كزيت وقود ، أو يمكن إعادة تقطيره في وحدة التقطير الفراغي لإنتاج مستقطرات كزيت الغاز أو زيوت التزييت أو مادة تغذية (Feedstock) لعمليات الحل بفعل العامل المساعد (Catalytic Cracking) .

ويستعمل المتخلف من التقطير الفراغي كزيت وقود أو في صناعة الأسفلت ، كما إنه يصلح لصنع زيت ناصع (Bright Stock) أو للاستعمال كمادة تغذية لعمليات التكسير الحراري (Thermal Cracking) .

ويبين الشكل التالي رسم تخطيطي لعملية التقطير الفراغي ، حيث يتم التفريغ الهوائي بواسطة قاذفة (Ejector) بخار الماء أو مضخة تفريغ (Vacuum Pump) وتزود جميع الوحدات بمبادلات حرارية لنقل الحرارة من الأبخرة والسوائل الخارجة إلى البترول الخام الداخل ، وبهذا يقلل من استهلاك الوقود في الأفران وماء التبريد في المكثفات .

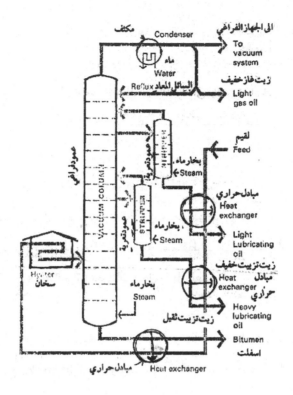

وحدة تقطير فراغي

وتستعمل في وحدة تقطير البترول الخام ووحدة التقطير الفراغي أجهزة السيطرة التلقائية (Automatic Control Instruments) على نطاق واسع والتي لا تقتصر- مهمتها على تسجيل درجات الحرارة والضغوط بل تشغيل صمامات الضبط بصورة تلقائية .

وباستعمال هذه الأجهزة بهذا الشكل يمكن المحافظة على حالات تشغيل ثابتة ومن ثم على جودة الأصناف المنتجة .

أعمـدة التجزئـة (Fractionating Columns) :

يتألف عمود التجزئة من أسطوانة فولاذية عمودية تثبت بها ألواح أفقية تسمى صواني) (Trays . ويبين الشكل التالي مقطعاً طولياً من عمود التجزئة وتركيب الصواني .

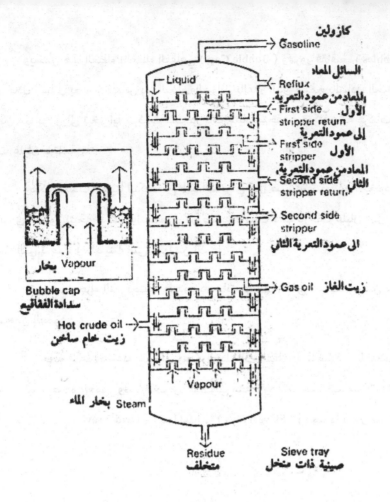

كازولين
→ Gasoline

السائل المعاد
← Reflux

المعاد من عمود التعرية
الأول.
← First side
stripper return

إلى عمود التعرية
الأول
→ First side
stripper

المعاد من عمود التعرية.
الثاني
← Second side
stripper return.

إلى عمود التعرية الثاني
→ Second side
stripper

زيت الغاز
→ Gas oil

زيت خام ساخن
Hot crude oil →

Liquid

بخار
Vapour

سدادة الفقاعية
Bubble cap

Vapour

بخار الماء
Steam

متخلف
Residue

صينية ذات منخل
Sieve tray

مقطعاً من عمود التجزئة وتركيب الصواني

ويتجمع السائل المكثف في الصواني حتى مستوى أنبوب تصريف الفائض (Overflow)
(Pipe الذي يرتفع عدة سنتيمترات عن مستوى الصينية وينحدر عبر هذا الأنبوب إلى الصينية
التالية .

وتحوي الصواني عدداً كبيراً من الثقوب يتصاعد منها البخار القادم من الصواني السفلى
إلى أعلى . ويعلو كل ثقب أنبوب قصير أو رافع (Riser) يعلوه غطاء (Cap) بحيث يدفع البخار
من خلال شقوق (Slots) في محيط الغطاء إلى داخل السائل الذي تحويه الصينية .

ويسمى هذا الغطاء بالغطاء الفقاعي (Bubble Cap) وبمرور فقاقيع (Bubbles)
البخار خلال السائل يحدث التماس بين البخار والسوائل بالقدر الذي يسمح بالتبادل الحراري بين
الوسطين مما يؤدي إلى تبخر أية مركبات ذات درجات غليان منخفضة وتكثف أية مركبات ذات
درجات غليان مرتفعة .

وهكذا تحدث عمليتا التكثف وإعادة التبخر في كل صينية وتتصاعد الأبخرة وتنحدر
السوائل في العمود نتيجة لذلك . وتتجمع في كل صينية مركبات ذات درجات غليان أقل من تلك
المركبات التي تتجمع في الصينية التي تليها من الأسفل .

وتسحب الأجزاء التي تختلف حدود درجات غليانها بصورة مستمرة من مستويات
مختلفة من العمود .

أما حجم الأعمدة وعدد الصواني وعدد الغطاءات الفقاعية فتختلف باختلاف وظيفة
العمود ، حيث يصمم العمود وفقاً للغرض المطلوب منه . وهناك عدة تصميمات أخرى من
الصواني منها الشبكي (Grid Trays) ومنها المنخلي (Sieve Trays) وجميعها تعمل بنفس الأسس
العلمية .

" الأسئلــــة "

1- تكلم بالتفصيل عن الأنواع المختلفة للبترول الخام .

2- أكتب مذكرات علمية عن كل مما يأتي :

أ-   احتياطي البترول الخام .

ب- التقطير .

ج-   التقطير المعملي البسيط .

د-   التقطير المعملي التجزيئي .

3- أكتب ما تعرفه مع الشرح والتحليل عن تقطير البترول الخام .

4- بين بالشرح والرسم وحدة تقطير البترول الخام .

5- وضح بالرسم والشرح وحدة التقطير الفراغي .

6- أكتب ما تعرفه بالتفصيل عن أعمدة التجزئة .

الباب الثالث
وقــود المكائـن

الباب الثالث

وقـــود المكائـــن

القدرة الناتجة (Power Output) ونوعية الوقود :

يمكن الاستدلال من علم الديناميك الحراري (Thermodynamics) بأن القـدرة الناتجـة والكفاءة الميكانيكية (Mechanical Efficiency) تزداد بازدياد نسبة الانضغاط (Compression Ratio) في الماكنة حيث تعرف بأنها نسبة حجم الغاز عند قاعدة شوط الهبوط (Down Strock) إلى حجم الغاز بين نفس السطوح عند نهاية شوط الصعود (Up Strock) .

إن نسبة الانضغاط تبين بوضوح درجة انضغاط خليط الوقـود والهـواء المنجـزة بواسطة المكبس (Piston) . والشكل التالي يوضح علاقة القدرة بنسبة الانضغاط (C/R) لماكنة يمكن تغير الشوط (Strock) فيها .

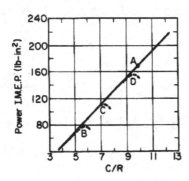

العلاقة بين نسبة الانضغاط والقدرة لأنواع مختلفة من الوقود

ويعبر عن القدرة بواسطة معدل الضغط المؤثر Indicated Mean Effective Pressure) (والذي يقاس أثناء احتراق

خليط الوقود والهواء . والمنحنى (A) خاص بوقود اصطناعي

بينما المنحنى (B) خاص بجازولين (Gasoline) مشابه في الخواص

لما كان متوافراً من قبل .

ويبين الشكل فقدان القدرة عند نسبة انضغاط حرجة تساوي 5.6 . عند هـذه النقطـة تتولد فرقعة في المحرك . إن الجـازولين العـادي المصنوع عـام 1928 . يعطي المنحنى (C) بينـما جازولين المصنوع عام 1959 . يعطي منحنى القدرة (D) .

إن سبب هذا التحسين في الجازولين يعود إلى الحاجـة إلى وقود ذي مواصـفات محسـنة تتمشى مع معدل نسبة الانضغاط التي تضاعفت في السنوات القليلة الماضية .

إن زيادة في نسبة الانضغاط من 5.1 إلى 10.1 يؤدي إلى زيادة في الكفاءة تبلغ الـ 25% ، وبمفهوم القدرة الحصانية (Horsepower) فإنه يعني من 16.5 إلى 22 لكل جالون .

كما إن الحد الأعلى وهو 25 قدرة حصانية لكل جالون يمكن الحصول عليهـا عنـد نسـبة انضغاط تساوي 15.1 . وإنه من الواضح أن التقدم في تصميم الماكنة سوف يكون مصـحوباً بتقـدم في كيمياء الوقود . فمعظم محركات السيارات الحديثة سوف تـزداد فيهـا الفرقعـة إذا اسـتخدمت الجازولين الذي استخدم قبل حوالي عشرين عام .

فرقعــة المحــرك : (Knock) :

إن فرقعة المحرك هي اشتعال ذاتي لخليط الوقود والهواء بسبب نسبة الانضغاط العالية جداً وعوامل أخرى . فالاحتراق الصحيح

للوقود يبدأ بشرارة كهربائية تحدث خلال جزء من الثانية قبل اكتمال دورة الانضغاط .

وإنه على الشحنة أن تحترق بمعدل سريع ومنتظم بحيث تتمدد الغازات الحارة وتدفع المكبس إلى الأسفل . وتحدث الفرقعة في المحرك بسبب احتراق أسرع بكثير من المطلوب يؤدي إلى زيادة في الضغط أما قبل أو بعد الشرارة .

وموجة الفرقعة بعد تولدها تضرب جدران الاسطوانة والمكبس وتبدد طاقاتها على شكل صوت وحرارة . وإذا حدث الانفجار قبل الشرارة (أي اشتعال مسبق لأوانه) فإن قوة النفخة تكون ضد المكبس المتحرك إلى الأعلى وتؤدي إلى تفرمته .

ويمكن تقليل فرقعة المحرك وذلك بإبطاء أو تأخير الشرارة لكي يحدث احتراق الوقود عند ضغوط أقل عندما يكون المكبس في طريقه إلى الأسفل . إن هذا يعني فقدان القدرة .

وعندما تحدث فرقعة المحرك فإن درجة حرارة رأس الاسطوانة تزداد بسرعة وأن هذا يؤدي إلى توسيخ المحرك نتيجة وقود ردئ وهذا بدوره يؤدي إلى زيادة الفرقعة .

تصنيف الجازولين :

تصنف أنواع وقود البنزين بعدد من الطرق حيث يحتاج كل منها إلى اختبارات بواسطة محرك قياسي . إحدى هذه الطرق هو مقارنة الوقود وذلك بتعيين نسبة الانضغاط الحرجة لكل منهما عن طريق تغير نسبة (C/R) للمحرك حتى تحدث فيه الفرقعة .

إن اعتماد نوعية الوقود على التركيب الكيميائي يمكن توضيحه بهذه الطريقة كما مبين في الشكل التالي يبين المنحنى المتصل في هذا الشكل نسبة (C/R) لأيسـومرات (Isomers) الهيبتـان مرتبة حسب جودتها .

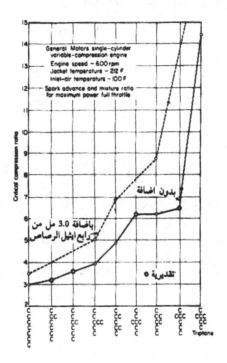

اعتماد جودة الوقود

والخط المنقط يوضح نسبة (C/R) لنفس السوائل بعد معاملتها بمحسن وقـودي وهـو رابع إيثيل الرصاص (Tetraeehyl) . أما النقاط الموجودة على المنحنيات ومعلمة بـ (Δ) تبـين نسبة (C/R) الحرجة لمادة الأيسواوكتين (Isooctane) .

<u>درجة الأوكتين (Octane Rating) :</u>

إن نظام تصنيف وقود البنزين والمستخدم بصورة شائعة منذ زمن بعيد قياس العدد الأوكتيني ، وفي ذلك الوقت اتخذت جزئية البارفين المتفرعة ، أي : **2,2,4- Trimethyl pentane** (أيسو أوكتان) كأفضل وقود هيدروكربوني لمحرك قياسي .

$$
\begin{array}{ccccccccc}
 & & CH_3 & & & & & & \\
 & & | & & & & & & \\
CH_3 & - & C & - & CH_2 & - & CH & - & CH_3 \\
 & & | & & & & | & & \\
 & & CH_3 & & & & CH_3 & &
\end{array}
$$

وهناك مركب هيدروكاربوني يطلق عليه الهيبتان الاعتيادي (**Normal heptane**) وله نفس درجة غليان الأيسواوكتين إلا أنه وقود رديء جداً . وتحضر أنواع الوقود القياسية من خليط من هاتين المادتين وقد اعتبر الأيسواوكتين ذي عدد اوكتيني (100) بينما الهيبتان الاعتيادي ذي عدد أوكتيني صفر .

كما أن مزيج هاتين المادتين بنسب متفاوتة يؤدي إلى الحصول على وقود لعدد أوكتين يعتمد على نسب مكونات المزيج .

وعند إجراء الاختبار يوضع نموذج من الوقود في محرك الاختبار القياسي وترفع نسبة الانضغاط تدريجياً حتى حدوث مستوى معين من الفرقعة ، وعند الوصول إلى هذه النقطة تثبت نسبة (**C/R**) .

وتجرى سلسلة من الاختبارات باستخدام وقود قياسي إلى أن يحصل الخليط الذي يولد نفس الفرقعة في المحرك حيث يطلق على النسبة الحجمية لهذا الوقود القياسي بالعدد الأوكتيني للوقود .

إن العدد الأوكتيني الذي يتم الحصول عليه باستخدام محرك اللجنة التعاونية للوقود (Co-op Fuel Research Committee) يطلق عليه بعدد الأوكتين البحثي (Research Octane Number) وذلك لتميزه من النوع الآخر الذي يطلق عليه بعدد أوكتين المحرك (Motor Octane Number).

ونظراً لكون المحرك القياسي يختلف عن محرك السيارة فإن الوقود قد ينصرف بشكل مختلف عند استخدامه في السيارة لذا فإن عدد أوكتين المحرك كان قد استعمل لغرض تقييم الأنواع المختلفة من الوقود للتعبير عن فرقعة محرك السيارة .

وتختلف طريقة الاختبار بعدد أوكتين المحرك عن طريقة عدد الأوكتين للبحث بثلاثة عوامل رئيسية وهي سرعة المحرك ، زمن الشرارة ، ودرجة حرارة الخليط .

وعند استخدام طريقة المحرك تكون درجة حرارة الخليط 148.9 وتتغير الشرارة بتغير نسبة الانضغاط بينما تكون سرعة المحرك تساوي 900 دورة في الدقيقة مقارنة بطريقة البحث حيث تساوي 600 دورة في الدقيقة .

هذه الطرق المختلفة تعطي أعداد متشابهة باستثناء البرافينات والأيسوبرافينات ، وبصورة عامة يكون عدد الأوكتين للبحث أعلى . وبما أن عدد الأوكتين للبحث يبين ميل الوقود لحدوث الفرقعة في المحرك عند سرعة منخفضة وعدد الأوكتين للمحرك عند سرع ودرجات حرارية عالية .

فإن الفرق بين قيمة الأول والثاني هي قياس لحساسية الوقود اتجاه درجة الحرارة . فإذا كان نفس البنزين له عدد أوكتين للبحث يساوي 80 وعدد أوكتيني للمحرك يساوي 75 فإن حساسية الوقود خمسة وحدات

وتزداد الحساسية بزيادة كميات المواد الهيدروكاربونية الغير مشبعة والحلقية في الوقود .

وتستخدم أعداد الأوكتين للبحث بطريقة أوسع وإن درجة الأوكتين تشير إلى عدد الأوكتين للبحث ما لم يذكر شئ مخالف بهذا الخصوص .

التركيب الجزيئي ودرجة الأوكتين :

عندما تستخدم أنواع من الهيدروكاربونات النقية كوقود فإن لكل منها عدد أوكتين يرتبط بتركيبه وحجمه الجزيئي . والجدول التالي يقدم أعداد الأوكتين لعدد من المواد الهيدروكاربونية ذات مجاميع عضوية مختلفة .

أعداد الأوكتين البحثية للهيدروكاربونات

عدد الأوكتين	المركب الكيميائي	عدد الأوكتين	المركب الكيميائي
	إيزميرات الهيبتان		ن – بارافين
55	2- مثيل هكسان	100	ن – بروبان
56	3- مثيل هكسان	96	ن – بيوتان
80	2،2 ثنائي مثيل بيتان	62	ن – بنتان
94	3،2 ثنائي مثيل بيتان	26	ن – هكسان
98	3،3 ثنائي مثيل بيتان	0	ن – هبتان
101	2،2،3 ثلاثي مثيل بيوتان		
	إيزميرات الهكسان	94	سيكلوبنتان
74	3- مثيل بيتان	77	سيكلوهكسان
94	2،2 ثنائي مثيل بيوتان		الكان
		90	
95	2،3 ثنائي مثيل بيوتان		ايزوبنتان

		74	إيزوهكسان
	2،3،3 ثلاثي مثيل بيتان	55	إيزوهبتان الكين
102	مركب	85	1- هكسين
108	بنزين	100	2- هكسين

وبالنسبة للألكانات الاعتيادية (**n-alkanes** : فئة المركبات الهيدروكربونية الدهنيـة غـير المشبعة) يوجد فقط أربعة مواد لها درجة أوكتين ضمن المقياس النسبي صفر إلى مائة إذا لم يعتبر البروبان الغازي بعدد أوكتين أعلى من البرافينات الاعتيادية وعليه فالبنتان الحلقي له عدد أوكتيني يساوي 94 بينما عدد الأوكتين للبنتان الاعتيادي هو 62 فقط .

والهيدروكربونات المتفرغة لها درجات أوكتين أحسن من نظيراتها الأيسومر الغير المتفرعة . فالأيسوهيكسان له عدد أوكتين يساوي 74 وبشكل مغاير لعدد الهيكسان الاعتيـادي والـذي هـو 26 .

وإنه من الواضح والظاهر أن التفـرع في جزئيـة الوقـود والتراكيـب الحلقيـة تـؤدي إلى احتراق أسهل وأكثر انتظاماً . ويلاحظ أيضاً من الجدول أن موقع الفـرع وعـدد الفـروع يـؤثر عـلى درجة أوكتين الوقود .

إن وجود الروابط الغير مشبعة يؤدي أيضاً إلى أعداد أوكتينية أعـلى وإن تأثيرهـا الخـاص يتحدد بعدد وموقع هـذه الـروابط الثنائيـة . فالتركيـب الحلقـي وعـدم التشـبع إذا وجـدا معـاً في المركب الكيميائي كما هو الحال في البنزين (C_6H_6) ومشـتقاته ، يجعـل المركبـات العطريـة تتميـز بأعداد أوكتينية عالية وقلة الفرقعة في المحرك .

<u>محسنــات البنزيــن : (Gasoline improvers) :</u>

إن وحداً من التطورات العظيمة التي حدثت في تحسين وقود السيارات تبين أهمية الكيمياء في صناعة السيارات . فإن الفرقعة في المحرك هي بسبب الوقود وإن الوقود يمكن تحسينه بمواد مضافة (**Additives**) . وإن أول مادة كيميائية استعملت في تقليل الفرقعة هي صبغة اليود والتي أيضاً أعطت بعض النتائج الغير مرغوبة .

ثم اكتشفت الصفات المضادة للفرقعة لمادة رابع إيثيل الرصاص . وبالرغم من أن مادة رابع إيثيل الرصاص قد مضى على استخدامها أكثر من ثلاثين عام لتحسين البنزين فإنه لحد الآن لا يوجد محسن أفضل منه للاستعمال .

إن المواد الخام لتحضير مادة رابع إيثيل الرصاص هي كتلة من الرصاص الخام ومعدن الصوديوم والإثيلين وكلوريد الهيدروجين . يذاب الرصاص ويملغم مع الصوديوم المعدني في محيط خامل وإن السبيكة الناتجة وهي في حالة دقائق صغيرة تتفاعل مع الكلوريد الإثيلي كالآتي :

$$\mathbf{4C_2H_5Cl + 4PbNa \longrightarrow Pb\,(C_2H_5)_4 + 4NaCl + 3Pb}$$

ومنذ التعرف بأن احتراق رابع إيثيل الرصاص يترك راسباً من الرصاص وأوكسيد الرصاص فقد أضيف إليه الكلوريد الثنائي والبروميد الثنائي لمادة الإثيلين لتكوين خليط يطلق عليه سائل الإثيل **(Ethyl Fluid)** .

أثناء احتراق الخليط يتكون كلوريد وبروميد الرصاص والتي تخرج مع غاز العادم ويلاحظ إن هذه المركبات سامة وعليه يجب عدم استعمال رابع إيثيل الرصاص لأغراض أخرى .

ولغرض توفير عنصر البرومين بكميات كافية لتكوين سائل الإثيل فإنه من الضروري إيجاد مصادر أخرى لهذا العنصر وقد وجدت أملاح البروميد في ماء البحر صالحة لهذا الغرض .

فبالرغم من تركيزه المنخفض في ماء البحر وهو حوالي 67 جزء في المليون فقد وجدت طريقة للاستفادة منه كما مبين في التفاعلات الكيميائية البسيطة التالية :

$$2Br^- + Cl \longrightarrow Br_2 + 2Cl$$

$$CH_2 = CH_2 + Br_2 \longrightarrow CH_2Br\ CH_2Br$$

والناتج هو البروميد الثنائي للإثيلين أو 1,2-Dibromoethane إن فعل سائل الإثيل لمنع الفرقعة موضح في المعلومات الواردة في الجدول التالي :

إلى	من	المركب
102	90	Isopentane
87	62	n-Pentane
106	94	2,2-Dimethylbutane
104	95	2,3-Dimethylbutane
96	74	Isohexane
69	26	n- Hexane

ويتكون سائل الأثيل من 61% رابع إيثيل الرصاص وأما 36% من 1,2-Dichlorethane أو 18% من Dichlorethane و 19% من Dichlorethane . وتتغير الاستجابة لسائل الإثيل بتغير نوعية الوقود . وغن هذا ينطبق أيضاً على محسن المنجنيز الجديد والذي هو مشتق مثيلي لمادة Cyclopentadienyl manganese tricarbonyl .

إن ميكانيكية فعل رابع ايثيل الرصاص في تقليل الفرقعة لا تزال قيد الدرس والاستقصاء .

فمن المعروف أن الانفجارات الغازية تتقدم على شكل سلسلة من التفاعلات حيث أن جزيئة متهيجة تنشط أكثر من جزيئة واحدة .

وإن مثل هذه التفاعلات المتسلسلة تكون حساسة لوجود أثر من المواد المانعة لها . فمثلاً يمكن منع التفاعل بين الهيدروجين والأوكسجين بوجود أثر من اليود ، كذلك الأمر بالنسبة لاحتراق الهيدروكربونات . يعتقد إن مادة رابع ايثيل الرصاص تؤدي إلى إيقاف أو إنهاء أو تقليل التفرغ في سلاسل الطاقة هذه .

درجات الأوكتين أعلى من مائة :

لقد تمكن الباحث الكيميائي الآن أن يصنع وقود هيدروكاربونية ذات أعداد أوكتينية أعلى من مائة ، وإن هذه الوقود لا يمكن قياس أعدادها الأوكتينية بواسطة خليط الاختبار من الهيبتان الاعتيادي والأيسواوكتين .

ولقد اقترحت طريقة بدلاً منها وهي طريقة Triptane Rating وفيها يقارن الوقود مع خلائط قياسية من الهيبتان ومركب الـ 2,2,3- Trimethylbutane أو الـ Triptane .

فدرجات الأوكتين أعلى من مائة يمكن الحصول عليها على كل حال من استكمال خط رسم نسبة الانضغاط الحرجة مع عدد الأوكتين وبطرق أخرى غير مباشرة . وفي الطريقة القياسية للحصول على درجة الأوكتين يمكن زيادة درجة الانضغاط لخليط الغاز والهواء بواسطة زيادة نسبة الانضغاط .

وطريقة أخرى لتقييم أنواع البنزين الفائقة أو الممتازة هو باستعمال نسبة ثابتة من (C/R) وزيادة الضغط الابتدائي بواسطة زيادة الشحن حتى يحصل على فرقعة فوق المحرك . وفي نفس الوقت تقاس القدرة المتولدة عند نقطة معدل الضغط المؤثر .

كما إن رسماً بيانياً لمثل هذه القيم باستعمال (C/R) يساوي 6.5 موضح في الشكل التالي بهذه الطريقة يمكن تعيين أو تحديد الجودة النسبية لأي وقود من البنزين .

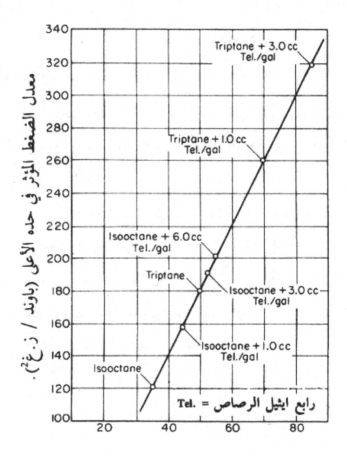

العلاقة بين القدرة الناتجة وضغط زيادة الشحنة

" الأسئلــة "

1- عرف نسبة الانضغاط ونسبة الانضغاط الحرجة والمعدل المبين للضغط المؤثر .

2- صف طريقة لتعيين درجة أوكتين البنزين .

3- اكتب القانون الكيميائي للأيسواوكتين . ملاحظة : يؤكد الباحث الكيميائي أن اسم ايسواوكتين غير صحيح وأن الاسم الصحيح هو 2,2,4- Trimethylpentane .

4- كيف يختلف عدد الأوكتين للبحث عن عدد الأوكتين للمحرك ؟

5- ماذا يقصد بحساسية وقود البنزين ؟

6- رتب الأيسومر لمركب الهكسان حسب أعداد الأوكتين لها ؟

الباب الرابع
صناعة الجازولين الحديث

الباب الرابع

صناعة الجازولين الحديث

لقد علمنا من قبل علاقة التركيب الكيميائي لجزئيات الوقود بكفاءة المحرك وقدرته القصوى . وهنا نبين كيف تمكنت الصناعة البترولية من تطبيق هذه المعلومات لإنتاج أنواع محسنة من الجازولين ذات الكفاءة العالية .

ويختلف الجازولين الحديث عن مستقطرات البترول الخام الخفيفة (ذات درجة الغليان المنخفضة) والتي يستحصل عليها بالتقطير المباشر (Straight Distillation) والتي استخدمت في السيارات القديمة .

كذلك يختلف عن الخليط المتكون من الجازولين المستقطر مباشرة (Straight – run gasoline) وجازولين التكسير الحراري (Gracked gasoline) مع رابع اثيل الرصاص والذي استعمل في العشرينات من هذا القرن .

ويحتوي البنزين الحديث على مركبات هيدروكاربونية غير موجودة في البترول الخام الطبيعي ، وإذا وجدت فهي بكميات ضئيلة . إن الطرق الحديثة لتصنيع الوقود تطورت بفضل الباحثين الكيميائيين وطبقت في الصناعة من قبل المهندسين الكيميائيين .

وتوجد عدة عمليات صناعية لتحسين الجازولين منها : إزالة البيوتان (debutanization) إزالة الغازات المذابة السريعة)

التطاير (stabilization) ، الألكلة (alkylation) وهي استبدال الهيدروجين بشق أليفاتي هيدروكاربوني ، (polymerization) وهي تضاعف الأصل ، تماثل التركيب (isomerization) ، المعالجة الكيميائية أو الحرارية (treating) .

التكسيـــر (Cracking) :

يحتوي البترول الخام بشكل عام على نسبة محدودة من الجازولين الطبيعي . وبسبب الزيادة الهائلة في استعمال الجازولين فقد تطورت طرق صناعية متميزة لتحقيق زيادة نسبة الجازولين المستحصل عليها من المركبات البترولية الثقيلة .

ومن هذه الطرق هي عمليات التكسير الحراري التي ضاعفت من كمية الجازولين المشتق من البرميل الواحد للبترول الخام . وتتضمن عمليات التكسير الحراري معالجة المركبات الثقيلة حرارياً .

ولإنجاز عملية التكسير الحراري يعرض المركب البترولي لدرجة حرارية عالية وضغط عال لفترة زمنية معينة حيث يتم تكسير الهيدروكربونات ذات السلاسل الكربونية الطويلة إلى مشتقات ذات سلاسل قصيرة .

إضافة إلى تكوين نسب متفاوتة من الأوليفينات نتيجة تكسير الرابطة الكيميائية بين الهيدروجين والكربون ومن ثم تكوين رابطة مزدوجة . قد تستمر عملية إزالة الهيدروجين في المركب الهيدروكربوني إلى حدود تكوين فحم الكوك .

ومن التفاعلات ذات الأهمية في عمليات التكسير الحراري تكوين المتماثلات الهيدروكربونية وبعض المركبات الحلقية . إن هذه التغيرات بمجموعها تؤدي إلى زيادة العدد الأوكتيني .

ولتحسـين عمليـة التكسـير اسـتخدمت ذرات الزئبـق الثقيـل لتكسـير جزيئـات المشـتق البترولي الطويلة . إن قوة التصادم بين الجزيئات تعتمد عـلى الطاقـة الحركيـة للجزيئـة وإن زيـادة الكتلة يعني الحصول على نفس الصدمة من جزء صغير أو جسيم يتحرك بسرعة أقـل وعنـد درجـة حرارية أقل . إن درجة الحرارة المنخفضة تؤدي إلى تكوين مخلفات قليلة تشبه فحم الكوك .

<u>التكسير بالوسيط الكيميائي : (Catalytic cracking) :</u>

تحسنات عديدة حدثت فيما بعد في عملية التكسير ، فضغط التكسير ودرجة حرارته أصبحا أقل نتيجة استخدام العامل المساعد الكيميائي (Catalyst) .

إن ميكانيكية التكسير بالوسيط الكيميائي تختلف عن التكسير الحراري حيث أن التكسير بالوسيط الكيميائي يتضمن امتصاص جزيئة المشتق البترولي الملتصقة بسطح العامل المسـاعد ثـم التفاعل الكيميائي وإعادة ترتيب الجزيئة ومجها (Desorption) وخطـوات أخـرى تشـغل انتبـاه العديد من مختبرات البحوث البترولية .

ولقد استخدم أول جهاز للتكسير بالوسيط الكيميائي طبقة ثابتة من وسيط جل الألومينـا والسليكا (Alumina-Silica gel) ، أما الآن فتستعمل طبقة سائلة من الوسيط وبصورة واسعة في الأجهزة الضخمة للتكسير بالوسيط الكيميائي في المصافي الحديثة .

تتكون هذه الأجهزة من مفاعل ومجدد كيميائي (Regenerator) وإن المجدد أكبر حجماً ، وفي بعض الأنواع يكون المفاعل والمجدد جنباً إلى جنب كما بالشكل التالي وفي الأنواع الأخرى يكون المجدد فوق المفاعل .

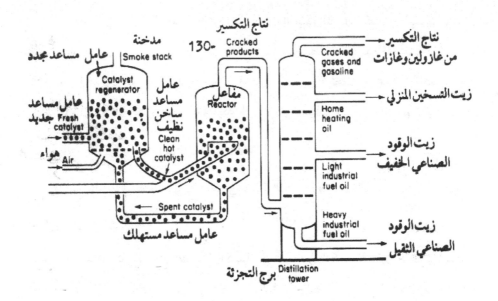

وحدة التكسير بالوسيط الكيميائي

إن أجهـزة التكسـير بالوسـيط الكيميـائي الحديثـة تعمـل بكفـاءة أعـلى مقارنـة بـالطرق القديمة ، فهناك جهاز للتكسير بالوسيط الكيميائي في مدينة لوزيانا في أمريكا عمل بصورة مستمرة لمدة **1058** يوماً وقد عامل أثناء التصنيع **41 800 .000** برميل من البترول .

وتتكون المادة الأولية للتكسير من البترول الخام المختزل(**Reduced crude**) وزيت الغاز (**Gas Oil**) ومشتقات بترولية مباشرة أخرى ، حيث تسخن المادة الأولية وعند دخولها المفاعل يدخل أيضاً العامل المساعد قادم من المجدد على شكل مسحوق أو دقائق .

وتحدث عملية التكسير على سطح العامل المساعد وذلك أثناء دورانه مع بخار المشتق البترولي في المفاعل الذي فيه الضغط يساوي **62.01 ×**

10^3 إلى 82.68×10^3 نيوتن / متر مربع ودرجة حرارية تساوي **538** درجة مئوية .

تخرج المواد الأكثر تطايراً من أعلى المفاعل إلى برج التجزئة ، وإن نـاتج التكسـير يحتـوي على نسبة أكبر من المركبات العطرية والأيسوبرافينات وكميات أقل من الأولفينات الثنائية المسـبب لتكوين الصمغ الراتينجي مقارنة مع التكسير الحراري .

وأثناء عملية التكسير يأخذ قسم من العامل المساعد الكيميائي السائل بصورة مستمرة من مجمع سفلي في المفاعل وبواسطة هواء مضغوط يدفع إلى المجدد حيث فيه تحرق المخلفات الكاربونية والقريبة من سطح العامل المساعد الكيميائي وقد تصل فيه درجة الحرارة إلى **593°** م أو أكثر .

وبالنسبة لغازات المدخن الحارة فتمر خلال مرجل للاستفادة من الحرارة الفائضة لتوليد البخار ، ثم إلى فرازة مخروطية (**cyclone**) ومرسبات لإزالة العامل المساعد الكيميائي الذي هو على شكل غبار أو مسحوق .

وفي هذه العملية حوالي **17272** إلى **35560** كيلو جرام من العامل المساعد التي تحمل مع الأبخرة إلى برج التجزئة فإنها تتجمع في أسفل البرج مع المشتق البترولي الثقيل والتي تعاد مرة أخرى .

استخلاص منتجات التفاعل (Recovery of Reaction Products)

لم تعد الغازات الخفيفة الناتجة من عملية التكسير تطلق إلى الجو أو تحرق حيث إنها مواد خام مفيدة لتصنيع أنواع جديدة من

الوقود ومواد أخرى مثل معيق التجمد (Anti- Freeze) ومواد لدائنية ومطاط

صناعي .

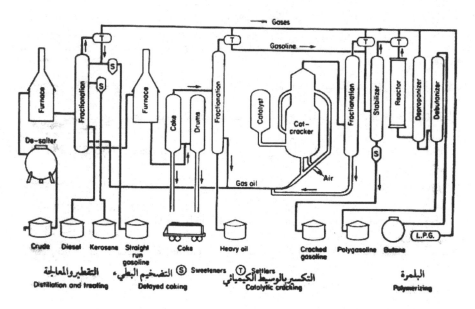

مخطط لمصفى بترولي يبين الموقع المتوسط

لوحدة التكسير بالوسيط الكيميائي

فالغازات التي تحتوي على ثلاث ذرات من الكاربون أو أقل يمكن إزالتها في وحـدة إزالـة

البروبان (Depropantizer) والمركبات التي تحتوي على أربـع ذرات مـن الكاربـون أو أقـل يمكـن

إزالتها في وحدة إزالة البيوتان (Debutanizer) .

أما المواد الطيارة الخفيفة جداً فترسل إلى برج التركيز (Stabilization tower) لإزالة

الغازات الذائبة ، وإن هذه الغازات قد تحمل معها كميات من الأبخرة الطيارة المكونة للجازولين

والتي يجب استرجاعها بغسل هذه الغازات بمشتق بترولي في برج امتصاص .

حيث يمتص المشتق البترولي هذه الأبخرة الطيارة والتي تستخلص فيما بعد بواسطة التقطير . إن هذه المواد الطيارة جداً تحفظ في خزان مجمد وذلك لكون الضغط البخاري (Vapour pressure) لها عالي جداً عند درجات الحرارة الاعتيادية .

فالتجميد يخفض قيمة الضغط البخاري . إن هذه المواد بعد استخلاصها تضاف إلى البنزين العادي لتحسين قابليته في بدء اشتغال المحرك وخاصة في وقت الشتاء .

<u>المعالجة الكيميائية (Treating) للجازولين :</u>

وبالنظر لاحتواء بنزين التكسير (البنزين الناتج من عملية التكسير) على كميات كبيرة من الأولفينات فإنه يتميز بميله لتكوين مركبات صمغية (Gummy polymers) وأجسام ملونة . إن هذا التغير في اللون قلل من أهمية بنزين التكسير في المراحل السابقة حيث عولج بإضافة صبغة قابلة للذوبان في المشتق البترولي .

ووجد أن المعالجات الكيميائية الحديثة تتمكن من إزالة أية صفات غير مرغوبة وتقوي المحاسن الممتازة لأنواع بنزين التكسير . فالمواد المانعة للأكسدة كمشتقات الأمينو لمركب الفينول تضاف إلى البنزين كمواد مانعة للبلمرة وتكوين الصمغ ، والمواد الأثرية للمعادن مثل النحاس تشجع تكوين الصمغ ويمكن إزالتها بإضافة كميات قليلة من مشتق الأمينو الثنائي للبروبان .

كما أن الكبريت يعتبر عنصراً غير مرغوب تواجده في الوقود ، وأن المسئول في المصفى البترولي منشغل أكثر من أية وقت سابق بموضوع إزالة المركبات التي يدخل الكبريت في تركيبها حيث أن للكبريت تأثير سام

على أنواع عديدة من الوسيط أو العامل المساعد الكيميائي التي تستعمل لتصنيع الأنواع المختلفة للبنزين ذي العدد الاوكتيني العالي .

وأيضاً أن المركبات الكبريتية الموجودة في البنزين تتفاعل مع رابع ايثيل الرصاص المضافة مما يؤدي إلى تقليل عدد الاوكتين . أن عنصر الكبريت يتفاعل مع الحديد والنحاس ومعادن أخرى وكبريتيد الهيدروجين يتفاعل مع الخارصين والنحاس والحديد ويسبب تقصف المعدن والانتفاخ الهيدروجيني في أجهزة المصافي .

والكبريتيدات العضوية والكبريتيدات المضاعفة (polysulphidesn) والـ (thiophenols) تميل إلى تكوين أوساخ تترسب (sludge) في خزان البترول أو خزان البنزين وتتميز مركبات الـ thioalcehols) أو (mercaptans) بروائح كريهة جداً .

فمثلاً الرائحة الكريهة لمركب (butyl mercaptan) فقد أطلق قديماً على السيارة اسم العربة ذات الرائحة الكريهة حيث أن المصافي البترولية في ذلك الوقت لم تقم بإزالة هذه المركبات الكبريتية .

إن احتراق أي مركب كبريتي يؤدي إلى توليد غاز ثاني وثالث أوكسيد الكبريت والتي تتحد مع البخار المتكون من احتراق الهيدروجين في المركبات الهيدروكاربونية مؤدية على تكوين حوامض تسبب تآكلاً شديداً .

إزالــة الكبريــت :

توجد عدة عمليات صناعية لإزالة الكبريت من الوقود وذلك بإضافة أوكسيد النحاس إلى البترول الخام الحار . وأن المعالجة باستخدام معادن مطحونة مثل النحاس وحتى الصوديوم والبوتاسيوم كانت قد استعملت .

فقد وجد أن الكبريتيدات المعدنية تمتص مواد الـ mercaptans وأن كبريتيد الهيـدروجين يمكن إزالته بسهولة باستعمال الصودا الكاوية .

$$H_2S + 2NaOH \longrightarrow Na_2S + 2HOH$$

وتستعمل مـادة الـ بلوميـث الصـوديوم sodium plumbite وهـي فعـال في إزالـة المركبتانات mercoaptans وذلك بتحويلها إلى Lead mercaptide .

$$Na_2PbO_2 + 2RSH \longrightarrow Pb(SR)_2 + 2NaOH$$

وإذا كان الأساس R لمادة الـ Mercaptide كبير فإن المركب يمكن أن يـذوب في المشتق البـترولي وعليـه معالجـة الـ meraptide مـع الكبريـت يـؤدي إلى تحويلـه إلى كبريتيـد ثنـائي (disulphide) ويسترجع الرصاص على شكل كبريتيد الرصاص .

$$Pb(SR)_2 + S \longrightarrow RSSR + PbS \downarrow$$

إن الكبريتيدات الثنائية والتي تذوب في البنزين هي عديمة الرائحة ولكن غـير مرغـوب فيها . ويمكن أيضاً تحلية (sweetening) المشتقات البترولية باستعمال عامـل مؤكسـد قلوي مثل هايبوكلورات الصوديوم .

$$2RSH + NaOCl \longrightarrow NaCl + RSSR + H_2O$$

$$H_2S + NaOCl \longrightarrow NaCl + S + H_2O$$

ومن الممكن أيضاً أكسدة الكبريـت الموجـود في المركبـات الهيدروكاربونيـة إلى سـلفونات RSO_3Na .

وفي بعض عمليات التكسير والتكرير تحـول المركبـات الكبريتيـة إلى كبريتيـد الهيـدروجين الذي يستخلص منه الكبريت الحر وذلك بالتأكسد الجزئي

وتفاعل ثاني أوكسيد الكبريت الناتج مع كمية إضافية من كبريتيد الهيدروجين وتتلخص التفاعلات الكيميائية بالمعادلات التالية :

$$2 H_2S + 3 O_2 \longrightarrow 2 H_2O + 2SO_2$$
$$2 SO_2 + 4 H_2S \longrightarrow 6 S + 4 H_2O$$

$$6 H_2S + 3 O_2 \longrightarrow 6 S + 6 H_2O$$
$$2 H_2S + O_2 \longrightarrow 2 S + 4 H_2O$$

وهناك مركبات أخرى تستعمل في المعالجة وتحليه المشتقات البترولية مثل كلوريد النحاسيك والبوكسات المنشطة (Activatod bauxite) أو القواعد العضوية مثل فينولات الصوديوم و sodium isobutyrate و Ethanolamines و p- phenylene diamine .

عمليــة التماثـل : (Isomerization) :

عملية التماثل الغرض منها إعادة ترتيب الذرات ضمن الجزيئة الواحدة وتؤدي إلى تركيب مختلف ولكن دون فقدان أية ذرات . فالمركبات ذات السلاسل المستقيمة تتحول إلى متماثلات متفرعة ذات عدد أوكتيني أعلى .

وعلى كل حال فإن التماثل لا يطبق على البنزين فقط ولكنها أيضاً تستعمل لتحويل الغازات الاعتيادية مثل البيوتان ، إلى نظيره الأيسو والذي هو ضروري لصناعة عضو البنزين سريع التطاير ، أي الكل (Alkylate) .

وتجري عملية التماثل بواسطة إمرار الهيدروكاربونات على وسيط كيميائي ، أي عامل مساعد ، يتكون من كلوريد الهيدروجين وكلوريد الألمنيوم وأحياناً كلوريد الأنتيمون ، يحول 62% من

البنتان المستقيم إلى الأيسوبنتان وذلك بإمراره مرة واحدة على العامل المساعد الكيميائي .

وفي الواقع التطبيقي والعملي تنتج أيضاً بعض الجزيئات الأثقل . إن البنتان المستقيم تؤدي إلى إنتاج 1.7% من البيوثان مما يوضح أن التحليل الحراري أو التكسير حدث بشكل قليل ومحدود .

والهكسان له عدد أوكتيني يساوي 26 ويمكن تحويله إلى وقود ذي عدد أوكتيني يساوي 80 وذلك بمعالجته مع عامل مساعد كيميائي أو 91.4 بواسطة التدوير (Recycling) . إن إضافة 4 سم^3 من رابع إيثيل الرصاص للجالون الواحد يرفع عدد الأوكتين إلى 100 بالنسبة للنوع الأول والى عدد أعلى بالنسبة للجازولين المستحصل بواسطة التدوير .

فكما نعلم أن الهكسان ذي العدد الأوكتيني الأعلى هو الـ Neohexane أي 2,2- dimethyl butane إن تكوين هذا النوع من الأيسومر مفضل عند درجة حرارية للتفاعل منخفضة نسبياً ، ولكن التحول الكلي إلى أيسومرات مختلطة يزداد بزيادة درجة الحرارة .

لذا يستخدم حل وسط بينهما . كحل وسط يوضح الشكل التالي صورة لوحدة التماثل لتحويل 91 إلى 94% من مادة النفثا (Nabtha) مزيج بترولي درجة غليانه بين 95 إلى 150° م (متكون بصورة رئيسية من البنتان والهكسان المستقيم) إلى بنزين طائرات (aviation gasoline) ذي عدد أوكتيني أعلى من 100 .

وفي عملية التماثل يزال كلوريد الهيدروجين ولكنه يسترجع أو يستخلص في منصل (Stripper) أما الأيسومر المتكون

فيزال منه كلوريد الهيدروجين المتخلف بواسطة غسله بالماء والصودا الكاوية المخففة .

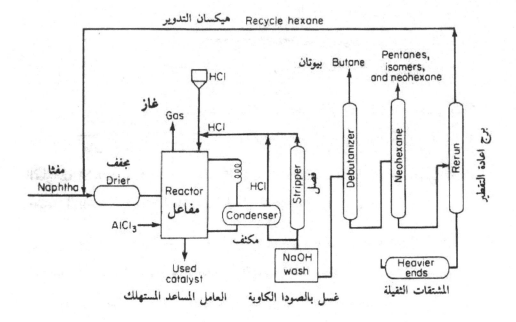

وحدة الأيسومرية لإنتاج المواد المبنية في الشكل

وفي مزيل البيوتان فإن الغازات المعزولة تحتوي على 75% من الأيسوبيوتان بينما تخرج
أنواع البنتان من قمة برج الهكسان تزال المركبات الثقيلة في بـرج إعـادة التقطيـر (rerun tower)
وهي حوالي 10% أما الهكسان المتبقي فيعاد تدويره .

تكوين المركبات النفثينية والأروماتية :

في هذه العمليات تحول الهيدروكاربونات المستقيمة السلاسل إلى برافينات حلقية ، مثل
الهكسان الحلقي C_6H_{12} أو البنزين C_6H_6 وذلك باستعمال عامل مساعد مناسب ، مثل خليط

من كبريتيد النيكل والتنجستن . تتميز المركبات الحلقية بدرجات أوكتينية جيدة .

البلمرة : Polymerization :

في هذه العملية تتحد جزيئتين صغيرتين من الأولفينات التي هي نواتج عرضية لوحدة التكسير ثم تهدرج لتعطي جزيئتين عيار وقود الجازولين . ويطلق على هذا الناتج اسم الجازولين المبلمر (Polymergasoline) إلا إنه في الحقيقة يجب أن يطلق عليه اسم الجازولين المزدوج الصيغة الجزيئية حيث تتحد لتكوينه جزيئتين وليس أكثر .

الأيسوالكينات أو الكينات المتفرعة تعطي مركبات مزدوجة الصيغة الجزيئية والتي هي وقود جيدة . فلو افترض أن المركب الغير متبلمر (Monomer) هو الأيسوالبيوتلين ، فجزيئتان منه تتحد بوجود عوامل مساعدة حامضية لتكوين 2,2,4- trimethylpentene .

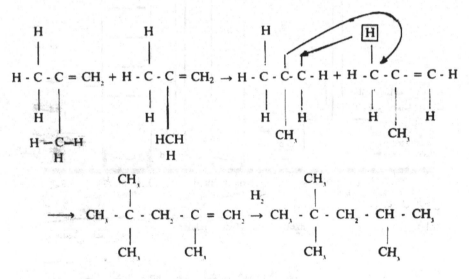

2.4,4- Trimethylpentene   Isooctane

وبما أن هذا المركب المزدوج الصبغة الجزيئية هو من عيار وقود الجازولين فلا داعي

للاستمرار في عملية البلمرة . إن عملية الهدرجة (Hydrogenation) تحوله إلى -2,2,4

Trimethylpentene وهو الوقود القياسي ذي الأوكتين الذي يساوي 100 يوضح الشكل التالي

وحدة البلمرة الصناعية .

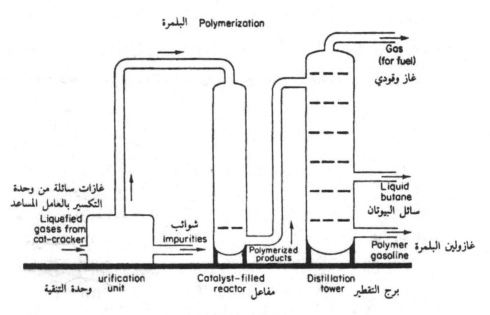

مخطط وحدة البلمرة الصناعية

الألكلة أي استبدال الهيدروجين بشق أليفاتي هيدروكاربوني :

الألكلة هي اتحاد مركب أيسو الكاني (المركبات الهيدروكاربونية الدهنية المشبعة) مع

غاز الكيني (المركبات الهيدروكاربونية الغير مشبعة) لتكوين جزيئة من عيار وقود الكازولين .

وفي المصافي البترولية الأيسوبيوتان الذي يستحصل بصورة رئيسية من التماثل للبيوتان

المستقيم يتحد مع البيوتيلين المستقيم أو مركب أولفيني آخر .

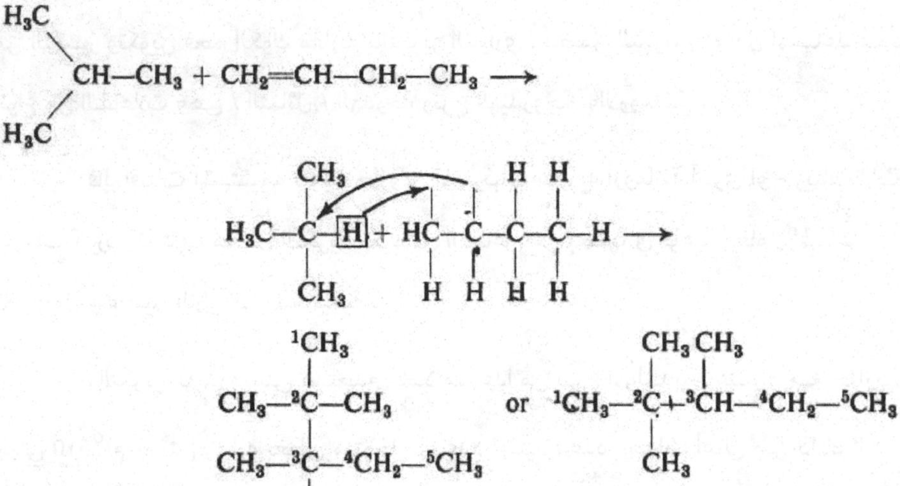

$$H_3C$$
$$CH-CH_3 + CH_2{=}CH-CH_2-CH_3 \longrightarrow$$
$$H_3C$$

2,2,3-Trimethylpentane

ويتحد أيضاً الأيسوبيوتان مع الإثيلين والبروبلين ، والأيسوبرافين ممكن أن يكون

الأيسوبنتان حيث يشبه الأيسوهكسان لأنه مكون جيد لوقود الكازولين وإنه في معظم الأحيان

يضاف إلى الألكيل المصنع لرفع الضغط البخاري .

عملية التكرير الكيميائي : (Reforming) :

تحتوي أنواع الجازولين المستقطر مباشرة على جزيئات مشبعة غير متفرعة والتي تعطي

درجة اوكتينية منخفضة يحدث التكرير الكيميائي الحراري بتسخين الجازولين تحت الضغط لتكسير

بعض الجزيئات وتكريرها

كيمياوياً بواسطة عملية الألكلة . إن التركيب المتفرع الناتج يعطي درجة أوكتينية أعلى .

كما أن التكرير الكيميائي بواسطة العامل المساعد يحدث عند ضغوط مخفضة مع قليل من التكسير وتكوين فحم الكوك مقارنة بالتكرير الحراري . يتضمن التكرير بالعامل المساعد عدة أنواع من التفاعلات وهي / التماثل / الهدرجة ونزع الهيدروجين والأروماتية .

فالبرافينات المستقيمة تصبح جازولين أو مركبات عطرية أروماتية أخرى أو جزيئات ذات تفرعات كثيرة . تختلف معامل التكرير الكيميائي الصناعي عن بعضها في نوعية العامل المساعد المستعمل وتفاصيل الترتيبات الميكانيكية .

فالتكرير الهيدروجيني يستخدم عاملاً مساعداً من نوع المولبديوم عند درجة حرارية حوالي 510° م جزيئي . وإنه يعطي منتوجاً ذي عدد أوكتيني عدة وحدات أعلى من ذلك الذي حصل عليه من نفس المواد الأولية ولكن باستخدام التكرير الحراري .

فالناتج من هذه العملية يتميز بنسبة عالية من المركبات الأروماتية ونسبة منخفضة من الأولفينات وإنه ذي حساسية عالية لرابع إيثيل الرصاص . والتكرير البلاتيني هو عملية تكرير كيميائي يستخدم فيها البلاتين مع كمية قليلة من الفلور على الألومينا . وما يفقد بسبب تكوين غاز الميثان فقليل .

وفي عمليات التكرير الموسومة **Houdriforming** و **Catforming** و **Ultraforming** يستعمل البلاتين مع الألومينا وإنها تختلف بصورة رئيسية في مقدار الضغط المستخدم وطريقة

استعمال العامل المساعد . فمثلاً في الـ **Hyperforming** يستخدم عامل مساعد من أكسيد الكوبلت والملبديوم بينما في الـ **Thormforming** تستعمل حبيبات الـ $Cr_2O_3 - Al_2O_3$.

العوامـل التي تؤثـر على الناتـج :

إن محصول ودرجة الأوكتين لناتج التكرير تعتمد ليس فقط على نوعية العامـل المساعد المستعمل ولكن أيضاً على تركيز النفثينات في مادة الخام الأصلية . وعندما يستعمل عامـل مساعد بلاتيني عند ضغوط منخفضة 1378 نيوتن / متر مربع نحصل على عدد أوكتيني يساوي 95 بينما المحاصيل تكون أقل عندما يستعمل أوكسيد المولبديوم أو عامل مساعد المولبدات ، ولكن في هذه الحالة تنتج كميات أكبر من البيوتان . وإن هذا يؤدي إلى ناتج ذي طيارية (**Volatility**) أكبر .

وحوالي 85% من معامل التكرير الكيميائي بالحفز (أي باستخدام العامـل المساعد) في الولايات المتحدة الأمريكية تستعمل العوامل المساعدة البلاتينية ، وإن هذه تمثل 70% من سعة التكرير الكيميائي على أساس عدد البراميل في اليوم الواحد . والشكل التالي يوضح ذلك :

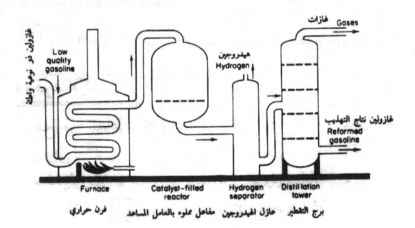

الچازولين الطبيعي أو چازولين رأس الغطاء :

الچازولين الطيار جداً يطلق عليه اسم الجازولين الطبيعي أو چازولين رأس الغطاء والذي يحصل عليه من الغاز الطبيعي بعد تخليصه من المركبات الهيدروكاربونية التي تحتوي على أربع إلى سبع ذرات كاربون (C_4 **to** C_7) .

فالغاز الطبيعي الذي يحتوي على أبخرة هذه المركبات الهيدروكاربونية يقال عنه رطب (**Wet**) وعندما يحتوي بصورة رئيسية الميثان يقال عنه جاف (**Dry**) أو فقير (**Lean**) يطلق على الجازولين المستخلص باسم غاز الغطاء حيث يستحصل عليه من الغاز الذي يتجمع أو يخرج من رأس الغطاء
للبئر البترولي .

ويمكن استخلاص هذه الأبخرة من رأس الغطاء بثلاث طرق **(1)** بواسطة تأثير الضغط والتبريد ثم تثبيت السائل المتكثف في برج التركيز ، **(2)** بواسطة الامتصاص في مشتق بترولي خفيف ثم استخلاصه في برج تقطيره **(3)** بواسطة عملية امتزاز (**Adsorpticn**) على سطح فحم نباتي أو حيواني أو على سطح جل السليكا أو الألومينا .

إن الطريقة الأخيرة جيدة بشكل خاص عندما يكون تركيز هذه الأبخرة في الغاز الطبيعي منخفض . ويستخلص وقود الجازولين من الممتز

(Adsorbent) أومجـه (Desorption) بواسـطة البخـار أو غـاز خامـل عنـد درجـة حرارية عالية نسبياً .

وبعد الاستعمالات المتكررة للممتزات يمكن إعادة نشاطها وذلك بتسخينها إلى درجة حرارية تساوي 316 إلى 399° م بوجود تيار من البخار أو في حالة جل السليكا أو الألومينا فبوجود تيار من الهواء الحار .

وقود الجازوليـن المركب :

أصبح من الظاهر أنه توجد أنواع من الوقود السائل يطلق عليها وقود الكازولين وهي / كازولين التقطير المباشر كازولين رأس الغطاء غاز البنزول من فحم حجري أو نباتي ، كازولين البلمرة ، كازولين التكسير ، ناتج التكرير الكيميائي ، الألكلة .

ومزيج من هذه المواد مع مواد متطايرات بترولية (Light ends) أي أجزاء بترولية ذات درجات غليـان منخفضـة ومـواد مضافة تكون وقود الجـازولين ذي النوعيـة المرغوبـة مـن قبـل المستهلك .

فأنواع الجازولين المباع تختلف في درجة الأوكتين ويختلف تركيبهما حسب الموسم ومحل الاستهلاك . فمثلاً غاز الشتاء في كندا يحتوي على 14% بيوتان ، بينما في فلوريدا 7% وأحياناً في أماكن أخرى يباع نوعين من وقود الجازولين النوع المحسن والنوع الممتاز .

إن المصطلحات التالية الممتاز (Premium) الاختبار العالي (High test) والأوكتين العالي (High octane) تستعمل بدون تمييز

وأنها تشير إلى أنواع أفضل من البنزين العادي . بصورة أولية تشير هذه المصطلحات إلى درجة أوكتينية أعلى .

فالمصطلح " ممتاز " يعني شي إضافي . الاختبار العالي يشير أيضاً إلى طيارية عالية واشتغال سريع للمحرك . وفي الواقع إن هذه الأنواع ذات الدرجات الأوكتينية العالية تختلف في تركيبها مقارنة بالجازولين العادي ذي الأوكتين المنخفض . لربما يختلفون في طبيعة وعدد المواد المضافة أو المحسنات الموجودة .

وفي الستينات كان معدل عدد الأوكتين للجازولين العادي يساوي 92.9 ومن عدد السيارات التي كانت تعمل في ذلك الوقت تجد 40% كان يشتغل بفرقعة ذات أثر باستعمال جازولين بعدد أوكتيني للبحث يساوي 90 و 52% بعدد أوكتيني يساوي 92 و 70% بعدد يساوي 94 .

وإن 80% كان يعمل بصورة مرضية على عدد أوكتيني يساوي 96 فبالرغم من إنتاج سيارات صغيرة يمكنها أن تشتغل بجازولين عادي ولقد تبين أن 65% من سيارات في الستينات يجب أن تستعمل جازولين عادي ذي أوكتين بحثي يساوي 92.9 على أية حال فإن 80% كانت تعمل بفرقعة ذات اثر على أوكتين بحثي يساوي 95 و 85% بجازولين ذي عدد أوكتيني للبحث يساوي 96 .

ويجب الإشارة أنه في الوقت الذي يعتبر العدد الأكتيني طريقة جيدة لتبيان نوعية وقود الجازولين ، فإنه توجد خواص أخرى مهمة لا تشير لها درجة الأوكتين .

فنوعين من الهيدروكاربونات لها نفس العدد الأوكتيني قد يختلفا إلى حد كبير في مقدار المواد الطيارة فيهما . مثال لهذه الحالة هو البروبان والأيسواوكتين حيث كلاهما له عدد أوكتيني يساوي 100 .

ولكن الأيسواوكتين يغلي عند درجة حرارية تساوي 98.9° م والبروبان عند 6.97° م وعليه فنوعين من وقود الجازولين لهما نفس الدرجة الأوكتينية قد لا يكونا مناسبين بشكل متساو لتشغيل محرك السيارة بصورة سريعة في الشتاء .

كما أن نوعين من الوقود لهما نفس العدد الأوكتيني قد لا يعطيا نفس الطاقة عند احتراقهم فالكحول الذي عدده الأوكتيني يساوي 90 يعطي حوالي $10^3 \times 30290$ جول / كيلو جرام بينما جازولين بنفس الدرجة الأوكتينية ينتج $10^3 \times 466$ جول / كيلو جرام .

وتنطبق هذه الحقيقة على المركبات الهيدروكاربونية ولكن إلى درجة أقل . وعليه فمركب البنزين (C_6H_6) وقود ذي عدد أوكتيني عالي ولكن له ميل أكبر لتوسيخ المحرك مقارنة بالأيسواوكتين أو الكحول .

كما أن وقود الجازولين ذي النوعية الأحسن بالنسبة للمستهلك هو ذلك النوع الذي يقدم الانجاز الأحسن لمحرك السيارة وعليه فتفضيل صاحب السيارة لنوع من وقود البنزين فيه بعض الحق بالرغم من تساوي الدرجة الأوكتينية للأنواع المختلفة .

وقود الجازولين من مصادر غير بترولية :

وجد في ألمانيا ودول أخرى لا توجد فيها حقول بترولية واسعة تحصل على وقود الجازولين من مصادر غير بترولية وهي طفل زيتي

(Oil shales) وأنواع الفحم القاري (Bituminous coals) أو الفحم البني الداكن (Lignite) .

إن التحسينات التي حدثت في طرق تعدين الطفل الزيتي وطرق استخلاص الزيت أدى إلى تقليل وفرق الكلفة بين وقود الكازولين من هذا المصدر ومن البترول الخام .

ومن الممكن إنتاج وقود الجازولين من فحم حجري أو نباتي بطريقتين بواسطة الهدرجة وبواسطة عملية فيشر / تروبش (Fischer- Tropsch) . في الطريقة الأولى يحول مسحوق الفحم الناعم إلى طين سائل مع الزيت ثم يعرض إلى الهيدروجين تحت ضغط عال وبوجود عامل مساعد .

إن اتحاد الهيدروجين مع الهيكل الكاربوني للفحم يعطي مركبات هيدروكاربونية غازية إلى مركبات شمعية . تجري العملية على مرحلتين وعدد الخطوات يعتمد على نوعية الفحم السمتعمل والناتج المطلوب .

وفي عملية إنتاج وقود الكازولين تخضع الزيوت المنتجة في المراحل الأولى إلى مرحلة أخرى من الهدرجة بوجود عامل مساعد مختلف . إن وقود الجازولين المنتج يحتوي على نسبة عالية من المركبات الأروماتية العادية والسلاسل المتفرعة .

وفي الطريقة الثانية لإنتاج وقود الجازولين تستعمل طريقة فيشر / تروبش ، لتركيب أو تصنيع المركبات الهيدروكاربونية من أول أوكسيد الكاربون والهيدروجين . حيث يحول الفحم أولاً إلى فحم كوك

وتستخلص السوائل الطيارة والقطران (Tars) يسخن فحم الكوك فيما بعد مع البخار للحصول على غاز الماء (Water gas) .

$$C + H_2O \longrightarrow H_2 + CO$$

إن هذا الخليط الغازي يغني بالهيدروجين ويمر خلال عامل مساعد من النيكل ليعطي ناتجاً يتكون بصورة رئيسية من وقود الجازولين وزيت الوقود ، يتأثر الناتج بالعامل المساعد المستعمل .

فعامل مساعد من الكوبلت يعطي مركبات أولفينية أكثر . اوكسيد الحديد مع كمية قليلة من كاربونات البوتاسيوم كمادة محسنة يعطي مركبات هيدروكاربونية أثقل مقارنة مع أوكسيد الحديد ، مضاف إليه نفس الكمية ولكن من كاربونات الصوديوم .

وعوامل مساعدة مختلطة مثل خليط أوكسيد الثوريوم والمغنيسيا والكوبلت (Cabalt - magnesia- thoria) استعملت أيضاً لإنتاج نوع جيد من وقود الديزل باستخدام غاز الماء المغني .

وإذا استخدم عامل مساعد أكسيد الخارصين تتكون أنواع من الكحول . خلال الحرب تم تركيب أو تصنيع شحوم أو دهون صالحة للأكل من مركبات استحصلت من تفاعل فيشر / تروبش .

ومن الممكن صنع أو إنتاج وقود الجازولين من الغاز الطبيعي بواسطة تفاعلات مشابهة . إن هذه الطريقة المصدر الأمثل في المستقبل لإنتاج أو تركيب وقود الجازولين ، ولكن على أساس عدد الجالونات المنتجة من الطن الواحد من المادة الأولية وكلفة معمل التصنيع يبقى البترول الخام المصدر الاقتصادي الأمثل .

" الأسئلـــة "

1- لماذا تدفع مبلغاً أكبر للوقود ذي الدرجة الأوكتينية العالية ؟

2- تبيع شركة بترولية وقود بنزين بدرجة أوكتينية تناسب سيارتك وذلـك بخلـط نـوعين أساسـين من الوقود وبنسب مختلفة ، ما هـو الفـرق في التركيـب الكيميـائي بـين هـذين النـوعين مـن الوقود ؟

3- ما هو الفرق بين وقود الجازولين المهذب كيميائياً وبنزين الألكلة ؟

4- عرف وقود بنزين الألكلة ؟

5- اكتب التفاعل بين جزيئتين من الأيسوبنتين . أعطِ اسماً للناتج ؟

6- وضح كيف يتفاعل الأيسوبيوتان مع البروبلين الطبيعي ؟

7- ما هو وقود بنزين رأس الغطاء ؟

8- لماذا تضاف موانع البلمرة إلى وقود بنزين التكسير ؟

9- خلال أي مرحلة من التصفية تتحول مركبات الكبريت إلى H_2S ؟

10- كيف يمكن إزالة كحول الثايو (**Thio alcohols**) المركبتاني ثانية من وقود البنزين ؟

11- ما هو القانون الكيميائي للمركبتان البيوتلي (**Butylmercaptan**) ؟

12- ما هي بعض التأثيرات الغير مرغوب فيها لمركبات الكبريت في وقود الجازولين ؟

13- عرف كلا من الأيسومرية ، الـ **platforming** ، معمل التكسير بالعامل المساعد و **D. S. and A. Plant** ؟

14- ما هي طرق الحصول على وقود الجازولين من الفحم الحجري ؟

15- اكتب المعادلات الكيميائية لإزالة الهيدروجين والمركبتان من البترول بواسطة أكسيد النحاس ؟

الباب الخامس
وقود الديزل وأنواع أخري من الوقود

البـاب الخامـس

وقود الديزل وأنواع أخري من الوقود

وقـود الديـزل :

لقد كانت ماكنة الديزل الأولي التي ساعدت علي إشاعة استعمال وقـود الـديزل كبـديل للفحم مصممة أصلاً لحرق الفحـم كمصـدر للطاقـة . إذ أن مسـحوق الكـاربون العـالق في الهـواء والذي استخدم كوقود في ماكنة الديزل في بداية الأمر يكـون خليطـاً قـابلاً للاشـتعال بمجـرد زيـادة الضغط أو تعريض الخليط إلي لهب أو شرارة كهربائية .

ولم يكتب النجاح لهذه الماكنة إذ قد تعرضت إلي انفجار وقد اضطر مخترعها إلي استبدال مسحوق الكاربون بوقود الديزل وفي هذا النوع من مكائن الديزل يسحب الهواء إلي داخل الاسطوانة ويضغط إلي ما يقارب 3445×10^3 نيوتن / م^2 ويكون هذا الانضغاط مصحوباً بارتفاع عال في درجات الحرارة إلي ما يقارب 540 م $^{\circ}$.

وعند اكتمال مرحلة الانضغاط يضخ وقود الديزل علي شكل قطرات صغيرة حيث تلامس الهواء الحار وتبدأ في الاحتراق وهذا بدوره يرفع كل من درجة الحرارة والضغط ويعجل في حركة ضربة المكبس السفلي .

وتعتبر سرعة ماكنة الديزل من العوامل الرئيسية التي تحدد نوعية الوقود الملائم للاحتراق . ويمكن تصنيف هذه المكائن إلي بطيئة ومعتدلة وعالية السرعة . فالمكائن البطيئة والتي تتراوح سرعتها

من 100 إلي 500 دورة في الدقيقة الواحدة تستعمل في المكائن الكبيرة الواقفة أو الوحدات البحرية .

كما وان مكائن الديزل المعتدلة السرعة والتي تتراوح سرعتها من 500 إلي 1500 تستعمل في المولدات الكهربائية والمضخات والتراكتورات والمجرفات الأولية .

بينما تستخدم المكائن السريعة والتي تتراوح سرعتها من 1500 إلي 2000 أو أكثر في الحافلات الكبيرة والطائرات . ويكون هذا النوع من المكائن ذا قدرة وزن أقل بكثير من تلك المستعملة في المكائن القديمة .

مراحل الاحتراق :

تنقسم عملية احتراق الوقود في مكائن الديزل إلي أربعة مراحل :-

<u>أولاً</u>: تضخ قطرات الوقود في الهواء الساخن جداً حيث تمتص هذه القطرات الحرارة وتتحول من الحالة السائلة إلي الحالة الغازية .

<u>ثانياً</u>: تحترق هذه الأبخرة المتطايرة وتزيد من درجة الحرارة والضغط داخل الاسطوانة .

<u>ثالثاً</u>: تحترق قطرات الوقود التي لا تزال تتدفق داخل الاسطوانة وتكون لهيباً يزيد من ضغط الغازات التي تدفع المكبس إلي نهاية الضربة السفلي .

<u>رابعاً</u>: ينقطع ضخ الوقود إلي داخل الاسطوانة وتستمر القطرات غير المتبخرة أو الدهن الملامس إلي سطح الاسطوانة الداخلي عادة بوجود الترسبات الكاربونية ويستغرق اكمال هذه الخطوات وقتاً صغيراً إذ لا يتعدي الجزء الصغير من الثانية .

كما يجب أن تكون فترة تسخين قطرات الوقود لحين حدوث الاحتراق قصيرة في الـديزل السريعة إذ أن فترة ضخ الوقود يجب أن تستغرق فترة قصيرة جداً لان القرقعة غالباً مـا تحـدث في مكائن الديزل بسبب الاشعال المؤخر (Retarded Ignition) .

أي عندما تكون فترة تسخين قطرات الوقود طويلـة تـؤدي إلى تجمـع رذاذ مـن الوقـود داخل الاسطوانة وتكون نسبة المواد البترولية في المزيج عالية مكونة خليطاً قابلاً للأنفجار .

وتكون عملية الاحتراق الجيدة بعد انتهاء فترة ضخ الوقود مصحوبة عادة بارتفاع منتظم في الضغط إلى درجة قصوى . وهذا يتطلب فترة تأخر (Delay period) قصيرة واحتراق منتظم . وكما موضح في منحنيات الضغط التي تمثل الفرق بين احتراق ذو فترة تأخر قصيرة وطويلة (-Short and long-delay period) موضحة في الشكل التالي :

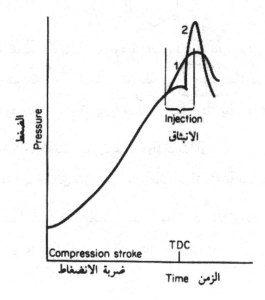

وتعتمد فترة التـأخر (**Delay period**) علـي عـدة عوامـل منهـا تصـميم الماكنـة ، نوعيـة المحقنة (**Injector**) حجم قطرات الوقود وطريقة مزج قطرات الوقود مع الهواء كلياً تؤثر علي فترة التأخر ولكن العامل الرئيسي والمهم هو المواصفات الكيمياوية لوقود الديزل .

العـدد السيتـاني : (Cetane Number) :

يتم تحديد جودة وقود الديزل بطريقة مماثلة لتلك التـي اسـتعملت لتصـنيف جـازولين السيارات ، حيث تتألف الوقود القياسية المستعملة لتحديد العدد السـيتاني مـن السـيتان القيـاسي (**$C_{16}H_{34}$ normal Cetane**) والفامثيل نفتالين (**∝ - methyl naphthalene**) .

وتشـير الكلمـة ألفـا إلي أن مجموعـة المثيـل تكـون مرتبطـة إلي قمـة احـدي الحلقـات المندمجة والسيتان هو عبارة عن سلسلة اليكان مستقيمة . ويعتبر هذا النوع من الهيدروكاربونات من أحسن أنواع وقود الديزل المنتجة تجارياً ولذلك أعطي عدداً سيتانياً مساوياً إلي 100 .

وتكون المركبات الحلقية بصورة عامة ، والمركبات العطرية بصـورة خاصـة ، وقـود ديـزل رديء النوعية . فالفا مثيل نفثالين مثال علي ذلك أعطي عدداً سيتانياً مساوياً إلي صفر

وتمثل نسبة السيتان في خليط من السيتان والفاميثيل نفثالين ذات طبيعة احتراق مشابهة للوقود المجري عليه الفحص بالعدد السيتاني لذلك الوقود .

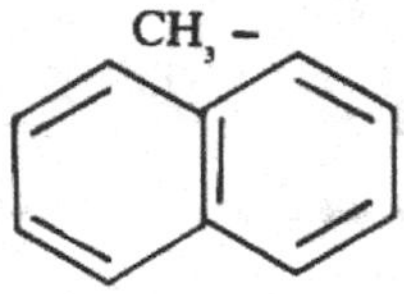

وتتطلب المكائن العالية السرعة وقود ذو عدد سيتاني 50 أو أكثر بينما تشتغل المكائن المعتدلة السرعة علي وقود ذي عدد سيتاني 45 . وتستعمل المكائن البطيئة وقوداً ذا عدد سيتاني بحدود 25 .

ومن الملاحظ أن اختيار وقود الديزل يتم وفق مواصفات كيميائية مخالفة لتلك المواصفات اللازمة والضرورية للجازولين . إذ تتميز جودة الجازولين بعدم الاشتعال عند الزيادة في الضغط الحاصل داخل الاسطوانة .

ولكن الخاصية المفضلة في وقود الديزل هي قابليته السريعة علي الاشتعال عند ارتفاع الضغط . فمثلاً العدد السيتاني لمادة ايسواوكتان(iso octane) الذي يعتبر من أحسن أنواع الجازولين هو 22 . بينما الهيبتان القياسي (n-heptane) ذو العدد الاوكتاني صفر يكون ذا عدد سيتاني 64 .

<u>**دليـل الديـزل : (Diesel Index) :**</u>

يرمز دليل الديزل إلي القيمة العددية التي توضح جودة وقود الديزل ويحسب عادة من معرفة أحد خواص الوقود الفيزيائية وهي الكثافة وخاصة كيميائية أخري تدعي العدد الانيليني **(API gravity and Anilne number)** .

وتقاس عادة الكثافة بمقياس API المستعملة من قبل معهد البترول الأمريكي **(American Petroleum Institute)** . تبلغ كثافة الماء بدرجة حرارة 60 ف 10 درجة بمقياس API وتقل هذه الدرجة للسوائل الأكثر كثافة من الماء .

والعلاقة بين الكثافة المقاسة بـ API والكثافة النوعية موضحة في الشكل التالي ، كذلك يشير هذا الشكل إلي مواقع المنتجات البترولية المختلفة.

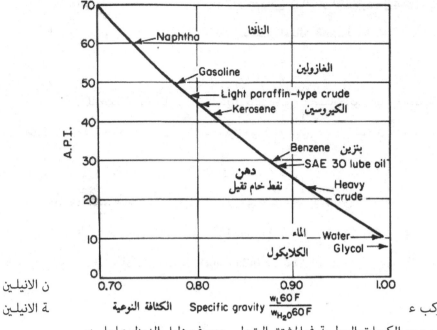

ن الانيلـين

- مركب ع ... ة الانيلـين

تتناسب مع الكميات العطرية في المشتق البترولي . ويعرف دليل الديزل بما يلي :-

$$\text{دليل الديزل} = \frac{\text{نقطة الانيلين} \times \text{الكثافة}\ (\text{API})}{100}$$

وكلما يزيد العدد السيتاني كلـما تتحسـن نوعيـة الوقـود . ويزيـد العـدد السـيتاني عـادة بمقدار ثلاث وحدات عن دليل الديزل .

درجة الاشتعال ، نقطة الوميض ، نقطة الاحتراق :

من بين الخواص المهمة التي يجب قياسها لتحديد جـودة الوقـود هـي درجـة الاشـتعال التلقائي ، نقطة الوميض ونقطة الاحتراق . وبغية الزيادة من

سرعة احتراق الوقود ، يجب أن تكون درجة اشتعال الوقود أقل بكثير مـن درجـة حـرارة الهواء المضغوط داخل الاسطوانة .

وترتبط درجة الاشتعال التلقائي (Spontaneous Ignition Temperature) ارتباطاً وثيقاً بمواصفات الوقود الكيميائية والفيزيائية . كما أن درجة اشتعال الوقود المقاسة مختبرياً تختلف عادة عن تلك التي يشتعل عندها الوقود داخل الاسطوانة نظراً لعوامل عديدة منها :

1- وجود الترسبات داخل الاسطوانة

2- مادة صنع جدران الاسطوانة وطبيعتها الفيزيائية

3- تركيز البخار

4- الضغط الكلي داخل الاسطوانة

ومن بين التجارب المختبرية التي صممت بحيث تكون ظروفها متقاربة لما يحدث حقيقة داخل الاسطوانة هي طريقة الانضغاط الاديابـاتي لمـزيج مـن الهـواء والبخار في اسـطوانة حديديـة حيث يتم الاشتعال .

وقد أجريت هـذه التجربـة علـي العديـد مـن المـواد وكانت درجـة اشتعال الهكسـان 366م° ودرجة اشتعال الهيبتان (والذي يمثل نوعاً جيداً من وقود الديزل) 330 م° ودرجة اشتعال البنزين العطري (ذو عدد سيتاني 10-) هي 420م° . أما الجازولين يعطي قيم تتراوح بـين 353 م° و 367 م° .

ويتم الحصول علي نقطة الوميض بواسطة الزيادة التدريجية في درجة حرارة المنتوج البترولي داخل قدح الوميض القياسي حتي تتجمع كمية معينة من البخار كافية لتكوين وميض عند مرور لهب فوق فوهة القدح .

وتعتبر درجة الحرارة التي تحدث عندها هذه الظاهرة بنقطة وميض المنتوج البترولي . وتشير بصورة غير مباشرة إلي مقدار المواد المتطايرة والموجودة داخل السائل . وتستخدم عادة كمؤشر لتجنب مخاطر الحرائق عند خزن ونقل المشتقات البترولية .

وجهاز نقطة الوميض الاتوماتيكي حيث تتم السيطرة علي التسخين الكهربائي في هذا الجهاز بواسطة ترمومتر مقاومة (**Resistance Thermometer**) مغمور في العينة تحت الفحص .

وينظم معدل التسخين اوتوماتيكياً بحيث لا يزيد عن $\frac{\text{60°م}}{\text{دقيقة}}$ خلال 28م° الأخيرة . ويتم إمرار لهب فوق فوهة القدم كل ستة ثواني .

وعند حدوث نقطة الوميض ، يغير لهب الوميض من مواسعة المكثف الدائري (**Capacitance of a circular condenser**) وهذا بدوره يقدح الثايراثرون (**Trigger rhyration tube**) والمرحل (**Relay**) الذي يقطع مصدر الحرارة . ومن ثم تسجل درجة الحرارة علي جهاز التسجيل (**Recorder**) في نفس اللحظة .

وتختلف نقطة الاحتراق من نقطة الوميض إذ تمثل درجة الحرارة التي عندها يكون ضغط بخار السائل أو مقدار الأبخرة المتصاعدة من جراء التسخين كافية لديمومة احتراق الوقود .

<u>محسنات وقود الديزل :</u>

ويمكن تحسين خواص وقود الديزل بإضافة بعض المركبات الكيميائية الخاصة مثل نترات الاثيل (**Ethyl Nitrate**) ونتريت الاثيل (**Ethyl- Nitrite**) ونترات الامونيوم .

وتستعمل أنواع عديدة أخري من المواد المضافة ولأغراض مختلفة . فمثلاً تستخدم مركبات مانعة التفاعل الكيميائي (**Inhibitor**) لتأخير أو منع تكوين الصمغ الراتنجي ، وجزيئات البولي هيدروكاربونات الكبيرة لمنع حدوث تغييرات كبيرة في خواص الوقود الفيزيائية مع ارتفاع درجات الحرارة .

كذلك تستخدم بعض المواد المحسنة الاخري التي تقلل من حدة الشد السطحي والتي بدورها تسهل من عملية انشطار القطرات الكبيرة وتسفر عن تكون رذاذ صغير متجانس .

<u>نقطة الادخان : Smoke point :</u>

يعتبر تكون الدخان للمنتجات البترولية عند الاحتراق عاملاً مهماً إذ انه يساعد علي تجمع الترسبات الكاربونية ، السخام (**Soot**) . وتحرير الغازات المستهلكة القذرة (**Dirty cxhaust Fumes**) .

وقد أشارت البحوث إلي أن حدة التدخين للمواد الهيدروكاربونية تتزايد تدريجياً في السلاسل التالية كما يلي : الكانات الاعتيادية (**n-alkanes**) **<** الايسوالكانات **Iso-alkanes** **<** الكينات الحلقية **<** المركبات العطرية **Aematios** .

كما تختلف حدة تدخين المركبات البرافينية الحلقية من بعضها البعض ويصعب تحديد مكانها بين السلاسل الاخري إذ أن قابلية التدخين تعتمد علي حجم وتركيب الجزيئات .

وقد عرفت نقطة الادخان كأقصى ارتفاع للهب مقاساً بالمليمترات وعنده يحترق الوقود بدون تولد دخان داخل المصباح القياسي المصباح القياسي يستعمل لتحديد نقطة الادخان

وبغية قياس نقطة الادخان ، تشبع الفتيلة أولاً بالمادة البترولية المراد فحصها ومن ثم تثبت الفتيلة في مكانها داخل المصباح ، يوضع 20 مل من العينة داخل الوعاء (R) ويعاد ربطه إلي الجهاز وتشعل الفتيلة وتنظم بحيث يصبح طول اللهب 1سم .

يترك المصباح مستمراً علي الاحتراق لمدة خمس دقائق وترفع الفتيلة تدريجياً بواسطة القرص (S) حتي يكون اللهب مصحوباً بانبعاث دخان ومن ثم تخفض الفتيلة حتي يختفي الدخان كلياً .

يقاس ارتفاع اللهب عند هذه النقطة براءة التدريج علي المدخنة بالملمترات . تعاد العملية أعلاه ثلاث مرات ويمثل معدل القراءات إلي اقرب مليمتر نقطة الادخان . والجدول التالي يبين نقاط الادخان لبعض المواد الكيمياوية المختلفة .

نقطة الادخان إلي بعض المركبات

الهيكسان الاعتيادي	144	الهيكسان الحلقي	117
الاوكتان الاعتيادي	147	بنزين	8
4,2,2 تراي مثيل بنتان	86	تولبين	6
I - هيكسيون	88	بيرازايليين	5
I- اوكتين	99	ثايوفينول	5
هيكسيل ميركبتان	102	فينيل سلفايد	4
هيكسل سيلفايد	114	انيلين	15

وتستخدم العديد من المركبات الكيميائية التي تقلل من وحدة الادخان . وهي عبارة عن مركبات عضوية معدنية وذات صيغة كيميائية FeR_2 ، حيث أن الرمز(R) يمثل جذر بنتادايين الحلقي (**Cyclic pentadiene**) . وان إضافة 0.1 بالمائة من المركب أعلاه يحول اللهب المصحوب بالسخام الكثيف إلي لهب خال من الدخان .

ولقد اكتشف الباحثون أن وجود الماء علي شكل مستحلب مع وقود الديزل قد يساعد علي تقليل الدخان المصاحب للاحتراق ويقلل من حدة الترسبات الكاربونية داخل الماكنة .

فقد أشارت البحوث إلي أن وجود الماء بنسبة 5% أو أقل أدت إلي زيادة مقدار الوقود المستهلك للقوة الحصانية الواحدة إلا أن زيادة الماء فوق هذه النسبة أدي إلي زيادة الكفاءة الحرارية .

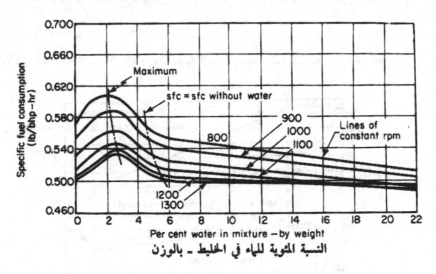

النسبة المئوية للماء في الخليط ـ بالوزن

إذ قد بلغت الزيادة القصوي في الكفاءة الحرارية 9.7% للوقود الذي يحتوي علي 22.5% من الماء . والشكل التالي يبين العلاقة

بين استهلاك الوقود النوعي ونسبة الماء المئوية الموجود علي شكل مستحلب داخل الوقود . وعند إضافة محلول نترات الامونيوم بدلاً من الماء إلي وقود الديزل تسير عملية الاحتراق بانتظام وتكون غير مصحوبة بالقرقعة التي غالباً ما تحدث عند حرق وقود الديزل وحده .

إن هذا يشير إلي حدوث زيادة في العدد السيتاني . وإضافة إلي ذلك ، تكون السرع التي تتراوح بين 100 إلي 1200 دورة بالدقيقة مصحوبة بزيادة في الكفاءة الحرارية . الشكل (6.9) يوضح تأثير مستحلب نترات الامونيوم علي العدد السيتاني لوقود الديزل .

<u>البترول الأبيـــض : (Kerosene)</u> :

ويطلق الاصطلاح البترول الأبيض أو زيت الفحم علي ناتج التقطير للبترول الخام بين 175 إلي 1200م° . وذات كثافة تتراوح من 43 إلي 45 درجة علي مقياس API . يجب أن يكون الكيروسين خال من المركبات العطرية والمركبات الهيدروكاربونية الغير مشبعة والمركبات الحاوية علي الكبريت .

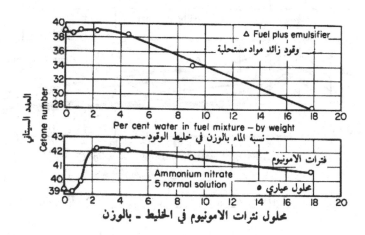

لأن وجود مثل هذه المركبات يزيد من حدة الأدخنة المتطايرة ، ولتحديد نسبة المركبات الهيدروكاربونية الغير مشبعة في الكيروسين يفضل إنتاجه بطريقة التقطير الاعتيادي للبترول الخام علي طريقة التكسير الحراري للمشتقات البترولية .

كما أن البترول الأبيض المنتج من بترول خام من أصل برافيني يكون ذو نقاوة عالية مقارنة بذلك المنتج من أصل عطري . وتجري العديد من التفاعلات الكيميائية علي الكيروسين الحاوي علي مواد عطرية ومركبات هيدروكاربونية غير مشبعة قبل استعماله كوقود للطبخ والتدفئة .

وفي الماضي كانت عملية التحلية تنحصر بمعاملة البترول الأبيض بحامض الكبريتيك المركز لإزالة المركبات العطرية والمواد الهيدروكاربونية الغير مشبعة .إلا أن هذه الطريقة تسفر عن خسارة كبيرة بالمواد الكيميائية والمواد البترولية وأصبحت غير عملية من الناحية الاقتصادية في الوقت الحاضر .

ولقد استبدلت الطريقة أعلاه بطريقة أخري تسمي طريقة اللديلينو **Eldeleneau process** تتضمن هذه الطريقة معاملة البترول الأبيض مع ثاني اوكسيد الكبريت السائل **Liquid** **So_2** في درجة حرارة منخفضة تتراوح من 12-م إلي 10-م وتحت درجة عالية من الضغط لمنع تبخر ثاني اوكسيد الكبريت .

وأثناء عملية المزج تذوب المركبات العطرية والمركبات الحاوية علي الكبريت في سائل ثاني أوكسيد الكبريت ومن ثم تفصل عن المذيب بعملية التقطير ، وفي نهاية العملية يعامل البترول الأبيض المنقي قبل عرضه إلي الأسواق بمحلول هيدروكسيد الصوديوم .

ومن الطرق الحديثة المتبعة لتحلية البترول الأبيض هي طريقة الهدرجة والتي تتضمن معاملة البترول الأبيض بغاز الهيدروجين تحت عوامل مساعدة من الكوبالت – موليبدينوم Cobalt-Molybdenum وظروف معينة من الضغط والحرارة .

وفي هذه الظروف تتفاعل المركبات الحاوية علي عناصر الكبريت أو النتروجين مع غاز الهيدروجين مكونة غاز كبريتيد الهيدروجين H_2S والامونيا NH_3 علي التوالي . كما أن معظم السلاسل الغير مشبعة تتفاعل مع الهيدروجين مكونة سلاسل الالكان Alkanes .

وبذلك يصبح الكيروسين ذو نقاوة وجودة عالية لأغراض التسخين والاستعمالات الاخري . ولقد كان استعمال البترول الأبيض قليلاً ومقتصراً في بداية الأمر لأغراض التسخين فقط . إلا انه بعد اكتشاف الطائرات النفاثة فقد ازداد معدل استهلاك الكيروسين كوقود لمثل هذا النوع من المكائن بعد إجراء بعض التعاملات الكيميائية والفيزيائية عليه .

إن وقود الطائرات والمسمي بـ Aircraft Turbine Kerosene يكون ذو نقاوة عالية جداً إذ أن درجة الانجماد لا تزيد علي 50 لمنع تكون البلورات الصلبة التي تؤدي إلي انسداد أنابيب توصيل الوقود .

ومن الخواص المهمة لوقود الطائرات ATK هو درجة اللزوجة ، درجة الانجماد ، والقابلية علي التبخر والجدول التالي أدناه يبين المواصفات الكيمياوية والفيزيائية لوقود الطائرات .

مواصفات وقود الطائرات ATK

الكثافة بمقياس API	40
نقطة الوميض	41 م° الحد الأدني
المقطر 10% بالحجم	170 م°
نقطة الغليان النهائية	275 م°
اللون بطريقة السيبوليت	25 الحد الأدني
الكبريت	30 جزء بالمليون
الكشف Doctor test	سالب
قيمة التفحم Char Value	$\frac{10\ ملجم}{كجم}$ الحد الأعلي
المواد الصمغية	$\frac{6\ ملجم}{100\ مل}$ الحد الأعلي
نقطة الادخان	25 ملم الحد الأدني
نقطة الانجماد	50-م° الحد الأعلي
الحامضية الغير عضوية	لا توجد

وقـود الصواريـخ : (Rocket Fuels) :

يشمل وقود الصواريخ مواد اعتيادية مثل الجازولين والكيروسين ، ويكون معدل احتراق الوقود في الصواريخ عال جداً مقارنة

باستهلاك الطائرات النفاثة والتوربينات الغازية ويكون مصحوباً بارتفاع عال في درجات الحرارة .

فدرجـــة الحـــرارة في موتـــور الصـــاروخ (Rocket Motor) تـــتراوح بـــين 2760 إلي 3310 م° ، بيـــنما تـــتراوح درجـــة حـــرارة ماكنـــة الطـــائرات النفاثة بـ 975 م .

ويتم الحصول علي هذا المعدل السريع من الاحتراق بواسطة استعمال الأوكسجين السائل أو بعض المواد المؤكسدة القوية مثل 95 إلي 100 بالمائة بيروكسيد الهيدروجين وحامض النتريك المدخن **Fuming Nitric Acid** كما قد تم تجربة الأوزون ، الفلور ، الكلورترايفلورايد كمواد مؤكسدة قوية .

وعلي سبيل المثال فإن الصاروخ الألماني **V-2 Missile** والذي استعمل في الحرب العالمية الثانية قد زود بالوقود المكون من ثلاثة وربع طن من الكحول ومن ستة وثلاثة أرباع طن من الأوكسجين السائل . ويولد معدل احتراق الوقود دفعها **Thrust** كاف لرفع الصاروخ البالغ طوله 14م إلي ارتفاع 195 كم .

تصنيف وقود الصواريخ : Classification of Rocket Fuels :

تصنف وقود الصواريخ بكمية تسمي الدفع النوعي . ويعرف الدفع النوعي بمقدار الدفع بالباونات لكل باوند وقود في الدقيقة الواحدة . ويكون وقود الصاروخ الجيد ذو دفع نوعي مساوياً 250

والجدول التالي أدناه يبين الدفع النوعي لبعض الوقود المختلفة والعوامل المؤكسدة القوية .

الدفع النوعي لبعض الوقود المختلفة والعوامل المؤكسدة القوية

الوقود	المادة المؤكسدة	الدفع النوعي
$C_2H_5 - OH$	$1.5\ O_2$	242
$C_2H_5\ OH$	$4H_2\ O_2$ (%99)	230
JP_4	$2.2\ O_2$	248
NH_3	$1.3\ O_2$	250
JP_4	2.3 (%70 O_2 , %30 O_3)	253
	1.9 (% 100 O_3)	266
JP_4	$2.6\ F_2$	265
$NH_2\ NH_2$	$0.63\ O_3$	277
NH_3	$2.6\ F_2$	288
$B_2\ H_6$	$5.0\ F_2$	291
$CH_3\ OH$	$2.3\ F_2$	296
$NH_2\ NH_2$	$1.98\ F_2$	298
H_2	$8.1\ O_2$	511

وقـود الصواريخ الصلب :

إن مصدر قوة الدفع في الصواريخ المستعملة في الألعاب
النارية هو الغازات الساخنة والناجمة عن احتراق مسحوق البارود الصلب . وان معظم الصواريخ
القاذفة الصغيرة مثل صواريخ الطائرات بحجم 7 سم تحرق خليطاً من نايتروكلسيرين
والنايتروسليلوز Nitroglycerine – nitrocellulose .

كـما قـد أثبتت التجـارب إمكانيـة اسـتعمال ثـايكول Thiokel ، هيـدرازين hydrazine
بورايـد معينـة Certain Borides ، ومختلـف البـوليمرات Polymers كوقـود صـلب بعـد اختيـار
العامل المؤكسد المناسب .

ورغم إمكانية تنظيم احتراق الوقود الصلب بتحديد مكونات وشكل وحجم حبيباتـه ، لا
تزال عملية السيطرة علي احتراه معقدة مقارنة بتنظيم احتراق الوقود السائل .

وقـود الصواريـخ السائـل :

الشكل التـالي يمثـل مخططاً توضـيحياً لصـاروخ يحـرق الوقـود السـائل إذ أن النتروجـين
المضغوط أو أي عنصر خامل آخر يدفع الوقود بكميات منتظمة إلي داخل غرفة الاحتراق .

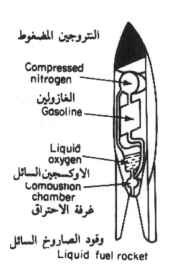

وقود الصاروخ السائل
Liquid fuel rocket

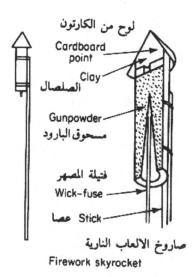

صاروخ الالعاب النارية
Firework skyrocket

ويتم رفع درجة حرارة الوقود الداخل ودرجة حـرارة موتـور الصـاروخ بمبـادلات حراريـة ملائمـة الشـكل التـالي يوضـح الصـاروخ أطلـس والـذي اسـتخدم لـدفع **Friendship 7** إلي مـداره مستخدماً سائلاً هيدروكاربونياً مع سائل الأوكسجين .

يعتبر الهيدروجين وقوداً مثالياً من حيـث مقـدار تحـرر الحـرارة للباونـد الواحـد إلا انـه يتطلب ضغطاً عالياً لتحويله إلي سائل ويجب أن يكون الخزان بمثابة معينـة لتحمـل هـذا الضـغط العالي .

" الأسئلــة "

1- عرف العدد السيتاني .

2- كيف يمكن تقصير فترة التأخر .

3- ما هو دليل الديزل وما هو فحواه ؟

4- من بين المركبات التالية حدد المركب الذي يسفر حرقه عـن تولـد اكبر كميـة مـن الـدخان C_6H_{12} , C_6H_{14} , C_6H_6 .

5- اذكر ثلاث سنات إلي وقود الديزل .

6- ما هو الفرق بين نقطة الوميض ، نقطة الاحتراق ، ونقطة الاشتعال .

7- وقود الهيدروجين مع الفلورين يكون ذو دفع نوعي 350 .

بين مساوئ ومحاسن هذا الوقود مقارنة مع وقود خليط الفلورين – هايدروكاربون

الباب السادس
الوقـــود الغـــازي

الباب السادس

الوقـــود الغــازي

الغــاز الطبيعـــي : Natural gas :

تطلق عبارة الغاز الطبيعي علي الغاز المنتج عند سـطح الأرض مـن التجمعـات الجوفيـة التي يتفاوت تركيبها تفاوتاً بيناً والتـي قـد ترافـق أو لا ترافـق مبـاشرة تجمعـات البـترول الخـام . ويحتوي الغاز – إلا في حالات قليلة – علي ما لا يقل عن 95% من الهيدروكربونات .

أما الباقي فيتكون من النتروجين وثاني أوكسيد الكاربون يصحبها في بعض الحالات نسبة ضئيلة من كبريتيد الهيدروجين . والمادة الهيدروكربونية الرئيسية هي غاز الميثان الذي هو أخف البارفينات الهيدروكربونية وأكثرها تطايراً .

أما البارفينات الأثقل والتي تتميز بدرجة غليان اعلي ، وهي الإيثان والبروبان والبيوتان والبنتان والهكسان والهيبتان ، فإنها توجد بنسب متناقصة ، ومع أن ما يتراوح بين 70% إلي حوالي 100% حجماً من المواد الهيدروكربونية في الغاز الطبيعي قد يتألف من الميثان .

فإن مركبات البنتان والمواد الهيدروكربونية الأثقل ، نادراً ما تشكل أكثر من 1-2% حجماً ، وقد تكون من الضآلة بحيث تبلغ ما يتراوح بين 0.1 إلي 0.2% حجماً . ويبين الجدول التالي الصيغ الكيميائية ودرجات الغليان للمواد الهيدروكربونية البارفينية الموجودة في الغاز الطبيعي .

الصيغ الكيميائية ودرجات الغليان للمواد الهيدروكربونية البارفينية في الغاز الطبيعي

الاسم	الصيغة الكيميائية	درجة الغليان م° عند ضغط جوي واحد 013	
الميثان	CH_4	161.5-	تكون غازية في الحالات الاعتيادية من الضغط الجوي والحرارة
الإيثان	C_2H_6	88.5-	
البروبان	C_3H_8	42.2-	
ايسوبيوتان	C_4H_{10}	12.1-	
البيوتان الاعتيادي	C_4H_{10}	0.5-	
ايسوبنتان	C_5H_{12}	27.9	تكون سائلة في الحالات الاعتيادية من الضغط الجوي والحرارة .
البنتان الاعتيادي	C_5H_{12}	36.1	
الهكسان	C_6H_{14}	69.0	
الهبتان	C_7H_{16}	98.4	
الاوكتان	C_8H_{18}	125.6	

يتبين من هذا الجدول أن الميثان والإيثان والبروبان ومركبات البيوتان هي مواد غازية في الظروف الاعتيادية من الضغط ودرجات الحرارة ، بينما البنتان والهكسان والهبتان والاوكتان هي مواد سائلة في هذه الظروف .

غير أنه كما يمكن للهواء عندما يكون الضغط الجوي عادياً ، أن يحتوي علي كميات مختلفة من بخار الماء حسب درجات الحرارة ، كذلك

فإن الغاز الطبيعي قد يحتوي علي كميات مختلفة من أبخرة هذه المواد الهيدروكربونية السائلة .

ويعرف الغاز عندئذ بالغاز الرطب أو الغاز المبلل تمييزاً عن الغاز الطبيعي الجـاف الـذي لا يحتوي علي أبخرة المواد الهيدروكربونية السائلة أو يحتوي علي كميات ضئيلة جداً منها . ويمكن فصل المواد الهيدروكربونية السائلة من الغاز الطبيعي الرطب علي شكل غازولين (بنزين) طبيعي .

إن الغاز الطبيعي يصحب تجمعات البترول الخام كلها تقريباً اينما وجدت ، إذ يكون الغاز ذائباً في البترول تحت ضغط المكمن وحرارته (الغاز المذاب) ، كما انه غالباً ما يشكل غطاء من الغاز الطليق يعلو البترول الخام (غاز غطاء المكمن) . غير أن تجمعات الغاز كثيراً ما توجد مستقلة عن تجمعات البترول وتسمي عندئذ "الغاز الغير مرافق" .

إن احتياطي الغاز الطبيعي يعرف دائماً بأنه إما غاز مرافق وإما غاز غـير مرافق . وهـذا التمييز أمر مهم للغاية . فإنتاج الغاز المرافق (Associated Gas) يعتمد علي إنتـاج البـترول الخـام الذي يوجد بصحبته ، ويقتصر الإنتاج إذ ذاك علي الغاز المذاب .

إذ أن إنتاج الحد الاقصي من البترول الخام يجعل من إنتاج غاز غطاء المكمن أمر غير مرغوب فيه علي الأقل خلال فترة طويلة من عمر المكمن . وقد يتم إنتاج كميات كبيرة من الغاز المرافق تفيض عن الحاجات المحلية أو إمكانات التصدير ، فيضطر عندئذ إلي حرق الكميات الفائضة .

أما الغاز غـير المرافـق (Non- Associated Gas) فإن بالإمكـان إنتاجـه وفقاً لمتطلبـات الأسواق ونموها . كما أن إعداد منتجات الغاز الطبيعي

القابلة للتسويق لا تتطلب عمليات تكرير معقدة كتلك التي يتطلبها إعداد منتجات البترول الخام

.

فالغاز الطبيعي الجاف يتطلب إزالة المواد الغير مرغوب فيها ككبريتيد الهيدروجين وثاني اوكسيد الكاربون . ويتطلب الغاز الطبيعي المبلل إضافة لذلك استخلاص الجازولين الطبيعي .

وتوجد كميات لا يستهان بها من احتياطي الغاز الطبيعي في كثير من مناطق العالم كما هو مبين في الجدول التالي :

الاحتياطي العالمي المثبت (Proved) للغاز الطبيعي في 1977/1/1

الكمية م$^3 \times 10^{10}$	المنطقة أو القطر
2627.8	الاتحاد السوفيتي وشرق اوروبا
1454.0	الشرق الأوسط
623.0	الولايات المتحدة
592.0	أفريقيا
410.6	آسيا والشرق الاقصي
401.8	أوروبا الغربية
255.8	جنوب ووسط امريكا
158.6	كندا
6523.6	المجموع

تنقية الغاز الطبيعي وإنتاج الكبريت :

يحوي الغاز الطبيعي علي شوائب غير مرغوب فيها ككبريتيد الهيدروجين وثاني اوكسيد الكاربون ، ويمكن إزالتها بعدة طرق منها طريقة الامتصاص بمحلول ايثانول أمين الأحادي (Monoethanol Amine) $NH_2C_2H_2OH$ أو غيره من مركبات الامونيا ، ثم فصل السائل الناتج وتعريته منهما وإعادة استعماله .

حيث يتحد ايثانول أمين الأحادي مع كبريتيد الهيدروجين وثاني اوكسيد الكاربون ويزيلهما من الغاز الطبيعي . ويتحرر هذان الغازان بسهولة بالتسخين .

$$(HOC_2H_4NH_3)_2S \longrightarrow 2HOC_2H_4NH_2 + H_2S$$

Or

$$(HOC_2H_4NH_2)_2 \ H_2S \ and \ HOC_2H_4NH_2H$$

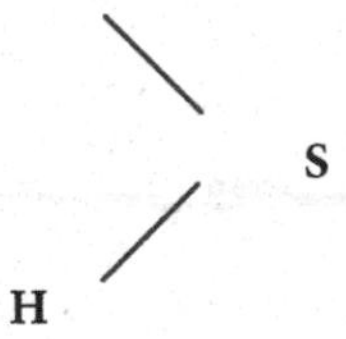

وفي مصنع إزالة كبريتيد الهيدروجين من الغاز الطبيعي نجد ما يلي :

1) مبردات معالجة محلول الأمين ومنطقة معالجة الغاز .

2) بناية معالجة الغاز بضمنها وسائل استرجاع محلول الأمين .

3) بناية الخدمات متضمنة غرفة السيطرة المركزية ومبردات الغاز الحامضي .

4) بناية مصنع الكبريت .

5) المرمد (Incinerator) ومدخنة طولها 75 متر .

ويعتبر كبريتيد الهيدروجين احد المصادر الطبيعية لعنصر الكبريت ، حيث يحول إلي عنصر الكبريت بواسطة أكسدته مع الهواء بوجود البوكسيت (**Bauxite**) كعامل مساعد كما يلي :

$$2H_2 \longrightarrow 2H_2S + O_2$$

ثم يكثف بخار الكبريت ويدفع بمنصهر الكبريت إلي خزانات يتجمد فيها ثم يكسر إلي كتل لشحنه . وينقل الكبريت السائل أيضاً في عربات صهريج مدفاة أو حتي في الناقلات .

وهذا االكبريت نقي جداً ويستعمل في صناعة حامض الكبريتيك وثاني كبريتيد الكاربون المستعمل في صناعة الحرير الصناعي وفي فلكنة المطاط (**Rubber- Vulcanization**) وفي بعض أغراض زراعية وغيرها .

ومنصهر الكبريت يجري خلال الانبوب المعزول من مصنع المعالجة وينصرف عند مصنع أخر ويكون سائل الكبريت الأحمر شكل شجري تحت الكبريت الصلب الأصفر . وقرص من الكبريت تبلغ 12 × 30 × 7.5 م .

استخلاص الجازولين الطبيعي من الغاز الطبيعي وفصل المخاليط الغازية :

يستخلص الجازولين الطبيعي من الغاز الطبيعي المبلل بطريقة واحدة أو أكثر من الطرق التالية : (1) الضغط والتبريد لتكثيف الغازولين الطبيعي (2) الامتصاص (**Absorption**) بواسطة الزيت الامتصاصي ، (3) الامتزاز (**Adsorption**) علي بعض المواد التي تتصف بمسامية عالية كالفحم الخشبي وجل السليكا (**Silica Gel**) والامونيا والتي لها القدرة علي تكثيف مقادير كبيرة من البخار المتأتي من مزيج غازي علي سطحها .

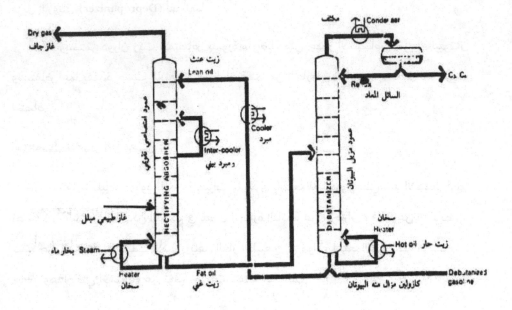

مصنع إزالة كبريتيد الهيدروجين من الغاز الطبيعي وإنتاج الكبريت

1) مبردات معالجة محلول الأمين ومنطقة معالجة الغاز .

2) بناية معالجة الغاز بضمنها وسائل استرجاع محلول الأمين .

ويوضح الشكل السابق طريقة الامتصاص ، إذ يدفع الغاز الطبيعي المبلل والذي يحتوي علي مركبات هيدروكربونية ثقيلة نسبياً إلي أسفل عمود الامتصاص ويسال الزيت الامتصاصي الغث أو الفقير بالمواد الممتصة (**Lean Oil**) إلي داخل العمود عند قمته .

ويخرج الغاز الجاف الغير ممتص من قمة جهاز الامتصاص ، بينما يخرج الزيت الامتصاصي الغني (**Rich Oil**) من أسفله . ويمكن إدخال زيت الامتصاص الغني إلي عمود ثاني يسمي مزيل البيوتان **Debutanizer** حيث يستخلص البروبان والبيوتان .

ويمكن التوسع في هذه العملية بإمرار غازي البروبان والبيوتان خلال عمود آخر يسمى مزيل البروبان (Depropanizer) لفصلهما .

ويستمر دوران زيت الامتصاص بصورة متواصلة من جهاز الامتصاص ومزيل البيوتان ويستعاض عما يفقده حسب اللازم . ويلاحظ أن قسما من الجازولين الطبيعي يستعمل هنا كزيت امتصاصي .

<u>استعمــال الغــاز الطبيعـي :</u>

الغاز الطبيعي وقود له من المميزات ما يغري باستعماله . فهو يعطي عند الاشتعال لهيباً نظيفاً لا رائحة له . كما يمكن التحكم في معدل الحرارة الناتجة عن الاحتراق ، فضلاً عن انه يعطي كمية حرارية عالية إذا تطلب الأمر . وينقل الغاز الطبيعي إلي مواقع استعماله بواسطة أنابيب خاصة وهذا يعني الاستغناء عن توفير خزانات باهظة التكاليف .

وللغاز الطبيعي استعمالات عديدة ، ففضلاً عن استخدامه للأغراض المنزلية مثل التدفئة والطبخ فله استعمالات صناعية هائلة كمصدر للطاقة الحرارية والكهربائية وكمادة أساسية لمجموعة الصناعات البتروكيميائية . كما انه مصدر للهيدروجين الـذي يشكل احـدي المـواد الخـام الرئيسية التي تعتمد عليها الصناعة الكيميائية .

<u>الغـاز الطبيعـي المسيـل : (Liguified Natural Gas LNG) :</u>

ويتألف الغاز الطبيعي المسيل من الميثان والإيثان . والميثان هو المـادة الرئيسية التـي يتألف منها الغاز الطبيعي ولا يمكن تسييله تحت الضغط في الأحوال العادية من درجات الحـرارة . ولكن يمكن تسييل الغاز الطبيعي

تحت ضغط جوي واحد وذلك بتبريده إلي 160م° تحت الصفر ويعرف عندئذ بالغاز الطبيعي المسيل .

وينقل بناقلات خاصة مبردة إلي مسافات طويلة عبر البحارأو المحيطات وهو في هذه الدرجة الحرارية المتدنية . وفي الموانئ المستوردة يعاد الغاز الطبيعي المسيل إلي حالته الغازية ويوزع في شبكات التوزيع .

وهكذا يمكن نقل الغاز الطبيعي إلي أي بلد مهما كان بعيداً . ونظراً للتكاليف الباهظة لعمليتي التسييل والنقل لا ينشأ مصنع الغاز الطبيعي المسيل عادة في الوقت الراهن إلا إذا توفر الغاز الطبيعي بكميات كبيرة جداً للتصدير ، ولا يكون المصنع اقتصادياً وإنتاجه منافساً في الأسواق العالمية إلا إذا كان ذا سعة واسعة جداً .

غـاز البتـرول المسيـل : (Liguified Petroleum Gas LNG) :

يتكون غاز البترول المسيل من البروبان والبيوتان اللـذين يمكـن ، بالرغم مـن طبيعـتهما الغازية في درجات الحرارة وضغط الجو الاعتياديين ، اسالتهما بضغط مسـاو لعـدة ضـغوط جويـة وبالتالي خزنهما بسهولة كسوائل في أوعية خفيفة الضغط وبدرجات الحرارة الاعتيادية

ويمكن الحصول علي مقادير كبيرة من هذين الغازين من الغاز الطبيعي أو من عمليات التكرير . ويعالج هذان بالضغط لإنتاج أصناف مختلفة من غاز البترول المسيل وهي البروبان التجاري والبيوتان التجاري والمزيج التجاري للصنفين المتقدمي الذكر اللذين تتم موالفتهما في الغالب وفقاً للنسب المطلوبة والتي تتغير حسب فصول السنة .

فتزداد نسبة البيوتان صيفاً وتقل شتاء . وتباع هذه الغازات معبأة في اسطوانات فولاذية أو بدون تعبئة . وتضبط جودة غاز البترول المسيل بدقة وفقاً لمواصفات معينة فيما يختص بضغط البخار والمحتويات الكبريتية ومحتويات الرطوبة . وبما إن هذه المنتجات تباع في أوعية ضاغطة مغلقة فليس هناك مجال لفسادها .

ويستعمل غاز البترول المسيل علي نطاق واسع في أعمال الطهي وتسخين المياه والتدفئة وتكييف الهواء والتبريد والإنارة في المساكن والفنادق والمطاعم والمخازن والمستشفيات والمدارس ، ويستعمل في الصناعة حيثما تلزم الحرارة . كما يمكن استعماله كوقود ذا درجة عالية من الاوكتين للحافلات والشاحنات والجرارات .

غازات الوقود المصنعة :

إن غازات الوقود المصنعة الشائعة هي : (أ) غاز الفحم (ب) غاز فحم الكوك (ج) غازات المولدات (د) غاز الماء (هـ) غاز الماء المكر بن (و) غاز فرن الصهر (ز) غاز المجاري .

وبين الجدول التالي تحاليل نموذجية لمختلف غازات الوقود .

المركب	الغاز الطبيعي	غاز الفحم	غاز الكوك	غاز المولدات	غاز الماء	غاز الماء المكربن	غاز فرن الصهر	غاز المجاري
CO	--	7.4	5.1	33.5	43.6	35.4	26.2	--
CO_2	1.0	1.2	1.4	1.0	4.0	5.3	13.0	24.6
H_2	--	52.1	57.4	10.5	47.8	40.0	3.2	--
CH_4	85.0	29.2	28.5	2.5	0.3	10.7	--	73.3
C_nH_m	(1)14.0	(2)7.9	(2)2.9	--	--	5.4	--	(3)0.6
N_2+O_2	--	2.2	4.7	52.5	4.3	3.2	57.6	1.5

(أ) غـاز الفحـم (Coal Gas) :

ينتج هذا الغاز من كربنة (Carbonizyation) الفحـم ، أي بتسـخين الفحـم بمعـزل عـن الهواء . ويتكون من مزيج من المواد المتطايرة من الفحم والمـواد الناتجـة مـن تكسـير (Cracking) هذه المواد في درجات الحرارة العالية . وتعتمد كمية الغـاز وتركيبـه عـلي درجـة حـرارة الكربنـة . ويستعمل هذا الغاز لإغراض الإنارة والتسخين .

(ب) غاز فرن الكوك (Coke Oven Gas) :

إن إنتاج فحم الكوك يصاحبه عادة إنتاج كميات كبيرة من غاز فرن الكوك الذي هو غاز وقودي ممتاز .

(ج) غاز المولدات (Producer Gas) :

وهو مزيج من أول اوكسيد الكاربون والهيـدروجين مـع كميـة قليلـة مـن ثـاني اوكسـيد الكاربون . وينتج من الاحتراق الجزئي لأي مـادة كربونيـة مـع الهـواء الرطـب ، حيـث يمـرر الهـواء الرطب خلال طبقة سميكة من الفحم أو الكوك الساخن .

$$C + \frac{1}{2}O_2 \longrightarrow CO$$

$$CO + H_2 \longrightarrow C + H_2O$$

وتضبط درجة حرارة التفاعل عند حوالي 1050°م لتحويل ثـاني اوكسـيد الكـاربون الـذي قد يتكون إلي أول اوكسيد الكاربون بالاختزال .

$$2CO \longrightarrow CO_2 + C$$

ويستعمل هـذا الغـاز بصـورة رئيسـية كوقـود للأفـران وكـذلك يمكـن اسـتعماله كوقـود لمحركات الاحتراق الذاتي كمحركات الحافلات والشاحنات .

(د) غــاز المـــاء : (Water Gas) :

ينتج هذا الغاز بتفاعل الكوك أو الفحم الساخن مع البخار في درجة حرارة 900°م .

$$CO + H_2 \longrightarrow C + H_2O$$

ويسمي هذا الغاز ايضاً الغاز الأزرق وذلك للون لهبه عند الاحتراق .

(هـ) غاز الماء المكربن : (Carburreted Gas) :

يمزج غاز الماء لغرض زيادة قيمته الحرارية مع زيت الغاز في حجـرة تفاعـل ذات درجـة حرارة عالية ومبنية من الآجر المقاوم للحرارة ومحتويه علي آجر مضـلع . فيتفاعـل غـاز المـاء مـع المنتجات المتطايرة والمركبات ذات الوزن الجزيئي القليل الناتجة من التكسير الحراري لزيت الغـاز منتجاً غاز الماء المكربن .

كما إن القيمة الحرارية لغاز الماء المكربن معادلة تقريباً القيمة الحرارية لغاز الفحم . ويستعمل غاز الماء المكربن للأغراض المنزلية عوضاً عن غاز الفحم .

(و) غاز فرن الصهر : (Blast Furnace Gas) :

ينتج أول اوكسيد الكاربون في فرن الصهر من الاحتراق الغير تام لفحم الكوك ويستخدم لاختزال اوكسيد الحديد إلي حديد . غير أن CO الناتج لا يستخدم جميعه ، فالغاز الخارج من الفرن والذي يسمي غاز فرن الصهر يحتوي علي 25% CO . والقيمة الحرارية لهذا الغاز منخفضة .

(ز) غـاز المجـاري : (Sewage Gas) :

ينتج غاز المجاري خلال عملية الهضم اللاهوائية (**Anaerobic Digestion**) لنفايات المجاري ويحتوي علي 65% إلي 80% من غاز الميثان ولذلك فهو وقود جيد . ويستعمل هذا الغاز في مدن عديدة لتوليد الطاقة الكهربائية . ويبين الجدول التالي القيم الحرارية لغازات الوقود الشائعة .

القيم الحرارية لغازات الوقود الشائعة

الغـــــــــــاز	القيمة الحرارية مليون جول /$م^3$
الغاز الطبيعي	39.1
غاز فرن الكوك	19.6
غاز الفحم	16.8
غاز الماء المكربن	16.8
غاز الماء	10.8
غاز الموالدات (من الفحم)	6.0
غاز المولدات (من الكوك)	4.8
غاز فرن الصهر	3.4

حساب القيمة الحرارية للوقود الغازي :

يعبر اعتيادياً عن القيمة الحرارية لأي وقود كجول / كجم أو كيلو جول / كجم إذا كانت المادة نقية . كما يعبر عنها ايضاً كجول / مول أو كيلو جول / مول .

ولقد وجد كراش (Kharasch) إن القيمة الحرارية للهيدروكربونات ككيلو جـول / مـول تساوي تقريباً عدد الكترونات التكافؤ مضروباً في المعامل 109.06 فالإيثان C_2H_6 مثلاً الـذي عـدد الكترونات التكافؤ فيه 6+8 يعطي قيمة حرارية مقدارها 14 × 109.06 =1526.8 كيلو جول /مول .

بينما القيمة الفعليـة التجريبيـة (Experimental) تساوي 1542.4 كيلو جول / مـول ويبين الجدول التالي قيم حرارة الاحتراق (Heats of Combustion) المحسوبة والتجريبية لسلسلة البرافينات .

قيم حرارة الاحتراق (Heats of Combustion) للبرافينات (Q)

حرارة الاحتراق التجريبية كيلو جول / مول	حرارة الاحتراق بمعادلة كراش كيلو جول / مول	المــــــــادة
882.6	872.5	CH_4
1542.4	1526.9	C_2H_6
2202.2	2181.3	C_3H_8
2863.7	2834.4	n-C_4H_{10}
3491.7	3491.7	n-C_5H_{12}
4144.8	4144.8	n-C_6H_{14}
4810.5	4798.0	n-C_7H_{16}
5463.6	5455.3	n-c_8H_{18}
6095.8	6108.4	n-C_9H_{20}

بينما معدل زيادة القيمة الحرارية التجريبية للمول من كل هيـدروكربون إلي آخـر يليـه في السلسلة هو 652.7 كيلو جول . ويمكن ملاحظة هذا التأثير الإضافي للقيـم الحراريـة التجريبيـة للكحولات الأولية المبينة في الجدول التالي .

ولما كان كل هيدروكربون متتابع في السلسلة يحتوي علي مجموعة (CH_2) أضافية ، أي زيادة ستة الكترونات تكافؤ إلي الجزيئة ، فالقيمة الحرارية للمول تزداد بمقدار 654.4 كيلو جول .

ويمكن تقدير القيمة الحرارية للوقود الصلب والغازي ككيلو جول / كجم من النسب المئوية للتركيب وزناً باستعمال معادلة دولونك (Dulong) .

$$Q = \frac{33.800 \times \%C + 144.300(\%H_2 - \%O\%8) + 9.400 \times \%S}{100}$$

حيث إن : Q = القيمة الحرارية و C = الكاربون و H_2 = الهيدروجين O_2 = الأوكسجين و S = الكبريت . والقيمة الحرارية Q للغازات المحسوبة بهذه المعادلة اعلي نوعاً ما من القيمة التجريبية

القيم الحرارية التجريبية لبعض الكحول الأولية

	الزيادة	كيلو جول / مول Q	الصيغة الكيميائية	الكحول
		715.5	CH_3CH	ميثانول
	656.1	1371.6	C_2H_5OH	ايثانول
المعدل	640.1	2011.7	C_3H_7OH	بروبانول اعتيادي
561.9	661.9	2673.6	C_4H_9OH	بيوتانول اعتيادي
	649.4	3323.0	$C_5H_{11}OH$	بينتانول اعتيادي

مثـال :

ايثان C_2H_6 كتلته المولية = 30 ونسبة الكاربون =

$\frac{24}{30} \times 100$ = 80% ونسبة الهيدروجين 20%

$$Q = \frac{H2\% \times 144.300 + C\% \times 33.800}{100}$$

$$Q = \frac{20 \times 144.300 + 80 \times 33.800}{100}$$

Q = 27.040 + 28.860 = 55.900 كيلو جول / كجم

القيمة الحرارية التجريبية = 51410 كيلو جول / كجم ، والقيمة الحرارية محسوبة بمعادلة كراش = 50.890 كيلو جول / كجم .

القيمـة الحراريـة كيلو جول /م^3 :

تشغل الكتلة المولية من الغاز 22.4 دسم^3 في الظروف القياسية لدرجة الحرارة والضغط . ومن الممكن تحويل القيم الحرارية من كيلو جول / كجم إلي كيلو جول / م^3 كما في المثال التالي :

مثـال :

احسب القيمة الحراريـة للاثلـين C_2H_4 ككيلـو جـول / م^3 في درجـة حـرارة 288.5 ك إذا كانت الكتلة المولية تشغل 25.3 دسم^3 في تلـك الدرجـة وكانـت القيمـة الحراريـة تسـاوي 51.357 كيلو جول / كجم .

الحــل :

الكتلة المولية = 28 جم وتشغل 25.3 دسم^3

الكيلو جرام الواحد يشغل حجماً = $\frac{1000}{28}$ × 25.3 = 903.6 دسم^3

أو = 0.904 م^3 $\qquad$ Q = $\frac{51.357}{0.904}$ = 56.811 كيلو جول / م^3

ويعبر عن تركيب غازات الوقود عادة حجمياً . وتحسب القيمة الحرارية لمزيج غازي بجمع الحرارة المنبعثة لكل كمية معينة من مكونات المزيج . إن حرارة الاحتراق لأول اوكسيد الكاربون 12.019.6 كيلو جول / م^3 وللهيدروجين 12.090 كيلو جول / م^3 وللميثان 37.705.6 كيلو جول / م^3 وللايثان 65.649.4 كيلو جول / م^3

مثال :

ما هي القيمة الحرارية لغاز يتكون من المركبات التالية : ثاني اوكسيد الكاربون 1.0% حجماً وميثان 85% حجماً وإيثان 14% حجماً ؟

الحل :

100 م^3 من الغاز يحتوي علي .

85.0م^3 من الميثان يعطي 85.0 × 37.705.6 = 3.204.976.0 كيلو جول

14.0 م^3 من الإيثان يعطي 14.5 × 65.649.4 = $\frac{919.091.6}{4.124.067.6}$ كيلو جول

Q = 41.241 كيلو جول / م^3

ويمكن كذلك تحويل النسب المئوية الحجمية لتركيب مزيج غازي إلي نسب مئوية علي أساس الوزن .

الأوكسجين المطلوب :

يعين الأوكسجين الضروري للاحتراق باستعمال معادلات تفاعل الاحتراق . يحتوي الهواء علي 21% حجماً أو 23.3 % وزناً من

الأوكسجين . ويمكن حساب حجم أو كتلة الهواء الضروري لإحراق كمية معينة من الوقود من الأوكسجين المطلوب كما في المثال التالي :

مثال :

ما هو حجم الهواء الضروري لاحتراق 1000 م من غاز المجاري (Scwage gas) الذي يحتوي علي 73.3% CH_4 و 0.6% H_2S حجماً ؟

الحل :

(أ) $CO_2 + 2H_2O \longrightarrow CH_4 + 2O_2$

(ب) $2SO_2 + 2H_2O \longrightarrow 2H_2O + 3O_2$

إن 1000 م^3 من الغاز يحتوي علي 733 م^3 من CH_4 الذي يتطلب 1466 م^3 من الأوكسجين وكذلك علي 6 أمتار مكعبة من H_2S التي تحتاج إلي 9 أمتار مكعبة من الأوكسجين .

مجموع الأوكسجين المطلوب = 1466 + 9 = 1475 م^3

$$1475 \times \frac{100}{21} = 7024$$ م^3 حجم الهواء الضروري

سرعة اللهب وحدي التفجير :

يراعي عاملان مهمان عند استخدام الغازات والأبخرة وهما سرعة اللهب وحدا التفجير . ويعرف اللهب بأنه منطقة تجميع الغاز وانبعاث الضوء والحرارة .

وسرعة اللهب هي المسافة التي تقطعها مقدمة اللهب في الثانية في أنبوب مفتوح يحتوي علي المزيج القابل للاحتراق . ويسبب إشعال الغاز في فسحة مغلقة زيادة في الضغط .

ويعرف الوقت التفجيري بأنه الوقت اللازم لانتشار اللهب خلال جميع الفسحة .

وتعتمد سرعة الاحتراق علي طبيعة الوقود ودرجة الحرارة وتركيز الغاز وبعض الخواص السطحية المعينة للمكان الذي يحدث فيه الاحتراق . ويبين الشكل التالي سرعة اللهب لغازات مختلفة .

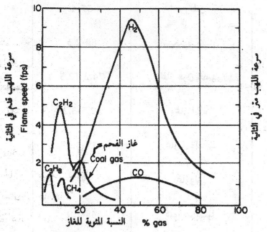

سرعة اللهب مقابل النسبة المئوية لغاز الوقود في مزيج الهواء

من الملاحظات العامة أن المحرك يختنق ويتوقف إذا كانت نسبة الجازولين عالية كثيراً في مزيج الهواء والجازولين ، كما أن الاحتراق يتوقف ايضاً إذا كانت هذه النسبة منخفضة كثيراً . ولـذا فيوجد حدان معينان من التركيز لا يكون الاحتراق خارجهما سريعاً .

ويختلف هذان الحدان باختلاف التركيب الكيميائي للغاز أو البخار ويبين الجدول التالي حدي التفجير (أو الانفجار) لعدد من الغازات أو لأبخرة .

فيلاحظ أن أي مزيج من الاستيلين والهيدروجين مع الهواء يـؤدي إلي الانفجـار . بينـما لا يكون البروبان مزيجاً منفجراً مع الهواء إذا كان تركيزه أكثر من 9.5 % أو اقل من 2.4 % حجماً .

حدي التفجير لبعض الغازات والأبخرة في الهواء كنسبة مئوية للحجم

% حجما	المادة	% حجما	المادة
11-2	بروبلين	57-4	استيلديهيد
8.3-1.3	سيكلوهكسان	80-2.5	استيلين
74-35	غاز فرن الصهر	74.2-12.5	أول أوكسيد الكاربون
(70-55)-(9-6)	غاز الماء	12.5-3.2	ايثان
75-35	غاز المولدات	19-3.3	ايثانول
6-1.3	غازولين	29-3	اثيلين
17.4-10.7	كلوريد المثيل	48-1.9	أثير الأيثل
14-5.3	ميثان	3.2-0.8	اوكتان اعتيادي
36-7.3	ميثانول	8-1.4	بنزين
74.0-4.1	هيدروجين	8.4-1.8	بيوتان
6.9-1.2	هكسان	7.8-1.4	بنتان
		9.5-2.4	بروبان

ويعتمد حدي التركيز اللذان يعينان الالتهاب علي درجة الحرارة والضغط وأحياناً علي شكل وأبعاد وطبيعة الإناء الحاوي . وتعتمد قابلية الغاز للانفجار علي درجة حرارة الاتقاد (Ignition Temperature) وسرعة اللهب وحدي تركيز الانفجار .

كما يعتمد تصميم الحارق (Burner) للوقود الغازية علي هذه العوامل ايضاً . فيبقي اللهب في قمة أنبوب الحارق عندما يكون معدل سرعة

الاحتراق أو سرعة اللهب مساوياً للسرعة الخطية (Linear) لجريان الغاز في الأنبوب.

وكذلك يعتمد علو اللهب علي نسبة هاتين السرعتين . إذا خفض جريان الغاز بحيث تكون سرعته أقل من سرعة اللهب ، فينتقل اللهب هابطاً أنبوب الحارق إلي فتحة التدفق في القاعدة ، وهناك تكون سرعة الغاز اعلي كثيراً لصغر الفتحة فيستمر اللهب .

وينطفئ لهيب البروبان بسهولة أكثر من غاز الماء أو غاز الفحم لقلة سرعة احتراقه نسبياً . كما أنه ينطفئ أيضاً بسهولة عند أي تعديل غير مناسب للحارق وذلك لضيق حدي تركيز احتراقه . ولهذا يجب تعديل فوهة التدفق ودخول الهواء للحارق عند تغير الغاز .

وتعتمد درجة حرارة اللهب علي القيمة الحرارية للوقود وسرعة الاحتراق والفقدان الإشعاعي وكل الصهاريج أو الأماكن الاخري التي تحتوي علي غازات قابلة للاحتراق أو سوائل درجة غليانها منخفضة ، يجب أن تفحص قبل أن يسمح باللحام أو القطع بمشعل (Torch) .

ومكشاف الغازات القابلة للاحتراق (Explosimeter) هو جهاز لكشف الغازات أو الأبخرة القابلة للاحتراق وقياس تركيزها . حيث تضخ عينة من الهواء الجوي للصهريج أو المكان المراد فحصه خلال الجهاز .

فتلامس عنده سلكاً دقيقاً ساخناً فيشتعل كل غاز قابل للاحتراق علي سطح السلك بواسطة عامل مساعد ، ويستخدم التغير في توصيلية السلك في نظام جسر ـ موزون لقياس التركيز النسبي للغاز . وتعين التراكيز الخطرة أو الانفجارية علي مقياس الجهاز .

وتستخدم مقاييس الطيف دون الحمراء(Infra Red Spectrometer) في وحدات متحركة لاكتشاف تسرب الغازات في موصلات الغاز الرئيسية . حيث تؤخذ عينات للهواء خلال أنابيب تنشقية (Sniffer tubes) قرب سطح الطريق بصورة مستمرة .

ويحتوي جهاز مقياس الطيف علي مصدرين متماثلين لأشعة دون الحمراء وخليتين للغاز أحدهما تحوي نموذج قياسي للغاز المقارن . فعندما يدخل نموذج الهواء الخلية الثانية يمتص أي غاز موجود فيه قسم من أشعة دون الحمراء للمصدر الثاني .

ويرسل كلا المصدرين حزمة غير متساوية في الطاقة ، الأمر الذي يؤدي إلي توليد إشارة كهربائية ذات علاقة بتركيز الغاز في النموذج .

كما إن تركيز غاز أول اوكسيد الكاربون الذي اقل كثيراً من الحد الادني للانفجار خطر وذلك لسمية (Tox icity) الغاز . حتي التركيز المنخفض مضر جداً إذا طال التعرض له . ويبين الشكل التالي علاقة فترة التعرض والتركيز إلي التأثير السمي .

ويحتوي الغاز المنبعث من محركات الاحتراق الداخلي علي كميات وافية من غاز أول اوكسيد الكاربون والتي تكون مصدر خطر صحي في كثير من جراشات السيارات ، حيث بإمكان الغاز الانتشار (Diffuse) خلال الحديد الحار .

ويمكن أن يتواجد هذا الغاز في غرف الأفران وفي السيارات وفي الشاحنات وفي الزوارق المجهزة بمحركات أو في أماكن أخري مغلقة وذلك أما نتيجة الانتشار أو نتيجة التسرب (Leak) .

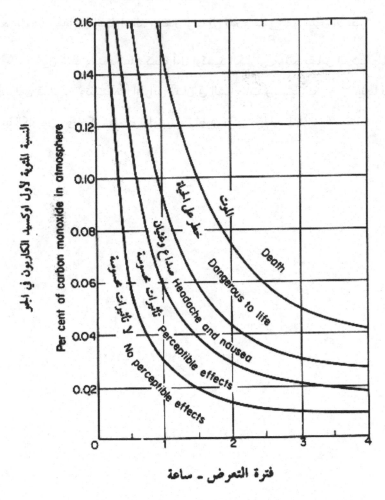

النسبة المئوية لأول اوكسيد الكاربون في الجو
Per cent of carbon monoxide in atmosphere

الموت
Death

خطر على الحياة
Dangerous to life

صداع وغثيان
Headache and nausea

تأثيرات محسوسة
Perceptible effects

لا تأثيرات محسوسة
No perceptible effects

فترة التعرض ـ ساعة

تأثير أول أوكسيد الكاربون علي الإنسان

تعتمد بعض الأجهزة التي تستعمل لقياس أول اوكسيد الكاربون

علي مبادئ الاحتراق إذ يحترق الغاز في أنبوب يحوي عامل مساعد ، ويقاس الارتفاع الناتج في

درجة الحرارة بمزدوجة حرارية (Thermocouple) ويقيس هذا النوع من الأجهزة تركيزاً

يتراوح مداه من 0.02 إلي 0.015% ± 0.001 .

وهناك نوع آخر من الأجهزة يعين تركيز أول اوكسيد الكاربون لونيا، حيث يستخدم التفاعل بين الغاز وموليبدات السليكا (Silica Molybdate) فيسحب الهواء خلال جل السليكا المشبعة بالمادة المتفاعلة الصفراء التي يتغير لونها إلي تدرج متنوع من اللون الأخضر

ويكون ذلك معتمداً علي كمية أول اوكسيد الكاربون . ثم يقاس التركيز بالمقارنة مع مخطط لون قياسي . وتستعمل أقراص آمان في الشاحنات والسيارات يتغير لونها بوجود أول اوكسيد الكاربون . وبإمكان فاحص الموليبدات تعيين تركيز مقداره 0.001 % .

" الأسئلـــة "

1- اذكر طريقتين لحساب القيمة الحرارية للغازات الهيدروكربونية .

2- استعمل كلا الطريقتين لحساب القيمة الحرارية للاوكتان .

3- قــدر القيمـــة الحراريـــة ككيلـــو جـــول / م³ لغــاز البروبــان في درجـــة حرارة 288.5 ك

4- ما حجم الهواء اللازم لاحتراق متر مكعب مـن الهكسان حيـث الكثافـة النوعيـة تسـاوي 0.6630 ؟

5- الكثافة النوعية للايثانول تساوي 0.7893 وللهكسان تساوي 0.6630 . من يعطي طاقة أكثر متر مكعب من الايثانول أم متر مكعب من الهكسان ؟

6- إذا كانت حرارة الاحتراق لأول أوكسيد الكاربون 12.019 كيلو جول / م³ وللهيدروجين 12.090.4 كيلو جول / م³ ، وللميثان 37.705.6 كيلو جول / م³ ، احسب القيمة الحرارية لغاز الماء كما مبين تركيبه فيما سبق .

7- احسب القيمـة الحراريـة للايثانول مـن النسـب المئويـة للتركيـب كـما مبـين في الصيغـة الكيميائية .

8- اكتب المعادلات الكيميائية لاستخلاص الكبريت من الغاز الطبيعي .

9- ما هو تركيب LNG ؟ و LPG ؟ والجازولين الطبيعي ؟

الباب السابع
التشحيم ومواد التشحيم

البـاب السـابع

التشحيـم ومـواد التشحيـم

تشمل عملية التشحيم إضافة بعض المواد للتقليل من حدة الاحتكاك بين أجزاء الماكنة المتحركة . تعتمد جودة التشحيم بصورة رئيسية على مواصفات المواد الزيتية الكيميائية والموضحة في المعلومات المدرجة في الجدول التالي .

الاحتكاك ومقدار المواد الملتقطة للنحاس فوق النحاس (2 كجم وزن)

الحالة	معامل الاحتكاك	المواد الملتقطة لكل سم	معدل الكتلة للمواد الملتقطة
		مايكروجرام	
غير مزينة	1.2	20.0	0.1
مع السليكون	1.2-1.0	10.0	0.1
دهن البرافين	0.3-0.2	0.5	1×10^{-3}
شمع البرافين	0.3-0.1	0.1	5×10^{-4}
الكحول الصلب	0.65	0.05	3×10^{-4}
أحماض دهنية	0.01		
صابون النحاس	0.05	0.001	1×10^{-4}

حيث تحدد هذه المواصفات الكيميائية قابلية الزيت على الانتشار على سطح الارتكاز (Bearing) ، مقاومته للجريان من جراء الحرارة أو الضغط ، مدى تأكسده أو تكسره ، لزوجته وخواص مهمة أخرى .

ولقد أسفرت نتائج البحوث الكيميائية الحديثة على التحسين من نوعيات زيوت التشحيم ، وإضافة إلى ذلك فقد أثبتت البحوث من أن الخواص الكيميائية والفيزيائية لسطوح الارتكاز (**Bearing Surfaces**) ذات تأثير مباشر على عملية التزييت .

<u>الاحتكـاك : (Friction) :</u>

يؤدي الاحتكاك إلى خسارة كبيرة في الطاقة تعادل **20%** في السيارات الحديثة ، ويعتبر العامل الرئيسي للبلي **Wear** في الماكنة . إن السبب الرئيسي للاحتكاك هو الترابط الكيميائي **chemical bonding** أو تجاذب فان درفالز **Van der Weals attraction** بين الذرات أو الجدران التي تكون على اتصال مع بعضها البعض .

ونجد إن هذا الاتصال قد يؤدي إلى إخراج بعض الجسيمات أو الدقائق الغروانية **Colloidal particles** من أحد السطحين بواسطة السطح الآخر .

كذلك قد يؤدي إلى اندماج بعض القمم الصغيرة **Fusion of tiny peak** إلا أن استعمال مواد التشحيم يؤدي إلى تقليل مقدار المواد المتنقلة بين السطحين كما موضح بالجدول السابق .

ويشير الجدول السابق إلى أن مواد التشحيم الجيدة تقلل من مقدار المواد الملتقطة **Pickup** ولا تمنعها كلياً . كما أن استعمال مادتين مزيتتين ذات معامل احتكاك متساوي قد يؤدي إلى اختلاف كبير في مقدار التآكل .

ومن الطبيعي أن مقدار المواد الملتقطة تعتمد على نوعية السطوح المتلامسة فالسطوح المعدنية النظيفة تكون عادة ذات احتكاك عال وتسفر عن

انتقال كميات كبيرة من المواد الملتقطة مقارنة بالسطوح المغطاة بطبقات من الأوكسـيد

.

وفي التطبيقات الهندسية ، تكون عـادة السطوح المعدنيـة مغطـاة بطبقـة جزيئيـة مـن الأكاسيد Molecular Layer of Oxides ذات معامل احتكاك أقل منها للسطوح المعدنية الناصعة .

وتوجد العديد من المواد التي تعمل على تقليل الاحتكاك بين السطوح المتحركة وهذه تكون بالحالة الغازية والسائلة ، أو الصلبة . ويعتبر الدهن من أكثر هذه المواد شيوعاً لأغراض التشحيم .

كما إن دهونات التشحيم المستعملة في الوقت الحاضر عبارة عن خليط من المركبات الهيدروكاربونية المستخلصة من البترول الخام . وقبل ظهور صناعة تصفية البترول كانت زيوت التشحيم تتكون بصورة رئيسية من الزيوت الدهنية مثل زيت الزيتون وزيت دهن الخنزير .

إلا أن هذه الأنواع من الزيوت تكون سريعة التأكسد ولها القابلية على توليد الترسبات والمستحلبات بينما تكون الزيوت البرافينية بصورة عامة أقل استعداداً للتأكسد أو تكوين المستحلبات ، إضافة إلى كونها أكثر اقتصادية .

وفي بداية الأمر لقد لاقى استعمال الزيوت المشتقة من البترول الخام بدلاً من الزيوت الشحمية مثل زيت الزيتون Olive Oil احتجاجاً كبيراً حاداً وقد أدى إلى إضراب مهندسو القطارات في شركة القطارات الفرنسية .

$$\text{معامل الاحتكاك } CF = \frac{\text{السحب}}{\text{الوزن أو ظل زاوية السحب}}$$

إنتاج زيوت التشحيم : The manufacfure of Lubricating :

يتم الحصول على زيوت التشحيم من المشتقات البترولية
المدعاة بالبترول المختزل . تكون نقطة الغليان للمركبات الموجودة
في البترول المختزل عالية جداً (315.5 م) ويتعذر تقطيرها تحت ظروف الضغط الجوي الاعتيادي
، ولذلك تفصل هذه المركبات باستعمال ضغط منخفض . فمثلاً المركب الهيدروكاربوني $C_{20}H_{42}$
يغلي عند درجة حرارة 325 م في الظروف الجوية الاعتيادية ، بينما تنخفض درجة غليانه إلى 170
م عند انخفاض الضغط المسلط عليه إلى 38 كيلو
نيوتن / م^2 . يتم تقطيرات زيوت التشحيم تحت ضغوط مقاربة إلى 5 كيلو نيوتن / م^2 .

إن التقطير الفراغي للبترول المختزل يؤدي إلى إنتاج ثلاثة أنواع رئيسية من الزيوت –
زيوت التشحيم الخفيفة والمتوسطة والعالية الكثافة . يعامل كل من هذه المشتقات الثلاث بطرق
مختلفة تعتمد على المواصفات المرغوب فيها ونوعية البترول الخام .

إن طرق التصفية المتبعة تتمثل عادة باستخلاص السوائل وإزالة الشمع والمعاملة بغاز
الهيدروجين – كما موضح بالشكل التالي :

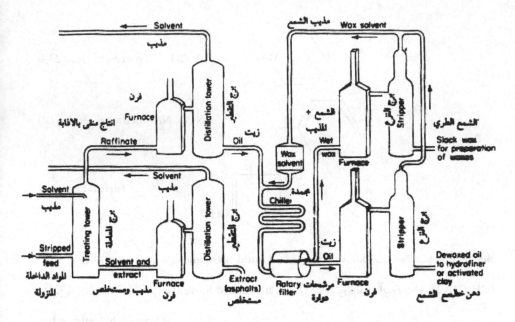

إن عملية الاستخلاص بالمذيبات Solvent Extraction تحسن من درجة التشحيم ومن

خواص الدهن الانسيابية ، واستقرارية Stability الزيت بإزالة المركبات الأسفلتية Asphaltic

Compounds التي غالباً ما تؤدي إلى تكون الترسبات الحامضية وتقلل من مقدار دليل اللزوجة

(Viscosity Index) . من بين المذيبات التي تستعمل لهذا الغرض هي :

الفينول وله نقطة انصهار تساوي 59° م

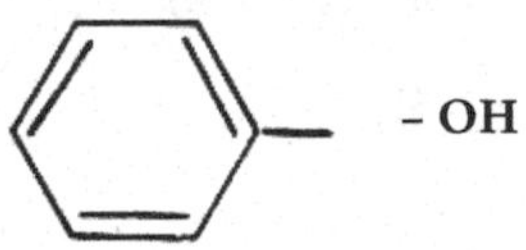

$$\bigcirc - OH$$

ومشتقات الفينول المثيلية Methyl derivatives of phenol والتي تسمى حامض

الكرسليك Creslic acid

مثلاً :

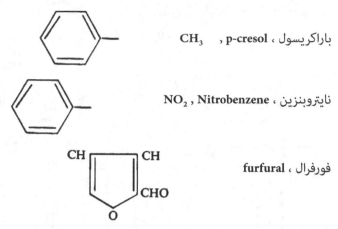

باراكريسول ، p-cresol , CH_3

نايتروبنزين ، Nitrobenzene , NO_2

CH
CH
CHO
O

فورفرال ، furfural

والبروبان السائل ، Liquid propane ، ثاني أوكسيد الكبريت والبنزين Benzene والمذيبات المعالجة بالكلور Chlorinated Solvents مثل دايكلور اثيل أيثر $(CH_3CHCl)_2O$ Sym-dichlorethyl ether .

وفي هذه الوحدة تتم أولاً معاملة الدهن مع الفينول المنصهر داخل برج الاستخلاص Extraction Tower . حيث ينزل الفينول المنصهر بواسطة تأثير الجاذبية الأرضية خلال عمود الدهن الصاعد ، مذيباً المركبات الأسفلتية والأولفينات ومستخلصاً المركبات الكبريتية .

وتحتوي الدهونات المنقاة بالإذابة والتي تخرج من أعلى البرج على كميات من الفينول والتي تفصل عادة بتسخين الخليط إلى 250 – 260 م وإمرار الأبخرة إلى برج التعرية Stripping Tower .

ومن ثم يقطر الفينول الذي يغلي بدرجة حرارة 182 م ويتم تجميعه وضخه ثانية إلى برج الاستخلاص . ويضخ كذلك الدهن النقي من الفينول إلى أجزاء أخرى من المعمل لإجراء التعاملات الكيميائية الأخرى .

وتحتوي المواد التي تخرج من أسفل برج الاستخلاص على ما يقارب 85% فينول وبـنفس الطريقة التي تم ذكرها أعلاه يستعاد مذيب الفينول من هذا الخليط ويمزج مع الفينول المستخرج من أعلى البرج لغرض استعماله مرة ثانية في برج الاستخلاص .

إن الفرفرال عبارة عن منتوج عرضي يستخرج من غلاف بذرة الشوفان Oat hulls ، عرنوس الذرة Corn Cobs ، أو مصادر أخرى . وهو سائل أصفر اللون ذو درجة غليان مقاربة إلى درجة غليان الفينول (161.5 م) ويفضل على الفينول في عملية الاستخلاص للأسباب التالية :

(1) إمكانية استعادته كلياً Complete recovery من الدهونات المنقـاة والمسـتخرجة Raffinate and Extract من برج الاستخلاص .

(2) إمكانية فصله بسهولة عن الدهن بواسطة استعمال بخار الماء .

(3) يكون مقدار التآكل أقل من ذلك الناتج عن استعمال مذيب الفينول .

ومن بين المذيبات المستعملة الأخرى هو سائل البروبان ، إذ أن المركبات الأسفلتية لا تذوب في سائل البروبان وتختلف عن البرافينات والمركبات النفثينية Naphthenes القابلة للذوبان والاستخلاص بالسائل أعلاه .

ونجد في وحدة استخلاص الأسفلت في معمل الدهون يعامل المتبقي الثقيل الخارج من أسفل برج التقطير الفراغي مع سائل البروبان . وفي هذه الوحدة تتم عملية فصل المركبات البرافينية داخل برج الاستخلاص وتحت ظروف عالية من الضغط .

حيث تنزل معظم المركبات الأسفلتية الثقيلة إلى أسفل البرج بينما يندفع إلى الأعلى بتأثير فرق الكثافة سائل البروبان حاملاً معه المركبات البرافينية . وبعد ذلك تذهب كل من المواد الخارجة من أعلى وأسفل برج الاستخلاص إلى وحدتين متشابهتين بغية استعادة البروبان .

يتم استعادة البروبان بواسطة تقليل الضغط في أعمدة الفصل **Separating columns** وإزالة بقايا البروبان من الدهن في أبراج التعرية بواسطة استعمال بخار الماء ، ومن ثم يجمع البروبان المستعاد إلى خزان البروبان الرئيسي بغية استعماله مرة ثانية في عملية الاستخلاص .

إزالة الشمع : Dewaxing :

إن عملية إزالة الشمع ضرورية وبصورة خاصة للدهونات المستخرجة من البترول الخام غير الأسفلتي بغية تقليل لزوجة الدهن في درجات الحرارة المنخفضة ، وتكون عادة الشموع الموجودة في الدهن ذات نقاط انصهار مختلفة .

فنقطة انصهار الشمع البرافيني **Paraffinic Wax** تتراوح من 32 إلى 71° م ، ونقطة انصهار الشمع الدقيق التبلور **micro crystalline Wax** تبلغ 95° م ، لذلك يتصلب الشمع في الدهن مكوناً خليطاً غروانياً **Gel mixture** في درجات الحرارة المنخفضة . وتدعى درجة الحرارة هذه والتي عندها لا يسكب الدهن بنقطة الانسكاب **pour point** .

لذلك تعتبر عملية إزالة الشمع من الدهن من العمليات المهمة والأساسية والتي تتم عادة بواسطة الاستخلاص بالمذيبات . فبعد تنقية الدهن من المركبات العطرية في وحدة الفرفرال يضخ إلى

وحدة إزالة الشمع حيث يخلط هي هذه الوحدة حجم واحد من الدهن مع حجمين من مذيب الشمع .

ويوجد العديد من مذيبات الشمع مثل مثيل اثيل كيتون Methyl ethyl Ketone ، خليط من بروبل وبيوتل كيتون Propyl and butylketones ، نترايكلورواثيلين trichlore thyelene ، بنزين Benzene واليوريا أو مزيج من هذه المذيبات .

ويعتبر كذلك سائل البروبان المستعمل في وحدة إزالة الأسفلت من المذيبات الجيدة للشمع . إذ يمزج الدهن مع البروبان بنسبة معينة ومن ثم يبرد تدريجياً بواسطة تبخر البروبان تاركاً الشمع على شكل بلورات داخل المزيج ومن ثم تفصل بلورات الشمع هذه من خليط الدهن وسائل البروبان بواسطة الترشيح الدواري .

حيث يتجمع الشمع على شكل طبقة ثخينة فوق قماش الترشيح ويتم جمعه مباشرة بواسطة سكينة كاشطة . يفصل بعدها البروبان المصاحب لكل من الشمع المنتج والدهن المنقي بواسطة تقليل الضغط واستعمال بخار الماء في أبراج التعرية ويعاد بعد ذلك البروبان إلى الخزان الرئيسي بغية استعماله مرة ثانية .

العمليات النهائية : Finishing

ينقى الدهن الخالي من الشمع بترشيحه خلال طبقة من الطين الفعال Activated cloy أو (Bauxite) . وفي هذه العملية تتم إزالة الأجسام الملونة والمركبات الأخرى بالامتزاز Adsorption ، إضافة إلى إزالة بعض البلورات الشمعية Microory stalline wax .

وفي الوقت الحاضر في معظم معامل الدهون الحديثة تستخدم طريقة معاملة الـدهن بالهيدروجين Hydrofinishing بدلاً من الامتزاز بواسطة الطين . حيث تتم في هذه الوحدة معاملة الدهن بالهيدروجين وتحت ضغط عال ودرجات حرارة مرتفعة وبوجود العامل المساعد .

وفي داخل المفاعلات تتحول مركبات الثاني كبريتيد Disulfides والمركبات التي تحتوي على الكبريت إلى غاز كبريتيد الهيدروجين Hydrogen sulfide gas الممكن إزالته بسهولة .

وإضافة إلى ذلك تتفاعل المركبات غير المشبعة والتي غالباً ما تولد الأصماغ Gum forming compounds مـع الهيـدروجـين مكونـة البرافينـات والنافثينـات وتطرأ كـذلك بعـض التحسنات على خواص الدهن الانسيابية .

إختبارات دهن التشحيم Testing Lubricating oils

دليــل اللزوجــة :

تجرى العديد من الفحوصات على دهن التشحيم لغرض السـيطرة عـلى النوعيـة . ومـن بين هذه الفحوصات المهمة والتي نادراً ما تفهم بسهولة هو دليل اللزوجة .

إذ يمثل دليل اللزوجة قابلية الدهن على الحفاظ على سيولته Fluidity أو لزوجته Viscosity فوق مجال من درجات الحرارة Over a range of temperatures .

قياسات اللزوجة :

من الممكن قياس اللزوجة بطرق عديدة فتقاس اللزوجة المطلقة Absolute Viscosity في كافة المختبرات العلمية والتي تستعمل

نظام سم ، جرام ، ثانية c. g. s بوحدات البويز **Poise** ، واللزوجة المطلقة للماء في درجة حرارة الغرفة (22 م) تبلغ 1 سنتيبويز .

ومن الأنظمة الشائعة الأخرى هو اللزوجة الكينماتيكية **Kinematic Viscosity** والتي تستعمل وحدات سنتيستوك **Centistoke** . ترتبط وحدة السنتيستوك إلى وحدة سنتيبويز بالمعادلة التالية :

$$\text{Centistoke} = \frac{\textbf{Centipoise}}{\textbf{density}}$$

ولقد استخدم المهندسون العديد من الطرق العلمية والتجريبية **Empirical** لمقارنة لزوجة الدهونات المختلفة . وإحدى الطرق الشائعة تحدد الوقت اللازم بالثواني لتفريغ حجم قياس من الدهن خلال ثقب قياسي في أسفل القدح القياسي .

وفي أحد أو بعض درجات الحرارة المختارة ، 37.7 م ، 54.4 م أو 98.8 م° وتسمى وحدة القياس هذه بـ

SUS (Saybolt Universal Seconds) أو سيبولت عالمي ثانية .

ومن الصعب تبرير استعمال الكلمة عالمي ، حيث يستعمل المهندسون في أوروبا جهاز انكلر **Engler Viscometer** وفي انكلترا وبعض الدول الأخرى يفضل جهاز ريد وود **Redwood Viscometer** .

إن لزوجة الدهن المرقم **SAE 10 (Society of Automative Engineer)** تنحصر بين 90 إلى**120 SUS** بدرجة حرارة 54.4 م في أمريكا الشمالية ، ولزوجة الدهن المرقم **SAE 20** تتراوح من 120 إلى **185 SUS** في نفس درجة الحرارة . وتزيد لزوجة الدهن رقم 40 على **255 SUS** بدرجة حرارة 54.4 م وتقل عن **75 SUS** بدرجة حرارة 98.8 م .

إن ارتفاع درجة الحرارة بصورة عامة يكون مصحوباً بانخفاض في درجة اللزوجة كما قد تتساوى اللزوجة لدهنين مختلفين بدرجة حرارة 37.7 م وتختلفان بدرجة حرارة 10 م ويزيد مقدار الاختلاف بدرجة حرارة 17.8 م .

إن الدهن المثالي هو الدهن الذي تكون لزوجته بدرجة حرارة – 40 م مساوية إلى لزوجته في درجات الحرارة المرتفعة في فصل الصيف ولم تنخفض بارتفاع درجة الحرارة .

إضافة لما تم ذكره من قبل ، إن دليل اللزوجة يشير إلى مقدار التغير في اللزوجة مع التغير في درجات الحرارة . وعندما يكون دليل اللزوجة مرتفعاً يكون منحنى (اللزوجة – حرارة) أكثر استواء من منحنى الدهن ذي دليل اللزوجة المنخفضة .

وبغية تحديد دليل اللزوجة لدهن معين ، تقارن لزوجة هذا الدهن مع لزوجة دهنين مختلفين من الناحية الكيميائية وذات لزوجة متساوية بدرجة الحرارة القياسية **Standard temperature** . أحد هذه الدهونات هو البنسلفانيان أو الدهن البرافيني ، والدهن الآخر هو دهن الخليج أو النافثينيك **Naphthenic Oil** .

وعندما اقترح استعمال دليل اللزوجة لقد تم إعطاء دهن التشحيم البنسلفاني والذي يتمتع بسيولة ثابتة **Constant fluidity** دليلاً للزوجة مساوياً إلى 100 ، بينما أعطي دهن التشحيم الخليجي والذي يتمتع بميوعة **Fluidity** متغيرة دليلاً للزوجة مساوياً إلى صفر . وبالإمكان احتساب مقدار دليل اللزوجة من المعادلة التالية :

$$\text{دليل اللزوجة} = \frac{\text{لزوجة الدهن الخليجي حرارة 100 ف} - \text{لزوجة الدهن تحت الفحص بحرارة 100 ف}}{\text{لزوجة الدهن الخليجي بحرارة 100 ف} - \text{لزوجة الدهن البنسلفاني بحرارة 100 ف}}$$

يوضح علاقة اللزوجة مع الحرارة لبعض دهونات التشحيم الكثيرة الاستعمال . وكما هو الحال بالنسبة إلى العدد الأوكتاني ، أصبح دليل اللزوجة المساوي 100 شائعاً في الوقت الحاضر . ويتم الحصول على هذا النوع من الدهونات باستعمال المضيفات الكيميائية (**Chemical additives**) .

ومن بين الفحوصات الأخرى التي يجب إجراؤها على دهونات التشحيم هو نقطة الوميض ، مقاومة التأكسد **Oxidation Resistance** بقايا الكاربون **Carbon Residue** ، فحص الترسيب **Precipatation test** ، رقم التعادل **Neutralization number** ، الكثافة النوعية واللون .

تشير نقطة الوميض إلى مدى تبخر الدهن وقابلية الدهن على الاحتراق في الماكنة . وتتناسب مقاومة التأكسد مع إمكانية تكون الترسبات تحت ظروف التشغيل الاعتيادية .

وتفحص المادة بتسخين عينة من الدهن وإمرار فقاعات من الأوكسجين خلال العينة . تولد هذه العينة المشبعة بالأوكسجين الترسبات التي هي عبارة عن مستحلب ثخين من الدهن والماء الناتج عن احتراق الهيدروجين في الدهن .

وعندما تتجمع الترسبات في ماكنة السيارة تعيق من دورة دهن التشحيم وتزيد من معامل الاحتكاك بين جدران الماكنة المتحركة والذي بدوره

يؤدي إلى زيادة مقدار البري Wear . إن مقارنة الزمن اللازم قبل بداية تكون الترسبات للدهونات المختلفة يشير إلى مدى مقاومة الدهونات للتأكسد .

إن فحص بقايا الكاربون Carbon Residue test يشير إلى قابلية الدهن على تكون الترسبات الكاربونية . ويتضمن فحص بقايا الكاربون تسخين حجم قياسي من الدهن في قدح معدني ومن ثم قياس الترسبات الكاربونية .

ويرتبط مقدار بقايا الكاربون مع نقطة الادخان للدهن كما سبق شرحه سابقاً في وقود الديزل . ومن الممكن إجراء مقارنة فحصي مقاومة الدهونات المختلفة للتأكسد مع قابليتها على تكون بقايا الكاربون في داخل الماكنة القياسية .

ويوضح فحص الترسيب مقدار المواد الصلبة والمعلقة في الدهن مثل حبيبات العامل المساعد ، الطين ، والمركبات الناجمة عن التآكل . وفي هذا الفحص يخفف الدهن مع النفثا ويوضع داخل ماكنة الطرد المركزي Centrifugal machine وبعد الانتهاء من عملية الطرد المركزي تتجمع المواد الصلبة في أسفل أنبوب الفحص .

وتقاس الكثافة النوعية للدهن بواسطة مقياس الهيدرومتر Hydrometer والوحدات الشائعة لقياس الكثافة النوعية هو (API) والتي تمثل معهد البترول الأمريكي American Petroleum Institute .

ويقاس لون المشتقات البترولية عادة بجهاز الوفيبوند Lovibond apparatus حيث تتم مقارنته مع الألوان القياسية ويتم تحديد لون الدهن المنتج ويجب أن يقع ضمن المواصفات العالمية حيث

أن عدم المطابقة تشير إلى اختلاف في مكونات الدهن وخواصه الكيميائية والفيزيائية .

بعض النقاط النظرية والعملية لعملية التشحيم :

عندما يفصل عمود الإدارة Shaft من المسند بواسطة طبقة دهنية فإن مقاومة الدوران تأتي بصورة رئيسية من لزوجة دهن التشحيم . وفي الحالات المثلى يساوي ، العزم المقاوم للدوران من المعادلة التالية :

$$F = \frac{2\Pi r^2 A}{601} N \eta$$

وتنطبق هذه المعادلة النظرية على أعمدة الدوران الشاقولية أو على الأوزان الخفيفة ، ويمثل الرمز r نصف قطر عمود الدوران ، A مساحة عمود الدوران المغمورة في الدهن ، I ثخن طبقة دهن التشحيم ، N عدد الدورات بالدقيقة ، والرمز η اللزوجة بوحدات السنتيبويز Centipoise .

ولا يكون سمك طبقة التشحيم متجانساً في معظم الحالات ، وخصوصاً عند ابتداء حركة عمود الدوران ، وهذا يؤدي إلى عدم توزيع الضغط بصورة متساوية على دهن التشحيم وكما هو مبين في الشكل التالي :

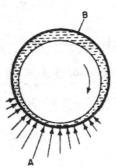

التزييت المائعي . أعلى ضغط في النقطه I ، اقل ضغط في النقطه ب . عمود الدوران يضغط الدهن . أصفر سمك لطبقة التشحيم ومقدار الاحتكاك يعتمد على لزوجة الدهن ، سرعة دوران المحور ، وعكسياً مع الضغط

وعندما يكون الضغط في النقطة (أ) عالي إلى درجة بحيث يصبح سمك طبقة التزييت في تلك النقطة لا يتجاوز طول جزئيتين أو ثلاث جزيئات ، يحل التزييت الرقيق Boundary Lubrication محل التزييت المائعي Lubrication Fluid .

كما أن طول بعض النتوءات في السطح قد يزيد على سمك طبقة التزييت الرقيق الفاصلة بين الطبقات المتحركة مما يؤدي إلى زيادة الاحتكاك وكثرة البري Wear or erosion . وفي حالة الضغط العالي جداً أو درجة اللزوجة المنخفضة ينخفض سمك طبقة التزييت الرقيق إلى درجة تؤدي إلى التصاق السطوح مع بعضها البعض .

ولا تنحصر الاستفادة من دهن التزييت في الماكنة لأغراض التزييت الرقيق أو المائعي وإنما يعمل (1) كحشية مائعية Fluid gasket بين جدران الأسطوانة وحلقات المكبس Piston rings . كذلك يعمل (2) كعامل للتنظيف و (3) ناقل للمواد الصلبة الناتجة من عملية الاحتراق والبري Wear .

هناك استعمال آخر للدهن في الطائرات إذ إنه يستعمل كمائع هيدرولي Hydraulic fluid لتغيير درجة المحركات أو تشغيل الأجزاء الميكانيكية الأخرى وفي هذه الحالة يكون دليل لزوجة الدهن من العوامل المهمة جداً .

التزييت الرقيق Boundary lubrication :

إن الفائدة المتوخاة من التزييت الرقيق تعتمد بصورة كبيرة على تركيب ومواصفات الدهن الكيميائية . إذ أن دهن التزييت المستعمل في المسننات العالية السرعة High speed gears يتعرض إلى درجة عالية من الضغط تبلغ 930306.1 كيلو نيوتن / م^2 .

ويجب أن يتحمل غشاء الدهن الجزيئي الرقيق الإزاحة الناتجة عن هذا الضغط العالي . لذلك في التزييت الرقيق يجب أن :

(1) تكون الجزيئات ذات سلسلة طويلة من الهيدروكاربونات .

(2) يكون هناك تجاذب جانبي **Lateral attraction** بين هذه السلاسل .

(3) توجد مجاميع مستقطبة **Polar group** كي تساعد على تبليل وتوزيع وتنظيم الجزيئات فوق السطح ، وفي الضغط العالي جداً .

(4) توجد ذرات أو مجاميع نشطة **Active group or atoms** كي تولد روابط كيميائية **Chemical bond** مع سطح المعدن .

والشكل التالي يوضح تزييت سطحين معدنيين . حيث يحدث في النقطة (ب) تزييت رقيق حقيقي ويحدث احتكاك وتآكل في النقطة المؤشرة (أ) .

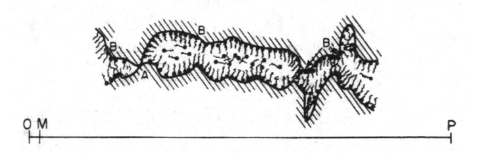

تزييت سطح معدني مصقول . النتوءات والأخاديد في السطح المصقول تبلغ 0.1 مايكرون (10^{-4} ملم) في الارتفاع والعمق . يبلغ طول جزيئية الحامض الدهني مثل حامض الستريك 2.6×10^{-6} ملم أ، $26 A^{o}$ أو ما يقارب 1/40 من ارتفاع النتوءات ، كنسبة أطوال الخطوط op, om أعلاه . تزييت رقيق حقيقي يحدث في النقاط المؤشرة (ب) بري واحتكاك يحدث في النقطة (أ) .

<u>محسنات الدهن Oil additives or Improvers :</u>

من الواضح أن الدهن البرافيني الاعتيادي أو الهيدروكاربونات الأخرى لا تمتلك كل مواصفات التزييت المرغوب فيها ولكن بالتصفية الدقيقة بالإمكان إنتاج . دهونات ذات نوعية مرضية لمعظم الأغراض .

يوجد كذلك العديد من المركبات الكيميائية والتي بإضافتها تتحسن بعض خواص الدهن المرغوب فيها ، ندرج أدناه بعض هذه المحسنات .

<u>1- محسنات دليل اللزوجة :</u>

تمنع هذه المحسنات الدهن من أن يصبح خفيفاً في درجات الحرارة العالية وثخينا في درجات الحرارة المنخفضة . وتكون هذه المحسنات عادة من الراتنجات الهيدروكاربونية مثل

$$\left[- CH_2 - \overset{\displaystyle CH_3}{\underset{\displaystyle CH_3}{\overset{|}{\underset{|}{C}}}} - \right]_n$$

أو **Rohm and Haas Acryloid AG** المصنع بصورة خاصة لدهن الطائرات كما قد أوضحت الفحوصات المختبرية والفحوصات الميدانية التي قامت بها شركة **Standard Oil Company** .

إن الدهونات التي تحتوي على محسنات دليل اللزوجة أسفرت عن احتكاك قليل في داخل الماكنة وزيادة في عدد الكيلومترات المقطوعة باللتر الواحد . وإن كل من الدهونات رقم **SAE 30** ورقم **SAE 40** مثال على الدهونات المستعملة شتاء وصيفاً والتي تحتوي على محسنات دليل اللزوجة .

2- مخففات نقطة الانسكاب : Pour Point depressants :

هذا النوع من المحسنات يساعد الدهن على البقاء في حالة السيولة بـدرجات الحـرارة

المنخفضة . إذ تعمل المحسنات على توليد غطاء غروي يحيط بنويات بلورات الشـمع عنـد تكونها

ويمنع اتحادها مع بعضها البعض لتكوين بلورات كبيرة أو تركيب غرواني هلامـي القـوام Gel Like

structure يعيق حركة باقي الدهن .

وهذا بدوره يساعد مضخة الدهن على العمل بصورة طبيعية وضخ مزيج الدهن

والبلورات الشمعية العالقة . والشكل التالي يبين صورة مكبرة للدهن قبل وبعد إضافة المحسنات

إليه . ويوجد العديد من المحسنات المختلفة مثل رسلون والبارفلو Rislon and paraflow أو على

شكل راتنجات مثل :

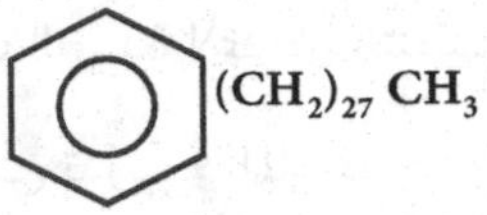

أو على شكل جزيئة كبيرة مثل :

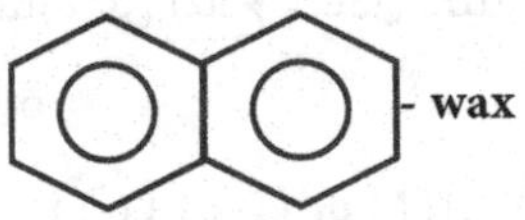

أو البولي أستر Polyesters مثل :

$$\left[- CH - \underset{|}{\overset{R}{\underset{|}{C}}} - COOR \right]_n$$

حيث يبلغ طول الجذر الجانبي Alkyl side chain R على الأقل اثنتي عشرة ذرة كاربون

3- المنظفــات : Detergents

تزداد متطلبات الماكنة إلى وقود ذي عدد أوكتاني عال كلما تـزداد حـدة الترسـبات داخـل الماكنة . وإن إضافة المنظفات إلى دهن التزييت تشبه في فحواها استعمال المنظفـات الاعتياديـة في الغسيل المنزلي .

فالمنظف الجيد يبلل وينتشر فوق سطح الماكنة الداخلي ويزيل ويعلق الترسبات الناتجة من عمليات الاحتراق والتآكل . وإن قابلية التبلل والانتشار فوق السطح لمركب ما تعتمد على مدى استقطاب جزيئات المركب وعلى الشد السطحي Surface tension والشد السطحي البيني للسائل Interfacial surface tension .

ومن بين المركبات الجيدة لأغراض التنظيف هـي السـالفونات ، والسـلفات العضـوية الطويلة . تكون المنظفات التي تذوب في الماء عبارة عن أملاح الصوديوم للمركبات أعلاه والمنظفات التي تذوب في الدهن عبارة عن أملاح لمعادن ثقيلة . الصيغ الكيميائية لبعض المنظفات هي :

$$(R- SO_3-)_2 \text{ M, } (R- SO_4)_2 \text{ M or (}$$

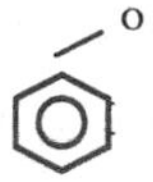

4- المواد المضادة للتأكسد : Antioxidants

تساعد المواد المضادة للتأكسد من مقاومة الدهونات لتأثيرات الأوكسجين وغالباً ما تكون هذه المركبات من نوع الأمين المعوض بجذور أخرى ، مثال ذلك :

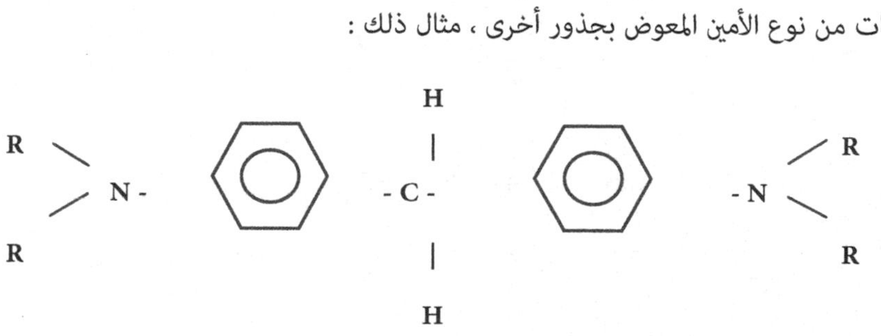

وتستعمل كذلك المركبات العضوية الفسفورية . إن بعض الترسبات الموجودة على سطح الماكنة الداخلي ناتج عن تأكسد دهن التزييت لذلك فإن إضافة المواد المضادة للتأكسد يقلل من حجم هذه الترسبات ومتطلبات الماكنة إلى وقود ذي عدد ذي أوكتاني عالٍ .

5- موانع التآكل : Corrosion inhibitors :

تضاف موانع التآكل إلى الدهن بغية تقليل أو منع حدوث التآكل . ومن بين المركبات المستعملة لهذا الغرض الأملاح المعدنية للأحماض العضوية الثايوفسفورية .

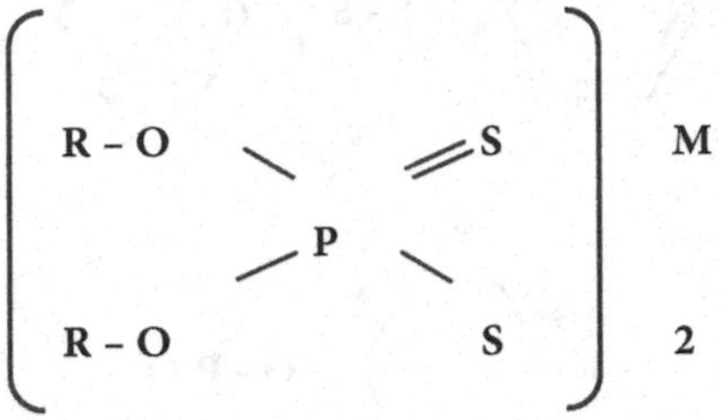

$$
\left[\begin{array}{c} R-O \\ \\ R-O \end{array} \quad P \begin{array}{c} S \\ \\ S \end{array} \right] M_2
$$

6- محسنات التزييت الرقيق :

إن مقدار التزييت يرتبط ارتباطاً مباشراً بقابلية الدهن على الانتشار على السطح المعدني . فالأحماض الدهنية أو أملاحها المعدنية والتي تحتوي على ما لا يقل عن خمس عشرة ذرة من الكاربون تعتبر أكثر ملائمة للتزييت من مركباتها العضوية .

ومن أولى المحسنات التي أضيفت إلى دهونات التزييت وبكميات قليلة هو دهن الخروع Castor Oil كما أن سرعة التصاق الأسترات الدهنية Fatty Esters وتفاعل الأحماض الدهنية مع الجدران المعدنية تولد الصابون الذي يعطي بدره غشاء تزييت رقيق ذي مقاومة كبيرة للبري .

7- المحسنات للضغط العالي : Additives for high pressure :

نجد في الحالات التي يكون عندها الضغط عالياً جداً يضاف إلى الدهن المستعمل عادة مركبات تحتوي على مجاميع قابلة للاتحاد مع السطح المعدني مكونة روابط كيميائية ومن بين المركبات المستعملة لهذا الغرض داي فينيل داي سلفايد .

$$\bighexagon - S - S - \bighexagon$$

أو مشتقات الفسفور .

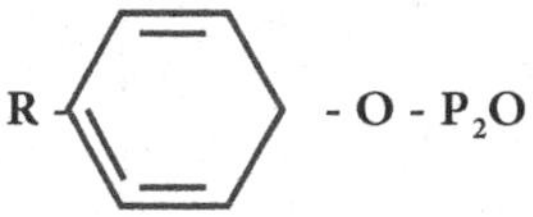

$$R \bighexagon - O - P_2O$$

ومركبات كيميائية أخرى . تضاف كذلك مادة ترايكرسيل فوسفات إلى الجازولين بدلاً من إضافتها إلى الدهن بغية تحسين اشتعال شمعة الإشعال بالشرر Spark plug ، وقد لوحظ بعد إضافة هذه المادة انخفاض مقدار التآكل داخل الماكنة نتيجة تكون طبقة شبيهة بالمرآة من جراء التفاعل الكيميائي مع نتوءات السطح الداخلي .

كذلك قد تم استعمال بعض الجزيئات الحاوية على الكلور كمواد مزينة في حالات الضغط العالي حيث تتم عملية التشحيم بواسطة توليد طبقة محكمة نتيجة تفاعل الكلور مع سطح المعدن .

8- المضيفات التي تغير من طبيعة السطح :

إن طبيعة السطح ذات أهمية كبيرة في عملية التزييت الرقيق Lubrication boundary فرغم سهولة تزييت سطح فولاذي فوق سطح فولاذي آخر إلا إنه يتعذر تزييت السطح الفولاذي غير القابل للصدأ .

Stainless steel فـوق ســطح فـولاذي مشـابه بــدون حــدوث التصــاق وخدوش Scoring .

لذلك فإن تغيـير السـطح بواسـطة التفاعـل الكيميائي ، إلى الأكاسـيد Oxide والكبريتيد Sulfide ، والفوسفات Phosphate يقلل من معامل الاحتكاك بـين السـطوح ويحسـن مـن كفـاءة الدهن في التزييت الرقيق .

مستحلب دهن التزييت Lubricating Oil Emulsion :

إن مستحلب قطرات الدهن في الماء غالباً ما يستعمل تحت اسم دهن القطع Cutting Oil . يخدم هذا النوع من الدهن عدة أغراض حيث يقوم أولاً بتبريد آلة القطع إذ يمتص الحرارة الناتجة من التغيير الطارئ على القطعة ومن احتكاك حافات القطع .

ويؤدي كذلك إلى تزييت حلقة آلة القطع وسطح العينة المعرض للضغط العالي . ويقوم المستحلب أيضاً بتنظيف العينة بإزالة الحبيبات الدقيقة الناتجة من عملية القطع .

إن حـرارة الــدهن النوعيــة رديئــة ولكنــه يعتــبر مـن المــواد الجيــدة للتزييت ، بينما يعتبر الماء غير صالح للتزييت ولكن حرارته النوعية عالية وملائمة ، ولذلك فخليط الماء والدهن بمقدار 5 إلى 45% من الدهن يحتوي على المواصفات الجيدة لكل من السائلين .

إن دهن القطع الجيد ذو فوائد عديدة فإنه يزيد من دقة وانتظام القطع ويساعد عـلى تقليل الكلفة باستعمال السرعة العالية أثناء القطع والحفاظ على جودة الآلة القاطعة وتقليل استهلاك الطاقة الكهربائية وعدد البضاعة المرفوضة Rejects .

إن نوعية ومواصفات المواد المضافة إلى الدهونات المستعملة في الأماكن التي تتعرض إلى ضغط عـال تشـير إلى إضـافة مركبات الكبريتيـد أو مركبات السـلفونات Sulfonated or sulfide additive إلى مستحلب القطرات الدهنية في دهن القطع الجيد .

وبالإمكان استعمال الدهن المضاف إليه مركبات الكلور في حالات القطع البسيط والذي لا يتطلب سرعة عالية . فعند خراطة النحاس الأصفر Brass يستعمل الدهن البرافيني المضاف إليه زيتات النحاس Copper oleate أو حامض دهني Free fatty acid .

كما يجب عدم استعمال الدهن المحسن المضيفات الكبريتية في هذه الحالة إذا إنه يغيـر من لون النحاس الأصفر . ويحضـر عـادة دهـن القطع أو مسـتحلب القطع Cutting Emulsion بتخفيف ما يسمى بالدهن الذائب Soluble Oil إلى الحد المطلوب بإضافة الماء .

إن الدهن الذائب لا يذوب حقيقة في الماء ولكنه يكون على شكل قطرات صغيرة عالقـة في الماء ومكونة مستحلب ثابت . ويحضر الدهن الذائب عادة بإذابة 8 جرام من حامض الأوليـك Oleic acid في 88 جراماً من الدهن المختار .

ومن ثم إضافة 4 جرامات من تراي اثينول أمين ومزيج الخلـيط جيـداً. يضـاف حـامض الأوليك إلى الدهن قطرة بعد قطرة حتى يصبح السائل صافياً وقطـرتين أخيرتين عنـد الانتهـاء مـن إضافة كل الحامض .

تستعمل مستحلبات الدهن بنسبة 50% دهناً والبـاقي مـاء في تزيـيت جـدران المكائن البخارية ويصاحب استعمال هذه المستحلبات تبريد جدران

الماكنـة وخسـارة قليلـة في الـدهن . وقد أثبتـت هـذه المسـتحلبات نجاحهـا مقارنـة بالدهونات الأخرى في تزييت كابسات وقود الغاز .

إن لزوجة المستحلبات المركزة تكون أكبر من لزوجة كل من الماء والدهن وخـواص هـذه المستحلبات المركزة تشـابه خـواص المـواد الشـبه صـلبة بسـبب وجـود الطاقـة السـطحية الكبيرة والمتمركزة بين سطحي الماء والدهن والثابتة نتيجة إضافة عامل الاستحلاب Emulsifying agent .

<u>الشحم والجل</u> : (Greases and Gels) :

الشحوم هي عبارة عن دهونات صلبة تستعمل لأغراض التزييت في الأماكن التي يصعب عندها استعمال دهونات التزييت الاعتيادية ذات الميوعة العالية ، كما إنها تحافظ على عدم تلوث السطح المعدني بالأوساخ أو الماء . إن هيكل ومواصفات الشحوم يشير إلى إنها من النوع الغروي المسمي جل Gel .

والجل عبارة عن مادة شبه صلبة ناتجة عن تخثر Coagulation محاليل غروانية Colloid of solutions وأحد علامات تكون الجل هو عدم حركة جزء أو كل السـائل الأساسي وظاهرة اختفاء السائل واضحة في تخثر الجلاتين Setting Jell فالمحلول المتكون من 2% بالوزن من الجلاتين و 98% بالوزن من الماء يكون مادة صلبة رخوة Soft solid .

ومثال آخر على هذه الظاهرة هو الوقود الصلب المسمى بالحرارة المعلبة Canned heat وهذا الوقود الجلاتيني الصلب يحضر بمزج 95 من الأثينول مع 5 مل من محلول خلات الكالسيوم المشبعة بالماء .

وفي هذا المحلول تكون نسبة المـواد الصـلبة قليلـة جـداً كمـا هـي الحـال في Jelly fish- الجلاتين الحي ، والذي يحتوي على 98% من الماء .

ويتألف الجل من مجموعة كبيرة من الألياف المتشبعة ، والمترابطة وتكون فروعها من الألياف الغروانية Colloidal heat . تتكون هذه الألياف خلال عملية التخثر بواسطة البلمرة Polymerization أو تجمع الحبيبات الغروية . وينحصر السائل في الفراغات الشعرية كما هي الحال في الأسفنج ، وقسم من السائل يكون على شكل طبقات مبتزة Adsorbed layer حول الشعيرات الدقيقة Fibril . وعند تعرض بعض المواد التي تكون على شكل جل لقوى خارجية نتيجة عملية الامتزاج مثلاً ، تتحول هذه المواد من الحالة الشبه صلبة إلى الحالة السائلة ولكنها ترجع إلى حالتها السابقة الشبه صلبة حال توقف عملية الامتزاج .

إن هذا النوع من الموائع يدعى ثكسوتروبك Thixotropic وغالباً ما يستفاد من هذه الخاصية في الشحوم والأصباغ . إن الاستمرار في تخثر الجل يؤدي في بعض الأحيان إلى تقلص حجم الألياف المتشبعة والذي يؤدي بدوره إلى طرد قسم من السائل خارج تركيب الجل .

وتسمى هذه الظاهرة بالسينيرسس Synersis ومثال على ذلك تعرق الشحوم خلال عملية الخزن . إن الشحوم بصورة عامة عبارة عن جل ثكسوتروبك Thixotropric ذات ألياف شعرية أو خيوط مكونة من الصابون المعدني وتحصر هذه الألياف بين بعضها البعض دهن التزييت .

إن قص الشحم نتيجة تحرك أجزاء الماكنة يؤدي إلى زيادة ميوعة الشحم حتى تصبح درجة لزوجة الشحم تكثر بقليل من لزوجة الدهن

المستعمل . وفي نهاية عمود الدوران حيث لا يتعرض الشحم إلى قوى القص يبقى الشحم محافظاً على حالته الشبه صلبة .

وهذا بدوره يساعد على حفاظ الدهن المائع بين الأجزاء المتحركة كما يمنع تسرب الأوساخ أو الماء إلى الداخل . ومن أنواع الصابون المستعمل لتكوين ألياف الشحوم المتشابكة هي الكالسيوم ، الصوديوم ، الليثيوم ، الألمنيوم ، وأملاح الباريوم .

ومن الأحماض الشحمية المشبعة وغير المشبعة والتي تحتوي من 16 إلى 18 ذرة كاربون في السلسلة بالنسبة إلى شحوم الألمنيوم والليثيوم تستعمل عادة الأحماض الشحمية المشبعة . ويستعمل كذلك كل من صابون الرصاص والزنك إضافة إلى أنواع أخرى من الصابون .

إن مواصفات التزييت تعتمد على أساس المعدن والمكونات الكيميائية للشحم أو الأحماض الشحمية التي يتحد معها المعدن . ومن المعروف أن صابون الأحماض الشحمية غير المشبعة يقل متانة عن نظيره من الأحماض الشحمية المشبعة .

إذ أن الزيادة من تشبيع الشحم غير المشبع يؤدي إلى ثبات شحم التزييت عند تعرضه للحرارة العالية ويزيد من نقطة السقوط والتي تشبه نقطة الانصهار للمواد الصلبة النقية . وفيما يلي مخطط لتحضير الشحوم الشائعة الاستعمال :

وبصورة عامة ، يستعمل خليط من الأحماض الدهنية أو جلسريد ذات أوزان جزيئية أو ذات سلاسل مختلفة الأطوال لتكوين شحوم التزييت المختلفة وتزيد الألياف الشعرية المختلفة الأطوال الناتجة من هذه الأحماض الدهنية من ثباتية Stability دهن التزييت .

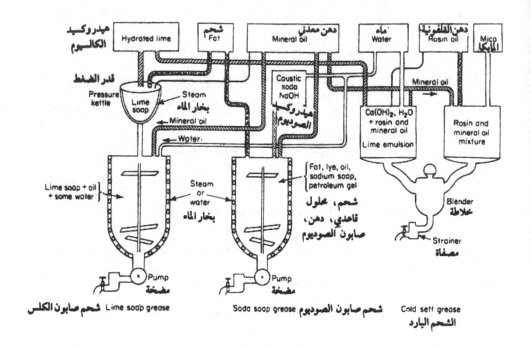

ويدخل الماء في تركيب قسم من شحوم التزييت ، ففي حالة شحم صابون الكلس بشكل

الماء حوالي 10 بالمائة ، ورغم وجود قسم من الماء على شكل مستحلب داخل الدهن ، لقد أثبتت

الصور الفوتوغرافية المكبرة من تكسر ألياف الصابون في حالة عدم توافر الماء وتؤدي بالتالي إلى

فصل الدهن عن الصابون .

ويشار إلى الماء المستخدم في صناعة شحوم أساس الكالسيوم بالماء الرابط ويملك قابلية

التبلل . فستيرات الكالسيوم Calcium stearate مثلاً لا تتبلل بالماء وتتبلل قليلاً بالدهن . ولكن

عند انسكاب الماء فوق سطح ستيرات الكالسيوم ومن ثم التخلص منه ، ينتشر الدهن بسهولة فوق

سطح ستيرات الكالسيوم .

إذ قد أدى وجود الماء في هذه الحالة إلى تغيير طبيعة ذلك السطح ، حيث أن الماء يكون على شكل طبقات جزيئية تفصل بين الطبقات المتنافرة من رؤوس جزيئيات الصابون المستقطبة .

كما أن طبقات الماء الجزيئية هذه تساعد على التماسك الجانبي Lateral adherence لنهايات الأيونات الغروية مكونة الألياف الطويلة والتي بدورها تعطي الخليط الحالة الشبه صلبة .

وإن وجود الماء في شحم التزييت قد يؤدي إلى أضرار كبيرة ففي شحم صابون الألمنيوم مثلاً ، يقلل الماء من قوة تركيب الجل وفي بعض الحالات يؤدي إلى تدميره كلياً .

إن التقليل من قوة تركيب الجل يرجع بلا شك إلى تحلل الصابون نتيجة وجود الماء . فالأحماض الدهنية المتكونة من تحلل الصابون لا تتحد مرة ثانية مع الألمنيوم ولكنها تمتز على سطح بلورات الصابون وتعيق نمو الراتنجات .

وهناك نظرية أخرى تشير إلى أن مجموعة الهيدروكسيل OH من الماء تتحد مع ذرات الألمنيوم بقوة كبيرة كافية لفصل سلاسل الراتنجات . على أية حال ، يوجد الماء بنسبة قليلة في شحوم التزييت لأساس الألمنيوم بحدود 0.1 بالمائة ومن المحسنات الأخرى التي تضاف للشحوم هي الكحول ، الفينول ، الأمين ، الأستر ، وأحماض دهنية أخرى .

شحم صابون الكلس : (Lime soap Grease)

إن شحوم صابون الكلس أو صابون الكالسيوم من أكثر أنواع الشحومات استعمالاً نظراً لقلة كلفة إنتاجها ولعدم إزاحتها بسهولة عند

تعرضها للماء ، لذا فإنها ملائمة لتزييت المضخات المائية ، التراكتورات ، الدواسات المزنجرة **Caterpiliar treads** .

وتنتج هذه الشحوم بأنواع عديدة تتراوح من المعجون المائع أو الشبه الصلب إلى الصلب الناعم أو الخشن وحسب كمية صابون الكلس التي تتراوح من 10 إلى 30 بالمائة . إن ارتفاع درجة الحرارة فوق 65 م° يؤدي إلى تفكك وتحلل شحم صابون الكلس نظراً لفقدان الماء المتحد ، ومن الأجزاء المقومة لصناعة شحم صابون الكلس هي الجير المطفأ **Slaked lime** الشحوم ، ودهن التزييت .

ويتم تصنيع شحم صابون الكلس ابتداء بتحضير صابون الكلس ، حيث يمزج الشحم المنصهر **Melted fat** وقسم من الدهن مع الجير المطفأ في داخل قدر الضغط **Pressure kettle** المغلوق ويتم تفاعل الجليسريد **Glyceride** مع الجير القلوي بدرجة حرارة تقارب 150 م° .

$$2\;\begin{array}{l} CH_2 - O - \overset{\overset{O}{\|}}{C} - R \\ \| \\ CH - O - \overset{\overset{O}{\|}}{C} - R \\ | \\ CH_2 - O - \overset{\overset{O}{\|}}{C} - R \end{array} + Ca\,(OH)_2 \rightarrow 2\;\begin{array}{l} CH_2 - OH \\ | \\ CH_2 - OH \\ | \\ CH_2 - OH \end{array} + 3\,Ca\,(O - \overset{\overset{O}{\|}}{C} - R)_2$$

صابون الكلس **جليسرول** **جير مطفأ** **شحم**

كما أن مكونات الصابون المضبوطة تعتمد على طبيعة **R** (أي إنها تعتمد على نوعية الشحم المستعمل) . وبعد أن تكتمل عملية الصوبنة ، يدفع المنتوج بواسطة ضغط بخار الماء إلى قدر المزج . وفي هذه المرحلة يضاف دهن التزييت بالنسب المرغوب فيها .

وبعد أن تنخفض درجة حرارة القدر إلى ما يقارب 105 م° ، يضاف الماء اللازم لتثبيت الشحم ويمزج مزجاً جيداً لإعطاء منتوج متجانس . ومن ثم يضخ الشحم بحالته السائلة هذه خلال مصفاة Strainer إلى أوعية أو براميل التعبئة .

شحوم صابون الصوديوم :

يفضل استعمال شحوم صابون الصوديوم على شحوم صابون الكالسيوم في درجات الحرارة العالية نظراً لارتفاع درجة انصهار هذا النوع من الشحوم بسبب تركيبه الليفي . ونظراً لذوبان شحوم الصوديوم في الماء ، لا يصلح استعمال هذا النوع من الشحوم في الأماكن المتعرضة للماء .

كما إن شحوم أساس الصوديوم تحتوي على ما يقارب 10 إلى 20 بالمائة صابون وإن ماء التميع Water of hydration يوجد بكميات قليلة في شحوم الصوديوم رغم عدم إضافة الماء في إنتاج هذا النوع من الشحوم وكما هي الحال في صناعة شحوم أساس الكالسيوم .

إن صناعة شحم صابون الصوديوم أبسط بكثير من صناعة شحم صابون الكالسيوم حيث تكتمل عملية الصوبنة في قدر الشحم بعد إضافة هيدروكسيد الصوديوم إلى الشحم ومزج الخليط بصورة جيدة بدرجة حرارة 140 م حتى يصل التفاعل إلى درجة الكمال .

ومن ثم يضاف دهن التزييت إلى الصابون الحار ويمزج بصورة جيدة ويعبأ المنتوج النهائي بشكله الشبه صلب في أوعية خاصة لأغراض التسويق .

شحوم أساس الألمنيوم :

إن شحوم أساس الألمنيوم تشبه إلى حد كبير شحوم أساس الكالسيوم والصوديوم إلا إنهـا أكثر وضوحاً ومظهرها أكثر جاذبية ويزيد سعرها عادة عن سعر كل من شحوم أساس الكالسيوم أو الصوديوم .

تحتوي هذه الشحوم على 5 بالمائة من الدهن أكثر من معظم شحوم أساس الكالسيوم المماثلة بالمواصفات وذلك نظراً لقلة نسبة الصابون فيها .

وتعتبر هذه الشحوم صامدة للماء Water proof نسبياً وذات نقطة تسييل Dropping point تزيـد قلـيلاً عـلى شحوم الكالسيوم . تحضـر هـذه الشـحوم باستعمال استيرات الألمنيوم Aluminium stearate أو خليط الصابون الناتج من تفاعل سلفات الألمنيوم مع صابون الصوديوم .

وفي حالة استعمال صابون الألمنيوم ، تكون البلورات صغيرة جداً ويصعب تحليلها بواسطة الميكروسكوب . كذلك تشير الدراسات إلى أن شحم ستيارات الألمنيوم عبارة عن جلاتين شبه ثابت بدرجات الحرارة الاعتيادية ويتحول تدريجياً إلى معجون بمرور الوقت .

كما أن معدل تغيير تركيب الشحم يتزايد بمقدار قوة الفصل المسلطة على الشحم Shear force . وإن شحم أساس الألمنيوم الناعم والمشابه للزبد في خواصه الفيزيائية يتحول إلى منتوج يشبه المطاط بدرجات الحرارة البالغة 93.3 م° .

وعند تبريد تلك الحرارة وبمعدل عال إلى درجة حرارة الغرفة يصبح خشناً ، صلباً وغـير صالح للتزييت ولهذا السبب يحدد استعمال هذا النوع من الشحوم لدرجات الحرارة المنخفضة .

صابون الليثيوم (Lithium- soap Gels)

إن تفتت صابون الليثيوم في الدهن ذو فائدة كبيرة نظراً لثباتية

هذا النوع من الشحوم في درجات الحرارة العالية ورغم وجود الماء . وبسبب انخفاض درجة

حرارة الطائرات إلى ما يقرب -55 م° في الارتفاعات الشاهقة .

فمن الضروري استعمال الشحوم الملائمة لاشتغال أجهزة السيطرة في مثل هذه الظروف .

إن شحوم أساس الليثيوم المصنعة بصورة جيدة لا تصلح لمثل هذا الاستعمال فقط وإنما تكون ذات

درجة انصهار تزيد على 148.8 م° ، إضافة إلى كونها صامدة للماء Water Proof .

ويكون هذا النوع من الشحوم ذا ثباتية ميكانيكية عالية High mechanical stability ،

ولا يتأكسد بسرعة ويحافظ على خواصه عند الخزن لفترة طويلة لذا يعتبر شحم أساس الليثيوم من

الشحوم الصالحة للأغراض كافة . ونظراً للكلفة العالية ، يحدد استعمال هذا النوع من الشحم في

الضرورة القاسية فقط .

وتحضر شحوم الليثيوم عادة من نوعية جيدة من ستياريت الليثيوم وبعد تسخين

الخليط العالق البارد إلى درجة حرارة تزيد على درجة حرارة الذوبان الكاملة والبالغة حوالي 200

م° تكون بلورات الصابون الناتجة أثناء التبريد اصغر بكثير من بلورات ستياريت الصوديوم

Sodium stearate .

وإن خواص هذا النوع من الشحوم الربولوجية Rheological prop تشبه إلى حد كبير

خواص شحوم الكالسيوم والصوديوم .

شحوم أساس الباريوم : (Barium base Lubricating greases)

تتمثل شحوم أساس الباريوم بمقاومتها العالية للإزاحة مـن نقـاط الارتكـاز Bearing بواسطة الماء ، درجة الانصهار العالية ، قوة الالتصاق والاتحاد الجيد ، ومقاومة التغيـير في الخـواص الفيزياوية نتيجة تعرض الشحم لقوى القطع أثناء الاستعمال .

إن خواص شحم أساس البـاريوم الجيـدة والمتعـددة أدت إلى اسـتعماله كشحم متعـدد الأغراض Multipurpose grease في السيارات والمعدات الحلقية وعدة تطبيقات صناعية أخرى .

شحم صابون القلفونية : Rosin soap Grease

يستخدم في هذا النوع من الشحم دهن القلفونية ، والـذي يحتـوي عـلى عـدة أحمـاض قابلة للصوبنة ، مثل حامض الابياتيك Abietic acid بدل الأحماض الشحمية أو الشحم .

يذاب دهن القلفونية في دهن التزييت ويتفاعل بدرجات حرارة منخفضة مقاربة إلى 58 م° مع محلول عالق Slurry من الجير المطفأ ومستحلب الدهن والماء .

إن منتوج الشحم والمسمى عادة بالشحم البارد يستعمل بصورة رئيسية كشحم المحور Axle grease في العربات الحلقية والمكائن ذات السرعة البطيئة . ويعتبر هذا الشحم من أرخص أنواع الشحوم .

من الممكن تحسين خواص الشحوم الموضحة أعلاه بإضافة بعض المحسنات . وقد تشمل هذه المحسنات بعض أنواع الصابون كي

تعطي أساس خليط الصابون ، بعض الأحماض الدهنية الخاصة ، أملاح محسنة للتركيب ، عوامل مثبتة ، مكثفات غير عضوية ، ومواد تزييت صلبة .

تزيد هذه المضيفات من مدى الاستفادة من المنتوج . فمثلاً مضيف بثالات النحاس Copper phthalate يقلل من استجابة الشحوم للتأكسد . وشحم من هذا النوع يحافظ على تماسكه Consistency إلى درجة

حرارة 150 م . وعند زيادة درجة الحرارة فوق هذه النقطة إلى 225 م يتولد تماسكاً أكثر .

ومن بين المكثفات المتداولة السيليكا وأسود الاستيلين والطين المحسن . وفي حالة استعمال مكثفات الطين ، يستفاد من التبادل الأيوني حيث يحل محل كاتيون الصوديوم Sodium Cation الأمين الثلاثي أو كاتيون ثلاثي .

لذلك تغطى جزيئات الطين الغروانية بطبقة من الجذور الهيدروكاربونية والتي تساعد على تماسك مكونات الشحم الدهنية .

مواد التشحيم المستحضرة : Synthetic Lubricant

تصنع مواد التشحيم عادة للأغراض الخاصة . ويوجد ما يقارب 50 مائعاً تجارياً في الأسواق وتشمل من أوكسيد بولي ايسوبروبلين داي أستر Polyisopropylene oxide diesters والمشتقات الدهنية المعرضة للكلور وبعض سوائل السليكون Silicone Liquids .

كما أن الدهن العالمي الجيد والمستحضر ـ لملائمة فصل الشتاء والذي تمت تجربته في ألاسكا يستعمل بولي بروبلين جلايكول . يمتاز هذا الدهن

بدرجة تفحم مساوية للصفر ، ورماد قليل ، درجة حرارة تشغيل أولى منخفضـة **Lower starting temperature** .

وكذلك زيادة في معدل الكليومترات المقطوعة للتر الواحد من 60 إلى 35 بالمائة . يذوب بولي الكيلينا جليكول في الدهن أو في الماء ويكون على شكل سائل أو صلب . وتستعمل كذلك محاليل الدهن
المائية للأغراض الهيدروليكية .

إن الداي أستر **Diester** المتكون من تفاعل إثيل هيكسل الكحول **2- Ethyl hexyl alcohol** مع حامض الأيسوسيباسيك **Isosebacic** يعطي مردوداً جيداً لتزييت الطائرات النفاثة بدرجات الحرارة من -53.9 إلى 232.2 م° .

إن حامض الأيسوسيباسيك عبارة عن خليط من الأيسو **Isomers** المكونة من 72 إلى 80 بالمائة من 2- إثيل حامض السوبيريك **$(HOOC(CH_2)_5CH(C_2H_5)COOH$,2-ethyl suberic)**،
2 إلى 18 بالمائة من داي إثيل حامض الأديبيك
$HOOC-CH(C_2H_5)-CH_2-CH_2-CH(C_2H_5)COOH$ و 6 إلى 10 بالمائة من حامض السيباسيك
، **$HOO\ C(CH_2)_8COOH$** .

<u>الدهن المعامل بالفلورين : Fluolubes :</u>

تمتاز هذه المركبات بثباتيـة كيميائيـة وحراريـة عاليـة وقابليـة قليلـة للتأكسـد وانكسـار مقارنة بالمواد الأخرى . إن بخار الداي أستر الذي يحتوي على ما لا يقل عن 55 بالمائة فلور بـالوزن لا ينفجر عند مزجه مع الأوكسجين النقي بدرجة حرارة 93.3 م° .

والعديد من هذه المواد المعاملة بالفلور تكون ذات درجة اشتعال ذاتي مقاربة إلى 537.7 م . إن المشتقات المعاملة بغاز الكلور تقل ثباتية عن مركبات فلولوب ولكنها قد تحتوي على مواصفات تزييت جيدة .

إن أحد الاستعمالات المفضلة لهذا النوع من الدهن يكون في الغواصات حيث أن هذه الدهونات المعاملة بالفلور تكون ذات كثافة عالية وتغطس في الماء وعليه يتعذر تحديد موقع الغواصات المعطوية بوجود طبقة دهنية فوق سطح الماء .

دهونات التزييت السلكونية :

يوجد العديد من دهون التشحيم السلكونية لأغراض التزييت بدرجات الحرارة المرتفعة . والصيغة الكيميائية لهذه المركبات . ويشير **R** إلى شق عضوي . وهي :

$$R_3\,Sio\;(\;\underset{R}{\overset{R}{\overset{|}{\underset{|}{SI}}}} - O\;) - Si\;R_3$$

ولقد تم تحسين هذه الدهونات لأغراض التزييت الرقيق بترك بعض جذور الهيدروكسيل (**OH group**) غير المتفاعلة وبتغيير نوعيات المجاميع المستعاضة **Substituded groups** . إن احتواء دهونات السليكون على مجاميع الفنيل والتي تحمل عناصر الهالوجينات يؤدي إلى تحسين وزيادة كفاءة الدهن .

فقطع الفحص المستعملة دهن الداي مثيل سيليكون تشير إلى درجة عالية من السوفان مقارنة بالقطع المستخدمة دهن ب بروموفينل مثيل سيليكون والتي لم يظهر على سطحها أي تغيير يذكر .

ويوجد العديد من زيوت السليكون للاستعمالات الخاصة وفق مجال واسع لدرجات اللزوجة . فالموائع السليكونية رقم 200 تفضل الاستعمال كمواد تزييت إلى سطوح المطاط واللدائن ، والتي تشمل الأفلام السينمائية المتحركة ، المساطر الحاسبة ، المسننات **Gears** ، وصلات الازدواج **Bushings** ، نقاط الارتكاز ، كمواد طاردة للرطوبة ، كمزيتات عازلة للساعات ، في الموقتات **Timers** وفي المعدات الالكترونية الأخرى .

والموائع السليكونية رقم 510 تصلح للاستعمال بدرجات الحرارة المنخفضة ومائع السليكون رقم 710 لا يتغير بالحرارة ويستعمل لتزييت موقتات الأفران **Oventimers** ، مفاصل الأفران **Hinges** ، المجصات الاتوماتيكية ، والعجلات السائدة المتعرضة لدرجات الحرارة العالية والرطوبة العالية .

ويبدو واضحاً من الجدول التالي من أن دهونات السيليكون قابلة للاستعمال كمواد تزييت فوق مجال درجات حرارة أكبر من ذلك لدهونات التزييت البترولية . إضافة إلى ذلك أن معدل تغيير اللزوجة مع درجات الحرارة أقل بكثير من ذلك لدهونات البترولية . كما أن الجدول يعطي معلومات **Data** لموائع السليكون المختلفة اللزوجة .

الخواص العامة لزيت السليكون

موائع	اللزوجة سبتيستوك بحرارة 25 م	معامل الحرارة اللزوجة	نقطة الوميض م°	نقطة الانسكاب م°	مجال الحرارة م°
200	20	.59	232.2		
	100	.60	301.6		
	500	.62	315.5	-60 -55 -50 -46.1 -62.2 -62.2 -62.2 -62.2 50 -22.2	-60 إلى 176.6 -54 إلى 176.6 -48.3 إلى 176.6 -46.1 إلى 176.6 -56.6 إلى 176.6 -56.6 إلى 176.6 -56.6 إلى 176.6 -56.6 إلى 176.6 -40 إلى 176.6 -18 إلى 260
	12.500	.58	315.5		
510	50	.62	273.8		
	100	.62	233.8		
	500	.65	273.8		
	1000	.63	273.8		
550	150 100	.76	301.6		
710	525 475	.83	301.6		

شحـوم السليكـون :

تصنع شحوم السليكون من دهونات السليكون المختلفة مع استخدام صابون الليثيوم أو عوامل مكثفة أخرى . وإن أحد أنواع الشحوم الجديدة والمتطورة والتـي صـنعت لأجـزاء المركبـات الفضائية ، الصواريخ ، والطائرات التي تفوق سرعتها سرعة الصوت .

اثبت كفاءة عالية بدرجات الحرارة المنخفضة بحدود – 73.3 م ولم يطرأ عليـه أي تغيـير يذكر بعد الاشتغال مدة 1000 ساعة بدرجة حرارة 232.2 م° ودرجة حرارة الاشتغال القصوى لهذا الدهن تبلغ 315 م° .

والشكل التالي يوضح مقارنة التأكسد لشحم السليكون مع أنواع أخرى من شحوم الصابون الاعتيادية . وفي هذه المقارنة تعرض كميات متساوية من الشحوم إلى غاز الأوكسجين بضغط 7.4 ضغط جوي ودرجة حرارة 100 م° ولمدة 500 ساعة . وإن تفاعل الشحوم مع الأوكسجين يبدو واضحاً من انخفاض الضغط في داخل وعاء التفاعل .

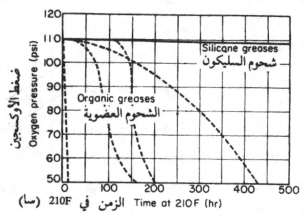

المزيتات الصلبة : Solid Lubricant :

من المواد الصلبة والتي تستعمل بكثرة كمواد مزيتة هي الجرافيت الغرواني وكبريتيد الموليبدينوم **Molybdenum sulfide MoS_2** يحتوي كل من هذه المواد الصلبة على تركيب طبقي **Laminar structure** . إذ يتكون الجرافيت من صفائح كبيرة من ذرات الكاربون وفي داخل الصفيحة ترتبط ذرة الكاربون مع ثلاث ذرات كاربون أخرى على بعد 1.42 الكترون من بعضها البعض وتكون على شكل حلقات سداسية .

وتبعد هذه الصفائح عن بعضها البعض مرتين ونصف طول الحلقة السداسية . بينما يتكون تركيب كبريتيد الموليبدينوم من صفيحة من ذرات المولبيدينوم تنحصر بين صفيحتين من ذرات الكبريت .

والمسافة المحصورة بين طبقتي الكبريت تساوي 6.26 الكترون ، ونظراً لكون هذه الذرات أثقل وأقرب لبعضها البعض من ذرات الجرافيت ، فمن الواضح تكون كثافة كبريتيد المولبيدنوم أثقل من كثافة الجرافيت وكذلك يكون الملبيدينوم أكثر ليونة من الجرافيت .

وتستعمل هذه المواد إما على شكل مسحوق جاف ، أو قطرات يحملها الهواء أو معجون شحوم أو سائل متفتت **Dispersion** . ومن بين المنتوجات التجارية والكثيرة الاستعمال هي **Agua dag** والـ **Oil dag** والتي هي عبارة عن محلول الجرافيت في الماء أو الزيت **Aqueous and oil dispersion** أو المولبكوت **Moly Kote Mos_2** بأنواعه المختلفة .

ويعتبر الجرافيت وكبريتيد المولبيدينوم ذات قيمة عالية كمواد تزييت في الضغوط ودرجات الحرارة العالية . ويبين الشكل التالي مدى تأثير درجة الحرارة على معامل احتكاك النحاس لتزييته بهذه المواد الصلبة .

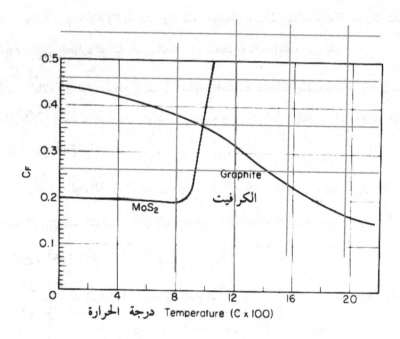

ويبدو واضحاً من أن كبريتيد المولبيدينوم يعطي معاملاً منخفضاً للاحتكاك في درجات الحرارة التي تقل عن 900 م° . ونظراً لتفكك كبريتيد المولبيدينوم يزيد الاحتكاك بوضوح فوق هذه الدرجة .

ويعتبر الجرافيت من المواد المزيتة الفعالة بدرجات الحرارة العالية جداً . تكون نقاط الارتكاز غير الدهنية **Oil less bearing** أما على شكل (1) معدني ذات مسامات مملوءة بالجرافيت أو كبريتيد المولبيدينوم أو (2) حلقات راتنجية مشربة بالجرافيت أو كبريتيد الألمنيوم .

ويصنع سطح التزييت الرقائقي الصلب لاستعمالات المركبات الفضائية من 70 بالمائة كبريتيد المولبيدينوم MoS_2 و7 بالمائة جرافيت ، مرتبطة بـ 23 بالمائة سليكات ، ولا يتغير هذا السطح بدرجات الحرارة العالية جداً وانخفاض الضغط أو الإشعاعات النووية .

وبالإمكان توليد سطح صلب ذي معامل احتكاك منخفض باستعمال غاز فعال بدلاً من هذه المزيتات . ولقد تم استخدام كبريتيد الهيدروجين ، الكلورين ، وكلوريد الهيدروجين تجريبياً في عمليات القطع العالية السرعة .

وإذ أن تكون الغطاء الكيميائي ذي معامل الاحتكاك المنخفض يكون أسرع وأكثر فاعلية من استعمال دهونات التزييت . وإن طبقة كلوريد الحديد تتحلل بدرجة حرارة 300 م° ، بينما يبقى سطح الكبريتيد ثابتاً لغاية 750 م° .

وعند استعمال أداة المولبيينوم لقطع الألمنيوم ، ينخفض مقدار المواد الملتقطة كثيراً وتتحسن نوعية القطع كثيراً بوجود كبريتيد الهيدروجين كمواد غازية مزيتة . ونظراً لكون هذه الغازات سامة ومؤكسدة فمن الضروري تحضير معدات خاصة لاستعمالها في التطبيقات الصناعية .

وبالنظر إلى الجدول التالي يتضح من أن سطح التفلون Teflon يكون ذا معامل احتكاك منخفض جداً . فمعدل احتكاك التلفون مع الرمل يكون مقارباً إلى احتكاك الثلج مع الثلج . وتشير هذه الحقائق إلى إمكانية استعمال التلفون كمواد مزيتة صلبة .

معامل الاحتكاك بين السطوح المختلفة

معامل الاحتكاك	السطح	المادة المنزلقة
0.4	بدون تزييت	الحديد على الفولاذ
0.1-0.2	دهن تزييت	الحديد على الفولاذ
0.3	بدون تزييت	نحاس على الحديد
0.35	بدون تزييت	سبيكة البرونز والنحاس الأصفر على الفولاذ
0.2	بدون تزييت	سبيكة النحاس والرصاص على الفولاذ
0.1	نظيف	غرافيت على الحديد
1.2	بدون تزييت	نحاس على النحاس
1.0	سائل السليكون	
0.3-.2	دهن التزييت	
.2-.1	شمع البرافين	
.01	حامض شحمي	
.50	صابون النحاس	
.5		ثلج على الثلج (-50 م)
.05-.1		ثلج على الثلج (صفر إلى -20 م)
.2		خشبة التزحلق المشمعة على الثلج (-10 م)
.07		تفلون على الثلج (-10 م)
.13		تفلون على الرمل الجاف
0.1-.04		تفلون على تفلون أو الفولاذ

بولي ثين على بولي مثين		.8
بولي ثين على الفولاذ		.5-.3
نايلون على نايلون		.5
الخشب على المعدن (جاف ونظيف)		.5-.25
خشب على الخشب		.6-.2
بطانة المكبح على الحديد		.4
بطانة المكبح على الحديد والماء		.2
بطانة المكبح على الحديد مع الشحم		.1

ونظراً لكون التلفون من المواد ذات التوصيل الحراري الردئ ، يستعمل عادة مسحوق هذه المادة مع المعدن لتكوين سطح الارتكاز **Bearing surface** فبالإمكان استعمال التلفون على كل من سطح الحديد ، النحاس الأصفر ، والألمنيوم المكسوة بطبقة خفيفة من الأوكسيد . إذ إنه يولد طبقة محافظة ومزيتة يتراوح سمكها من 00075 إلى 0015 سم .

" الأسئـلـة "

1- عرف معامل الاحتكاك .

2- اشرح عمل المادة المزينة .

3- هل تمنع المادة المزينة من حدوث البري ؟

4- ما هي فوائد استعمال دهن التزييت في السيارات والباصات ؟

5- ما هو البترول الخام المختزل ؟

6- ما هو الدور الذي يلعبه الفينول في صناعة دهن التزييت ؟

7- ما هو الرافينات Raffinate ؟

8- اذكر أسماء أربعة مذيبات لاستخلاص المواد الاسفلتية أو المركبات العطرية .

9- اذكر الخطوات اللازمة لتحضير الـدهن الخـالي مـن الشـمع مـن المنتـوج المنقـي بالإذابة Raffinate .

10- اكتب الصيغ الكيميائية لثلاث من مذيبات الشمع .

11- ما هي الفائدة المتوخاة من المعاملة بالهيدروجين ؟

12- عرف ما يلي : اللزوجة المطلقة ، إس . يو . إس ، سنتيستوك ، ومعامل اللزوجة .

13- اذكر فحوصات السيطرة التي تجري على دهونات التزييت .

14- ما هو الفرق بين التزييت المائعي والتزييت الرقيق .

15- اذكر الغرض من إضافة المواد التالية للدهن .

16- ما هو الدهن القابل للذوبان **Soluble Oil** ؟

17- عرف الجل التكسوتروبي ؟

18- ما هو نوع الدهن المفضل استعماله في المعدات التالية :

- التراكتورات المزنجرة .
- الاسطوانات الدوارة في الأفران المجففة .
- المسننات البطيئة الحركة وذات الضغط العالي .

19- وضح التركيب العام لمواد التزييت التالية :

بولي أستر ، بولي كليكول ، مائع سليكون .

20- اذكر خاصية جيدة لكل من المزيتات في السؤال **(19)** .

21- ما هي المواد الممكن استعمالها لأغراض التزييت الجاف الدائمي .

22- إذا كانت درجة لزوجة أحد الدهونات تساوي لزوجة كل من الدهونات النافيثينة والبرافينية القياسية بدرجة حرارة 210 ف ودرجات اللزوجة بدرجة حرارة 100 ف هي 320 إس ، يو ، إس 430 إس ، يو ، إس 260 ، إس ، يو ، إس على التوالي .

- ما هو معامل اللزوجة للدهن .

الباب الثامن
تآكـل المعـادن

الباب الثامن

تآكـــل المعـــادن

يعرف التآكل بصورة عامة بأنه تلف أو تحطيم المعدن بصورة تدريجية نتيجة تفاعل كيميائي ولا يشمل هذا المصطلح تلف المواد اللافلزية بسبب تأثير الجو أو عوامل أخرى حيث يشار إلى ذلك بضرر أو تلف هذه المواد .

وبالرغم من أن التآكل كان معروفاً منذ عدة قرون إلا أن مسبباته ظلـت غير معروفـة وقد اهتمت به الأوساط العلمية مؤخراً فتوفرت الكثير من المعلومات العلميـة مـن حيـث أسـباب التآكل وطرق تعيينه في كتب عديدة ومجلات شهرية بالإضافة إلى وجود فرع هندسي خاص به .

وقد يحدث التآكل بسبب التفاعل المباشر بين المعدن ومادة كيميائية ، مـثلاً تفاعـل غـاز الكلور مع القصدير والمغنيسيوم ، وكذلك التأكسد السريع لمعدن الكالسيوم والمغنيسـيوم بواسـطة غاز الأوكسجين في درجات الحرارة الاعتيادية .

والمعادن الأخرى عند درجات الحرارة العاليـة ويسـمي هـذا النـوع بالتآكـل الجـاف . وتحدث معظم حالات التآكل بفعل التفاعلات الكهروكيميائية مثلما تحدث في الخليـة الكهربائيـة ويسمي هذا النوع بالتآكل الرطب .

العوامل المسببة للتآكل :

يعتمد التآكل في مداه علي ما يلي :

1- خواص المعدن .   2- طبيعة المحيط المسبب للتآكل .

من الملاحظ بصورة عامة أن الخارصين والحديد يتآكلان بمعدلان اكبر مقارنة بمعدن النحاس . فتآكل الفولاذ وصفيحة الكروم بسبب الملح والوحل ظاهرة واضحة يعرفها مالك السيارة . إن معالجة التآكل والحد منه لا يمكن أن يحدث إلا بعد معرفة المباديء الأساسية لطبيعة التآكل وميكانيكية (Mechanism) تفاعلاته .

ومن العوامل المهمة المؤثرة علي التآكل والتي لها علاقة بالمعدن هي :

1- الجهد الكهروكيميائي (Electrochemical Porenital) لتأكسد المعادن .

2- وجود معدن أو مادة أخرى تعمل كقطب سالب .

3- فرط الجهد الكهروكيميائي (Overpotential) للمعدن .

4- نقاوة المعدن .

5- الحالة الفيزيائية للمعدن .

6- المساحة النسبية لسطح المعدن الذي يعمل كقطب موجب وكقطب سالب

7- الحجم النسبي لذرات المعدن واوكسيده أو نتاج آخر لتفاعل التآكل .

8- قابلية ذوبان المواد الناتجة من عمليات التآكل .

أما خواص المحيط المسبب للتآكل بصورة كبيرة فهي :

1- وجود الرطوبة .

2- الرقم الهيدروجيني للمحيط (pH) .

3- الأوكسجين .

4- تركيز ايونات المعدن .

5- قابلية المحيط للتوصيل الكهربائي .

6- نوعية الايونات السالبة والوجبة الموجودة في المحيط .

7- درجة الحرارة .

8- وجود مانع التآكل أو عدمه (Corrosion Inhibitor) .

الجهد الكهروكيميائي لتأكسد المعدن :

لقد تبينت أهمية السببين الأولين لتآكل المعدن من خلال مناقشة الخلايا الكهروكيميائية في الموضوع الخاص بالبطاريات ، حيث يحدث التآكل عند القطب الموجب وذلك بذوبانه علي هيئة ايونات . وعليه فقيمة جهد الإتزان (Equilibrium Potential) تعتبر مقياساً لفعالية القطب الموجب .

والجدول التالي يبين جهد التأكسد لبعض السبائك المعدنية المغموسة في ماء البحر نسبة إلى قطب كلوريد الزئبقوز المشبع (Saturated Calomel Electrode) حسب انخفاض فعاليتها .

ويلاحظ أن موقع كل سبيكة حسب ميلها للتآكل إلا انه يتأثر بعوامل آخري . ولكن بصورة عامة فغن سرعة ودرجة التآكل تعتمد علي الفرق في الجهد بين المعدن كقطب موجب والمعدن كقطب سالب .

الجهود الكهروكيميائية النسبية لتأكسد

السبائك المعدنية في ماء البحر

الطرف ذي الفعالية الأكثر أو ذي طبيعة موجبة
سبائك المغنيسيوم
سبيكة Alcad 35 (سبائك مغطاة بمعدن الألمنيوم)
سبائك الألمنيوم
الفولاذ ذي نسبة منخفضة من الكاربون
حديد الصلب (Cast Iron) .

أنواع الفولاذ الذي لا يصدأ (النشط) : رقم 410 (12.5% كروم ، 0.35% نيكل ، 0.5% مولبديوم) رقم 430 (16.6% كروم ،0.31% نيكل) . رقم 404 (18.7% كروم ، 8.8% نيكل ، 1.1% منغنيز) . رقم 416 (17.8% كروم ، 12.5% نيكل ، 1.8% منغنيز) سبيكة الـ **Hastelley A** (20% حديد ، 60% نيكل ، 20% مولبديوم) سبائك الرصاص مع القصدير . النحاس الأصفر (**Brass**) . النحاس البرونز (سبيكة من النحاس والقصدير) . 10/90 نحاس / نيكل . 30/70 نحاس / نيكل . سبيكة **Inconel** . الفضة . سبائك الفولاذ الذي لا يصدأ (غير الفعال) . سبيكة مونل (**Monel**) سبيكة أساسها النيكل) . سبيكة الـ **Hastelley C** (58% نيكل ، 11% مولبديوم ، 6 % كروم ، 5% حديد) معدن تيتانيوم .
الطرف غير الفعال أو ذي الطبيعة السالبة

ولغرض فهم عمليات التآكل وكيفية السيطرة عليها يكون من الضروري فهم واستيعاب المباديء الأساسية لموضوع الكيمياء الكهربائية . فقد عرفت سبيكة المونل وهي سبيكة أساسها النيكل بأنها تتميز بمقاومة جيدة للتآكل .

وعلى هذا الأساس فقد صنعت هياكل السفن من هيكل فولاذي مغطي بصفائح مـن هذه السبيكة ذدت للهيكل بواسطة مسامير حديدية وكانت النتيجة تآكل هذه المسامير بشدة .

وفي حالات عديدة يستعمل معدنين مختلفين لصنع أجهزة متنوعة . وهـذا خطأ شـائع حيث انه يؤدي إلى حالة تآكل يتضرر فيها احد المعدنين . فقد وصفت حالة تكونت فيها دائرة كهربائية بين معدن الألمنيوم والفولاذ المستخدم في خرسانة مسلحة صبت في وقت الشتاء .

وتحوي على كلوريد الكالسيوم الذي وفر فيما بعد توصيلاً كهربائياً بين المعـدنين أدي إلى تآكل جلفاني (Galvanic Corrosion) كلف تصليحه مبلغاً يقدر بربع مليـون دولار . يلاحظ في أحيان عديدة أن مصلح الأنابيب يستبدل بعض أنابيب الحديد بأنابيب من معدن النحاس .

وفي هذه الحالة يكون فرق الجهد الكهروكيميائي المسبب للتآكل بحدود 0.5 فولت . وفي أحيان أخرى يستعمل السمكري أنبوباً من النحاس للتهوية مـع معـدن الألمنيـوم بـدون وجـود مـا يعزل المعدنين عن بعضهما .

وكثير من الأجزاء الصغيرة المصنعة حديثاً تباع وهي مصنوعة من ثلاث أو أربع أنواع من المعادن أو السبائك المختلفة في طبيعة جهودها الكهروكيميائية .

كما إن درجة التآكل الناتجة بسبب تماس بين معدنين في محلول كيميائي يمكن توضيحها وتحديد القطب الموجب والقطب السالب باستخدام كاشف فروكسيل (Ferexyl) والذي هو خليط من محاليل فيري ساينيد البوتاسيوم ($K_3Fe(CN)_6$ potassium ferricyanide) والفينولفثالين (Phenolphthalein) .

وتوضع أسلاك من هذين المعدنين واحدة فوق الأخرى علي شكل علامة (+) في وعاء وتغطي بمحلول آجار (**Agar**) بتركيز 3% يحتوي علي كلوريد الصوديوم وكاشف التآكل .

فعندما يحدث التآكل فإن ايونات المعدن التي تترك موقعها الموجب سوف تتفاعل مع الفيري ساينيد البوتاسيوم لتكوين راسب ابيض في حالة كونها ايونات المغنيسيوم أو الخارصين أو الألمنيوم ، وراسب ازرق عميق في حالة ايونات الحديد واحمر غامق في حالة ايونات النحاس الثنائية .

أما عند منطقة القطب السالب فإن ايونات الهيدروجين (H^+) أو (O_3H^+) فإنها تستلم الالكترونات وتتحول إلى غاز الهيدروجين تاركة خلفها زيادة في ايونات الهيدروكسيل (OH^-) .

وفي حالة وجود الأوكسجين تتولد هذه الزيادة عند القطب السالب نتيجة للتفاعل :

$$2H_2O \longrightarrow 4H^+ + O_2 + 4e$$

ففي كلتا الحالتين أن الزيادة في كمية (OH^-) تجعل مادة الفينولفثالين تتلون بلون بنفسجي مبينة أن المعدن كان سالباً .

<u>تأثير فرق الجهد الكهروكيميائي (Overvoltage) :</u>

عندما يوضع معدن الخارصين في حامض الكبريتيك ذي تركيز قياسي فإنه يتآكل ونتيجة لذلك تتولد طبقة من فقاعات غاز الهيدروجين علي سطح المعدن . كما إن سرعة التآكل هذه بطيئة بالرغم من فعالية معدن الخارصين وموقعه في الجدول الكهروكيميائي .

إن السبب في ذلك يعود إلى فرط الجهد العالي (حوالي 0.7 فولت لتوليد غاز الهيدروجين علي سطح الخارصين) حيث يؤدي إلى تقليل الجهد أو القوة الدافعة لحدوث التآكل

من ناحية أخرى لو أضيفت قطرة من محلول كبريتات النحاس إلى الحامض فان التفاعل يصبح أسرع بكثير ، ويعود ذلك إلى أن النحاس يترسب على سطح الخارصين مكوناً نقاط سالبة تتميز بفرق الجهد لتوليد غاز الهيدروجين عليها بحدود 0.33 فولت .

كذلك الأمر لو أضيفت قطرة من محلول كلوريد البلاتينيك حيث أن النقاط السالبة المتكونة على سطح الخارصين تتميز بفرق للجهد اقل وبحدود 0.2 فولت . يستنتج من كل ذلك أن النقصان في فرق الجهد يؤدي إلى إسراع عملية التآكل .

<u>التآكـل ونقـاوة المعـدن :</u>

يلاحظ مما سبق أن دقائق النحاس والبلاتين المترسبة على سطح الخارصين أدت إلى زيادة التآكل حيث إنها أصبحت النواة لقطب سالب مكونة ما يسمي بالخلايا الجالفانية (Galvanic Cells) الدقيقة .

كذلك الأمر عند احتواء الخارصين على شوائب من معدن الرصاص والحديد أو الكاربون . إن هذه الشوائب تؤدي إلى ظهور الخلايا الكهروكيميائية في المناطق المجاورة لها مسببة ما يسمي بالفعل الموضعي (Local action) الذي يسبب تآكل الخارصين في هذه المناطق .

ونجد إن سرعة التآكل هذه تزداد كلما ازدادت كمية هذه الشوائب وان ذوبان المعدن يؤدي إلى ظاهرة التآكل التنقري (Pitting Corosion). ويتضح تأثير النسب القليلة لتراكيز الشوائب في الجدول التالي . إن المعادن النقية جداً يمكن اعتبارها قليلة التآكل إلى حد كبير .

نقاوة المعدن وسرعة التفاعل

سرعة	النقاوة (%)	المعدن
1	99.999	خارصين نقي جداً
2650	99.99	خارصين
5000	99.95	خارصين
1	99.998	ألمنيوم
1000	99.97	ألمنيوم
3000	99.2	ألمنيوم

إن تأثير الشوائب يعتمد علي عوامل أخرى إضافة إلى الجهود الكهروكيميائية النسبية فالشـوائب التـي تتواجد في السـبائك بشـكل محلـول صـلب متجـانس لا تـؤدي إلى خلايا الفعـل الموضعي .

مثال علي ذلك قطعة من الخارصين مملغمة بطبقة مـن الزئبـق تتآكـل أبطأ بكثير مـن النموذج أصلاً وذلك لان فرق الجهد عال بالنسبة لتوليد غاز الهيدروجين علي سـطح الزئبـق ولكـن أيضاً بسبب الرصاص الذي تحول أيضاً إلى ملغم يغطي بقية الشوائب .

وتتكون السبائك من بنية حبيبية (Grain Structure) تحتوي علي بلـورات (Crystals) ذات جهود كهروكيميائية مختلفة عن القالب الام مما يؤدي إلى التآكل .

فمثلاً سبيكة النحاس الأصفر التي تحتوي علي 20% أو أكثر مـن الخارصين تفقد قسـماً من الخارصين نتيجة لاختلاف الجهود الكهروكيميائية للبلورات فيها .

كذلك الأمر بخصوص اللحام من مادة الفولاذ الذي لا يصدا حيث انه نتيجة التسخين الموضعي يتغير تركيب الفولاذ فيتكون كاربيد الكروم وفولاذ اوستينتي (Austenitic Steel) فقيرة بمادة الكروم مما يؤدي ذلك إلى أضعاف قوة الربط باللحام بسبب تآكل الفولاذ الاوستينتي بين الحبيبات .

الحالة الفيزيائية للمعدن :

تؤثر حالة المعدن الفيزيائية علي سرعة التآكل حيث أن قابلية ذوبان الحبيبات الصغيرة تزيد علي قريناتها الكبيرة . وفي حالة تكون بلورات المعدن ذات أبعاد غروانية (Colloidal) فإن قابلية ذوبانها تزيد بعدة مرات .

أيضاً أن تكييف البلورات علي سطح المعدن له تأثير علي التآكل فقد وجد أن سرعة تآكل معدن النحاس تتغير عند السطوح المختلفة لبلورة المعدن النقي .

المعادن تحت الإجهاد الميكانيكي : (Metals Under Stress) :

إن المناطق المجهدة ميكانيكياً ، حتى في المعدن النقي ، تصبح قطباً موجباً في عملية التآكل حيث أن الإجهاد الميكانيكي يسبب التآكل والانشطار في عدد من السبائك ، وبصورة خاصة النحاس الأصفر من نوع ألفا والحديد وسبائك الألمنيوم في محاليل معينة .

وفي دراسة حديثة على الفولاذ الذي لا يصدأ استخدم فيها الميكروسكوب الالكتروني لوحظ تكون لويحات (Platelets) لأوكسيد الكروم عند المنطقة المجهدة ميكانيكياً بينما لم يحدث التآكل في المناطق التي خلت من الإجهاد .

كما أن الجهد الميكانيكي الدوري كالذي يحدث عند الاهتزازات (Shaking) والنقر
(Tapping) ولوي المعدن (Flexing) تؤدي جميعها إلى ذلك النوع من التآكل الذي يسمى تآكل
الإجهاد (Corrosion Fatigue) فالضربات المتكررة والمتتالية على ترس التعشق Meshing Gear)
(يؤدي إلى جهود كهربائية مختلفة .

وإذا حدث إن احتوى الدهن على كميات قليلة مـن الالكتروليـت ، فإن ذلـك يـؤدي إلى
تآكل ملموسٍ وقد لوحظ أن مادة أوكسيد الخارصين عند إضافتها إلى الدهن تمنع هـذا النـوع مـن
التآكل وذلك نتيجة ترسيب معدن الخارصين على سطوح الترس .

كما إن تأثير الإجهاد الفيزيائي يتبين غالباً عند استخدام قطعة معدنية مصنوعة حديثاً في
ماكنة أو جهاز فيه قطع قديمة من نفس المعدن ولكنها استخدمت في الجهاز أو الماكنة لفترة كافية
من الزمن تمكنت خلالها القطعة القديمة من الاسترخاء و التخلص من بعض الجهود الفيزيائية .

ولقد لاحظ هذا النوع من التآكل في زمن قديم . وكذلك الأمر بالنسبة للسلاسل
المستخدمة لتعليق جسر على أحد الأنهار حيث لوحظ أن السلاسل الجديدة تآكلت بصورة أسرع
من السلاسل القديمة . إن هذه الظاهرة لا تعني بالضرورة إن المعدن الجديد مصنوع بشكل أسوأ
من صنعه في الماضي .

إن تأثير الإجهاد الميكانيكي على التآكل يمكن توضيحه بوضع مسمار في كاشف فيروكسـل
ونجد أن رأس ونهاية المسمار صنعت بحيث بقيت فيها جهود ميكانيكية مـما أدى إلى ظهور بقع
أو ترسبات زرقاء معززة كون رأس ونهايـة المسـمار فيهـا جهـد ميكانيكي وعليـه أصبحت القطب
الموجب .

وعلى بقية المسمار ظهر اللون الأحمر مبيناً أن هذه المناطق أصبحت القطب السالب .

مثال آخر هو طرق سلك حديدي عند وسطه أدى إلى إجهاده ونتيجة ذلك تآكل عند هذه المنطقة المجهدة .

ونجد أن حساسية المعدن المجهد للتآكل تساعد على التعرف على مكائن السيارات المسروقة والتعرف أيضاً على الأسلحة المسروقة التي حذفت أرقامها بسبب بردها أو حكها .

إن الفولاذ عند الخطوط التي حذفت أرقامها بالبرد أو الحك بقى مجهداً مما جعله قطب موجب مقارنة مع بقية سطح المعدن والتآكل عند الحديد المجهد يساعد في كشف الأرقام وذلك عن طريق تلامسها مع ورقة نشاف مشبعة بمحلول الكتروليتي وكاشف الفروكسل .

وبطريقة مماثلة يمكن مقارنة نوعية نماذج لصفيحة القصدير حيث يمكن معرفة الثقوب الصغيرة في غطاء القصدير لوحدة سطحية وذلك عن طريق النقاط الزرقاء التي تظهر على ورقة الكاشف المضغوطة على هذا الغطاء القصديري .

إن الجهود الميكانيكية المتبقية في المعدن يمكن التخلص منها بتلدين (Annealing) المعدن عند درجات حرارية مناسبة لفترة زمنية من 30 إلى 60 دقيقة . إن هذه الدرجات الحرارية يمكن أن تكون حوالي 204° م بالنسبة لسبائك المغنيسيوم والنحاس الأصفر وحوالي 732° م إلى 871° م للفولاذ الذي لا يصدأ .

<u>تأثير المساحة النسبية للأقطاب :</u>

إذا أخذت قطعتين من صفائح الفولاذ لهما نفس المساحة السطحية وربطنا بشكل منفصل إحداهما إلى صفيحة من النحاس لها نفس المساحة السطحية والأخرى إلى صفيحة من النحاس ذات مساحة سطحية اكبر بكثير من صفيحة الفولاذ فإن الزوج الأخير سوف ينتج تياراً كهربائياً أكبر وبالتالي فإن سرعة تآكل القطب الموجب للفولاذ تكون أكبر .

وإذا كان الاستقطاب للقطب الموجب (الفولاذ) قليل جداً ويمكن إهماله وإن قابلية توصيل المحلول تبقى ثابتة فإن تآكل القطب الموجب يتناسب تناسباً طردياً مع المساحة السطحية للقطب السالب كما موضح في الشكل التالي .

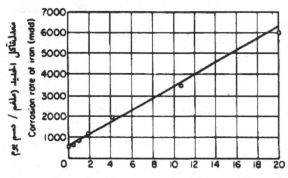

نسبة مساحة النحاس الى مساحة الحديد لزوج غلفاني .

إن القيمة الأولية لسرعة تآكل الحديد وحده في محلول ملح مشبع بالهواء هـي 600 ملجرام / دسم^2 في اليوم الواحد .

إن تأثير المساحة النسبية يمكن توضيحه بالتآكل السريع عندما تنكشف مساحة صغيرة من معدن الحديد المغطى بالقصدير . وتآكل مسامير الحديد التي تستخدم لربط الأجزاء المصنوعة من النحاس يكون شديداً

وبتعجيل عالٍ نتيجة المساحة الكبيرة للأقطاب السالبة مقارنة مع الأقطاب الموجبة للحديد .

إن تيار التآكل الكهربائي هو نفسه عند القطب الموجب والقطب السالب إلا أن كثافة التيار عند الأقطاب الموجبة الصغيرة هي اكبر بكثير .

وبتعبير آخر فإن الطلب الكبير على الالكترونات من قبل المساحات الكبيرة للقطب السالب المصنوع من النحاس أو سبيكة المونل يجب مقابلتها بتكوين متزايد لأيونات الحديد والتي يجب أن تأتي من الأقطاب الموجبة الصغيرة .

فإذا أخذنا صفائح من الفولاذ وربطناها باستخدام مسامير من معدن النحاس في محيط يشجع التآكل فإن المسامير سوف تبقى غير متآكلة أو غير متضررة . على أية حال أن تآكل الحديد هو أكبر بقليل فيما لو كان معدن النحاس غير موجود .

ولكون نسبة مساحة القطب السالب إلى مساحة القطب الموجب هي أقل بكثير من واحد وهي في الواقع جزء صغير فسوف لا تسبب زيادة كبيرة في التآكل .

تأثير الحجم النسبي لذرة المعدن وجزيئة أوكسيده :

من الناحية العملية تكتسب المعادن عند تعرضها للهواء طبقة من أكاسيدها لا يتعدى سمكها عدة وحدات من انجستروم ($A^°$ = 10^{-8} سم) . يعتمد سمك هذه الطبقة على طبيعة المعدن ودرجة الحرارة ويتكون من أكسيد أو أكثر للمعدن .

فإذا كان الفراغ المشغول بذرة المعدن المتأكسدة أصغر من الفراغ المشغول بالـذرات في بلورة المعدن فإن الطبقة سوف تكون مسامية تسمح بمرور الأوكسجين وبالتالي فإنها لا توفر حماية ضد التآكل .

ونجد معدن المنجنيز بشكل خاص وكذلك معادن الأتربة القلوية (Athaline Earth Metals) والمعادن القلوية مثل (Ba, Li, Na, K, Ca) تكوّن أكاسيد ذات حجم أقل . وفي معظم الحالات يكون الحجم النوعي للأكسيد أكبر من الحجم النوعي لذرات المعدن ، بالنسبة لمعدن الألمنيوم نسبة حجم جزيئة أكسيده إلى حجم ذرة المعدن هي 1.24 .

وبما أن أكسيد الألمنيوم ينمو في سـمكه مـن طبقـة أحاديـة الجزيئـة فـإن هـذه الطبقـة متماسكة وإن أيونات المعدن والأوكسجين يجب أن تخترق هذه الطبقة لكي تستمر عملية الأكسدة .

إذاً فإن هذه الطبقة تكون واقية . إن طبقات الأكاسيد السميكة جداً تحتوي على بعـض الشقوق . إن هذه الطبقات يمكن جعلها ذات سمك أكبر إما بتسخينها لفـترات طويلـة أو بواسـطة عوامل كيميائية مؤكسدة أو معالجتها بالطريقة الانودية (Anodizing) .

وفي هذه العملية يكون معدن الألمنيوم القطب الموجب في خلية الكتروليتية وإن المحيط المؤكسد يحول أيونات المعدن إلى أكسيده . إن السمك النسبي لهذه الطبقة الواقية المتكونة تحـت ظروف مختلفة موضحة في الجدول التالي .

سمك طبقة أوكسيد الألمنيوم على معدن الألمنيوم

سمك الطبقة بوحدات ميكرون (جزء من مليون من المتر)	طريقة تكوين الأوكسيد
0.01	طبيعي (بواسطة الهواء)
0.20	تسخين لفترة طويلة
1,- إلى 3,-	كيميائية باستخدام الكرومات الثنائية (Dichromate)
4,- إلى 30,-	الطريقة الاندودية

إن الطبقات التي لا توصل الكهربائية والتي لا تحوي على ثقوب يمكن الحصـول عليهـا باستخدام أملاح البورت (Borate) وإنها أقل سـمك مـن الطبقـات التـي يـتم الحصـول عليها في حامض الكبريتيك .

وهناك معادن كثيرة تتميز بأن نسبة حجم جزيئة الأكسيد إلى حجم ذرة المعدن اكبر من تلك لمعدن الألمنيوم ، فنسبة الحجم النوعي 1.60 في حالة معدن النيكل و2 بالنسبة لمعدن الكروم و3.6 بالنسبة لمعدن التنكستن .

لذا فإنه يتوقع عند الدرجات الحرارية العالية إن سرعـة التأكسـد تكـون فـي حـدها الأدنى بالنسبة لمعدن التنجستن وإنها أكبر بالنسبة لمعدن النيكل مقارنة بمعدن الكروم .

ونجد إن التفاعل بين الحديد والأوكسجين ذي طبيعة معقدة حيث أنواع مختلفة من الأكاسيد تتكون ويعتمد ذلك على درجة الحرارة ، فبعض الأكاسيد تكون محاليل صلبة ، مثال على ذلك Fe_3O_4 وFe_2O_3 بينما $\propto$- Fe_2O_3 و FeO هي أنواع أخرى من أكاسيد الحديد .

هذه الأكاسيد في معظم الأحيان تحوي عدد أكبر من أيونات المعدن الذي يجعلها نصف موصلة للكهربائية وبالتالي يؤدي ذلك إلى تقليل القدرة الوقائية لهذه الطبقات .

إن الطبقات السميكة التي تتكون عند درجات حرارية بحدود 550° م تعمل كقطب سالب وتؤدي إلى زيادة تآكل الحديد الذي يتعرض لمحيطه الخارجي نتيجة الشقوق وإزاحة بعض هذه الطبقات .

كما أن الأغطية الواقية أو غير الفعالة (Passive Films) يمكن تكوينها على سطح معدن الحديد باستخدام عوامل مؤكسدة قوية مثل حامض النتريك . إن مثل هذا الغطاء غير السميك يمكن أن يمنع حتى ترسب طبقة من معدن النحاس عندما يوضع الحديد في محلول كبريتات النحاس .

إن الطبقات الواقية على كل حال تتميز بسهولة كسرها أو تشققها وعند ذلك تفقد خواصها الواقية . فالطبقات الواقية على سطح الفولاذ الذي لا يصدأ بالرغم من إنها غير سميكة إلا إنها تتميز بثباتها مقارنة مع الطبقات الواقية على سطح معدن الحديد .

إن هذه الطبقات تتكون من الأكاسيد وعليه يمكن إزالتها بعملية اختزال فيستعيد المعدن نشاطه أو جهده الكهربائي السابق .

ولقد بينت التجارب إن الطبقات الواقية على سطوح ثلاثة أنواع من الفولاذ الأوستنيتي الذي لا يصدأ تكون غنية بأكاسيد الكروم أو السليكون وإنها تحتوي على كمية من أكسيد الحديد أقل مما يمكن الحصول عليه من الناحية النظرية على أساس تركيب السبيكة .

ومن الطبيعي إن تركيب هذه الطبقات على سطوح السبائك ذو طبيعة معقدة وإن التآكل يتوقف على نسب الحجوم النوعية للأكاسيد والمعدن وعلى سمك وقابلية هذه الطبقات للإيصال الكهربائي وكذلك على مدى تفاعلها مع المحيط الخارجي .

قابلية ذوبان نتاج التآكل : (Corrosion Product)

فيما سبق كان الحديث عن الأكسدة المباشرة وتكوين طبقات الأكاسيد الواقية في الهواء . وإن قابلية ذوبان هذه الطبقات أو أية نتاج للتآكل هو عامل مهم في التآكل الالكتروليتي . وهناك عدة أكاسيد غير قابلة للذوبان في الماء . وفي حالات أخرى فإن التفاعل الكيميائي مع المحيط أو المحلول الالكتروليتي قد يؤدي إلى تكوين غير قابل للذوبان والذي يصبح غطاء واقياً .

مثال على ذلك هو تكوين كبريتات الرصاص غير القابلة للذوبان والتي تحمي معدن الرصاص من التآكل بواسطة حامض الكبريتيك في سبيكة **Durichlor** التي تحتوي على الحديد و14.5% سليكون 3% مولبديوم حيث يتفاعل المولبديوم مع الكلوريد ويكوّن نتاجاً خاملاً .

وإذا كان نتاج التفاعل قابلاً للذوبان فإن تآكل المعدن سوف يستمر . مثلاً حامض اللاكتيك (**Lactic Acid**) وهو حامض ضعيف جداً ويتكون من الحليب الحامض وحليب الزبدة ولكن مع ذلك فهو يسبب التآكل .

ونظراً لأن أملاح الحديد المتكونة ذات قابلية عالية للذوبان فيه . فالثقوب الصغيرة والشقوق المتكونة في طبقة القصدير التي تغطي معدن الحديد في قناني الحليب تكون معرضة للتآكل نتيجة هذا العامل الإضافي .

دور المحيط الخارجي في عملية التآكل :

أصبح واضحاً مـن الأمثلـة السـابقة إن طبيعـة المحيط الخـارجي يجب أن تأخـذ بعـين الاعتبار في مسألة التآكل ، وفيما يلي ملاحظات مختصرة حول بعض العوامل التي تخص المحيط .

وجـــود الرطوبـــة :

أصبح من الملاحظات العامة إن التآكل الجوي لمعـدن الحديد يحـدث بشـكل بطـئ في الهواء الجاف ولكن يكون أسـرع عند وجود الرطوبة ، بينما أصبح حقيقة أن التآكـل الـذي نلاحظـه هو بسبب التفاعل بين المعدن أو أوكسيده مع الرطوبة نفسها .

إلا إنه في معظم الحالات أن الرطوبة تعمل كمذيب للأوكسـجين مـن الهـواء أو الغـازات الأخرى والأملاح لتكوين المحيط الالكتروليتي لخلايا التآكل . كما أن عنـاصر المغنيسـيوم والخارصـين والمنغنيز والألمنيوم والكروم والحديد تتآكل بتفاعلها مع الماء النقي حتى عنـد وجـود الأوكسـجين . مثال على ذلك :

$$Mg^\circ \longrightarrow Mg^{++} + 2e$$

$$\frac{2H_2O + 2e \rightarrow 2(OH)^- + H_2}{Mg^\circ + 2H_2O \rightarrow Mg(OH)_2 + H_2}$$

إن جهد هذه الخلية هو 1.85 فولت وفي الماء المشبع بالهواء يكون الجهد 3.06 فولت .

$$2Mg + 4(OH)^- \longrightarrow 2Mg(OH)_2 + 4e$$

$$\frac{O_2 + 2H_2O + 4e \rightarrow 4(OH)^-}{2Mg + O_2 + 2H_2O \rightarrow 2Mg(OH)_2}$$

ولقد وجد أن معدن الحديد النقي عند تسخينه إلى 400° في محيط من الأوكسجين الجاف أن سطحه يصبح مغطى بشعيرات دقيقة جداً من مادة Fe_2O_3 بقطر 10 إلى 15 ملي ميكرون أي $(10)^{-6}$ ملم .

إن هذه الشعيرات من الأوكسيد تنمو إلى 50 ميكرون أي 10^{-3} ملم . عندما يتفاعل الحديد مع بخار الماء فإن الأوكسيد يكوّن طبقات رقيقة بحدود 10^{-6} $\times$ 10 ملم في السمك و3 ميكرون في الطول ويتراوح عرضها من 0.03 إلى 0.8 ميكرون .

إن تآكل الحديد في الهواء الجاف وعند درجات الحرارة الاعتيادية يكون بطيئاً . عند رطوبة نسبية بين 60 إلى 90% يبدأ الصدأ بالتكوين وإن بقعه تعمل كمراكز للتآكل . إن الصدأ ذو تركيب غروائي هلامي القوام وهو كتلة متشابكة من خيوط الأكسيد المائي Hydrated Oxide) (.

وعندما يكون الضغط النسبي عالياً $\left(\dfrac{p}{p°}\right)$ فإن الماء يتكثف ويملأ الفراغات الشعرية .

فإذا حدث وجود غازات تسبب التآكل امتصت من قبل الماء المتكثف تحت هذه الظروف يصبح من الواضح إنها تؤدي إلى زيادة التآكل .

إن تأثير الرطوبة النسبية على تآكل الحديد في الهواء الذي يحوي على مائة جزء في المليون من ثاني أكسيد الكبريت مبينة في الشكل التالي :

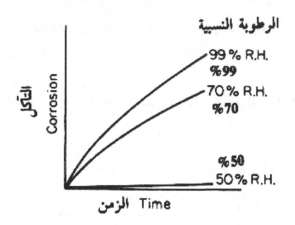

الرطوبة النسبية
99 % R.H.
%99
70 % R.H.
%70
%50
50 % R.H.
التآكل
Corrosion
الزمن Time

كما إن غاز ثاني أوكسيد الكبريت من الغازات الحامضية التي تسبب التآكل . أما النيكل فعند وجود جزء في المليون من ثاني أوكسيد الكبريت فإنه يبدأ في التآكل عند رطوبة نسبية تساوي %70 .

وعند وجود الرطوبة فإن جزيئات صغيرة من الشوائب والرماد المتطاير وبعض أنواع التراب تعمل كمراكز للتآكل . بعض هذه الجسيمات تتميز بسطوح نوعية عالية تؤدي إلى التصاق الغازات عليها أو إنها قد تكون خلايا تركيزية صغيرة جداً (**Concentration Cells**) .

فالرطوبة العالية ووجود القطيرات لماء البحر والأملاح تؤدي إلى تآكل جوي أكثر في المناطق البحرية . إن ميل عدد من المعادن لتكوين املاحها القاعدية ، مثال على ذلك :

$$Pb(OH)_2 , PbCO_3 , Cu(OH)_2 . CuCl_2 , 3Cu(OH)_2 . CuSO_4$$

والأكاسيد المليئة التي تسمى بالهيدروكسيدات توضح أهمية الرطوبة في عملية التآكل .

تأثير الرقم الهيدروجيني للمحيط :

إن تركيز أيون الهيدروجين في الوسط للتآكل هو عامـل مهـم في عمليـة التآكـل . فتآكـل المعادن النشطة بواسطة الأحمـاض القويـة معـروف لـدى الجميـع إلا أن القيمـة الحقيقيـة للـرقم الهيدروجيني للمياه أو السوائل التي تكون في تماس مع الهياكل المعدنية أو الأنابيب أو الأجهـزة لا تأخذ بعين الاعتبار بشكل ملموس .

إن تآكل الحديد في المياه الخالية من الأوكسجين يكون قليلاً حتى ينخفض الرقم الهيدروجيني للماء إلى أقل من خمسة كما موضح في الشكل التالي :

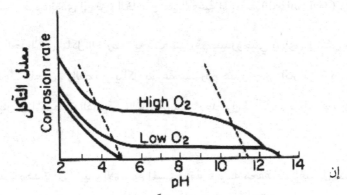

إن مع عدم وجوده . يتميز التآكل بسرعة ثابتة عملياً عند رقم هيدروجيني يتراوح من 4 أو 5 إلى 10 أو 12 وإن القيمة الحقيقية تعتمد على تركيز الأوكسجين .

وعند الرقم الهيدروجيني الـذي يسـاوي 4 يتزايـد معـدل التآكـل نتيجـة تحـول أيونـات الحديدوز إلى الحديديك ($Fe^{++} \longrightarrow Fe^{+++}$) (بواسطة الأوكسجين المـذاب ثـم الاختـزال لأيونات الحديديك عند القطب السالب .

وفي المحاليل التي تتميز برقم هيدروجيني أعلى فإن الزيادة في مجموعة الهيدروكسيل (OH)⁻ المتواجدة مع أيونات الحديدوز (Fe^{++}) تكون هيدروكسيد الحديدوز $Fe(OH)_2$ والذي هو راسب جلاتيني يتأكسد ببطء إلى FeO(OH) أو الصدأ .

وعند الأرقام الهيدروجينية العالية يتكون هيدروكسيد الحديدوز حال ظهور أيونات الحديدوز عند القطب الموجب مما يعيق الوصول إلى القطب الموجب فيؤدي إلى تقليل سرعة التآكل .

ويتآكل الخارصين بصورة سريعة حتى في الأحماض الضعيفة ، مثل حامض الكاربونيك . والمواد العضوية المخمرة تؤدي إلى نزع الخارصين من الأوعية المجلفنة (Galvanized) .

وإن الحد الأدنى لتآكل الخارصين يحدث عند رقم هيدروجيني يساوي 1. ففي المحاليل الأكثر قلوية يذوب المعدن . والقصدير يتآكل بسرعة عند رقم هيدروجيني اكبر من 8.5 . الألمنيوم والرصاص يذوبان في المحيطات القلوية . والألمنيوم يتميز بحد أدنى للتآكل عند رقم هيدروجيني يساوي تقريباً 5.5 .

ولقد شوهد تآكل أنابيب الألمنيوم المستخدمة لتهوية مجففات الغسيل الاتوماتيكية المثبتة في حوائط من السمنت . وإن أنابيب الرصاص أو الأسلاك المغطاة بالرصاص يجب عدم وضعها في مناطق يكثر فيها الرماد لأن رقمها الهيدروجيني أعلى من الأرض المجاورة وإن الرصاص يذوب أو يتآكل في المحيط القلوي .

كما أن المياه الآتية من المناجم ومعظم الفضلات الصناعية هي حامضية . فالمجاري في مناجم الفحم المتروكة تحوي على كبريت وحامض

الكبريتيك وهي مواد تعجل في تآكل الجسور والقوارب والسدود والأنابيب . كما إن الحامض يتكون من الأكسدة الرطبة لكبريتيد الحديد الأبيض (Marcasite) وهذا التفاعل يحدث كما مبين في المعادلة التالية :

$$3FeS_2 + 11O_2 + 4H_2O \longrightarrow 2Fe(OH)SO_4 + FeSO_4 + 3H_2SO_4$$

وعليه يجب استخدام المضخات والأنابيب التي تقاوم التآكل الحامضي في معظم المناجم .

تأثير الأوكسجين والخلايا التركيزية :

إن تأثير تركيز الأوكسجين على سرعة تآكل الحديد في محاليل ذات أرقام هيدروجينية مختلفة حيث أن سرعة التآكل تزداد بزيادة كمية الأوكسجين .

وبما أن طبقة الاوكسيد تعتبر ذات طبيعة سالبة مقارنة مع سطح المعدن فإن زيادة كمية الأوكسجين يمكن اعتبارها زيادة في مساحة القطب السالب . أيضاً فإن الاستقطاب بسبب اختزال أيونات الهيدروجين سوف يكون اقل عند وجود تراكيز عالية من الأوكسجين .

ولقد وضح سابقاً إن القوة الدافعة الكهربائية (Electromotive Force) تتكون عندما تكون نفس المادة في تماس مع محاليل ذات تراكيز مختلفة من أيونات المادة . إن الاختلاف في تركيز الأوكسجين (Differential Aeration) يؤدي إلى التآكل بتكوين هذا النوع من الخلايا التركيزية .

وإذا أخذنا طبقاً من الفولاذ وغطينا منتصفه بكمية من الرمل وعرض إلى الهواء فسوف نجد أن معظم التآكل يحدث في المنطقة المغطاة بالرمل .

فالتآكل يحدث في معظم الأحيان أسفل الفلكة (Washer) المعدنية وفي مناطق تماس الأسلاك في المشبك المعدني .

إن تأثيراً مشابهاً يحدث عندما توضع قطرة كبيرة من محلول ملحي على سطح الحديد حيث أن التآكل يؤدي إلى تكوين دائرة من الصدأ في وسط المنطقة المغطاة بالمحلول .

وفي مثل هذه الحالات يكون تركيز الأوكسجين أقل من منتصف المنطقة المغطاة مقارنة مع تركيزه في المناطق المحيطة . وإن ذلك يعود إلى بطء انتشار الأوكسجين في قطرة المحلول من محيطها الخارجي إلى مركزها .

وعلى هذا الأساس فإن المعدن يكون سالباً عند حافة القطرة حيث وجود كميات كبيرة من الأوكسجين ويكون موجباً في المنطقة الوسطية التي قل فيها مقدار الأوكسجين .

فأيونات الحديدوز المنبعثة من القطب الموجب المتآكل تلتقي بأيونات الهيدروكسيل المنتشرة في المناطق السالبة لتكون هيدروكسيد الحديدوز الراسب وإن هذا الراسب يتحول تدريجياً إلى صدأ (FeO(OH أو $Fe_2O_3.xH_2O$ وذلك بامتصاص الأوكسجين الذائب في المحلول وإنه سوف يعيق انتشار الأوكسجين إلى الأجزاء الموجبة فيعجل من تآكلها . إن تآكل الحديد أسفل قطرة من الماء موضح في الشكل التالي :

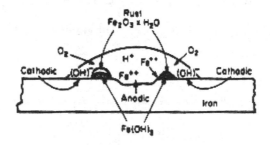

ففي هذا الشكل وضع حزام مطاطي حول قطعة من الفولاذ الذي لا يصدأ وغطس في محلول مخفف من كلوريد الصوديوم وكلوريد الحديديك ويلاحظ في الشكل أن التآكل أسفل الحزام المطاطي كان شديد إلى درجة أدى بالحزام إلى قطع المعدن .

والأنابيب المدفونة والأسلاك التي تمر في ترب وتواجه اختلافات في تهويتها مما يؤدي إلى التآكل . فقد وجد فرقاً في الجهد الكهروكيميائي بين مناطق أنبوب من الرصاص يمر خلال نوعاً من الطين (**Clay**) ثم يمر خلال مخلفات الفحم المحترق (رماد **Ciders**) حيث أن هذا الأخير أكثر تهوية . ففي هذه الحالة الخاصة نجد أن الاختلاف في الرقم الهيدروجيني والمقاومة الكهربائية لهذين النوعين من التربة وكذلك وجود كاربون غير محترق في الرماد عوامل تؤدي أيضاً إلى التآكل .

وإذا وضع معدن في تماس مع تراكيز مختلفة من أيوناته فإن هذا سوف يؤدي إلى تآكله عند مناطق التركيز المنخفض . لذا فإن نضوجاً صغير من الممكن أن يؤدي إلى تآكل شديد وذلك نتيجة تخفيف الالكتروليت ونقله إلى مناطق من الأنبوب بعيدة من نقطة النضوج الأصلية .

قابلية التوصيل الكهربائي لوسط التآكل :

يعتمد تيار التآكل الكهربائي على قابلية توصيل الوسط أو المحلول حيث يعتبر ذلك عاملاً مهماً في عملية تآكل الهياكل المدفونة . فالتربة الرملية الجافة لها مقاومة كهربائية عالية بينما الطين الرطب وفي مناطق المناجم تكون المقومة أقل بكثير .

إن التيارات الشاردة (Stray Currents) بسبب النضوجات للطاقة الكهربائية ذات ضرر أكبر على الهياكل المعدنية في مثل هذه التربة ، أي التي لها قابلية عالية للتوصيل الكهربائي .

ويتميز ماء البحر بقابليته للتوصيل الكهربائي ويعتبر هذا عامل مهم في تسبيب التآكل . مثلاً يستخدم مصفى للنفط في هولندا أكثر من 200 مليون غالون من ماء البحر في اليوم الواحد لأغراض التبريد وأغراضاً أخرى .

إن كلفة التآكل بسبب ماء البحر تفوق كلفة النفط الخام ومشتقاته الأربعين . إن هذه النقطة توضح السبب التالي للتآكل .

طبيعة الأيونات في وسط التآكل :

إن كلوريدات المعادن القلوية ومعادن الأتربة القلوية هي بشكل خاص مضرة بمعادن وسبائك عديدة حيث أن أيون الكلوريد يحطم طبقة الاوكسيد الواقية أو الغير فعالة على سطح المعدن .

بينما من ناحية أخرى نجد أن بعض الأيونات السالبة تكون نتاجاً غير ذائب بتفاعلها مع المعدن مما يؤدي إلى حمايته وهي بذلك تكون مانعة للتآكل (Corrosion Inhibiter) .

ويتوضح فعل المانع هذا عند إضافة سليكات الصوديوم لمنع الماء الأحمر (Red Water) (لتقليل الصدأ . إن السليكات تكون جل السليكا (Silica Gel) ومركبات كيميائية قابلة للالتصاق بالإضافة إلى نتاج التآكل تمنع أو تقلل من التآكل .

كما أن طبيعة الأيونات الموجبة تؤثر أيضاً على عملية التآكل . فوجود كميات أثر من أملاح النحاس أو أي

معدن ثمين آخر في ماء المنجم يؤدي إلى تعجيل تآكل أنبوب الحديد .

فالحديد ومعادن عديدة أخرى تتآكل في أملاح الامونيوم بسرعة أكبر مما في أملاح الصوديوم ذات تركيز مشابه . فبعض أنواع مانعات التآكل تعطي حماية لمعدن الحديد وفي نفس الوقت تزيد
من تآكل الخارصين والنحاس والنيكل لأنها تكون أيونات موجبة معقدة
مع هذه المعادن ، أي تكون مركبات ذائبة مع هذه المعادن .

درجة حرارة وسط التآكل :

بصورة عامة يزداد التآكل بزيادة درجة الحرارة حيث يصبح الاستقطاب أقل بينما معدل انتشار المواد يكون أكبر . إن تأثير الحرارة على الجهود الكهروكيميائية للأقطاب كان قد وضح في الجزء الخاص بالبطاريات. فالتغير الحادث في سرعة تآكل معدن المونل (وهي سبيكة أساسها النيكل) في حامض الكبريتيك مع درجة الحرارة موضح في الشكل التالي :

درجة الحرارة م

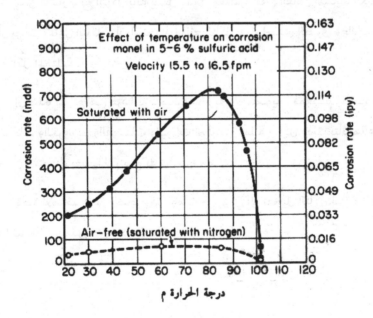

إن تقصف (انشطار) المعادن بواسطة الصودا الكاوية (**Caustic Embrittlement**) والذي هو نوع من التآكل بين حبيبات المعدن (**Intergranular Corrosion**) ويحدث مثلاً فقط عند الدرجات الحرارية العالية للمراجل البخارية ذات الضغط العالي .

فالمعدن الذي يتميز بالحماية الطبيعية نتيجة طبقة من الأوكسيد غير الفعال يفقد هذه الحماية عند الدرجات الحرارة العالية . فالانتفاخات (**Blistering**) أو التقصف بواسطة الهيدروجين (**Hydrogen Embrittement**) تزداد مع درجة الحرارة .

إن العمليات الحرارية المستخدمة في تصفية النفط تؤدي إلى إنتاج حامض الهيدروليك من الكلوريدات المتبقية من عملية إزالة الأملاح (**Desalting**) والتي تسبب تآكلاً أكثر .

<u>موانع التآكل : (Corrosion Inhibitors)</u>

يمكن اعتبار مانع التآكل بأنه يعمل بشكل معاكس لفعل العامل المساعد الكيميائي . فهو يعرقل أو يوقف تفاعل التآكل . إن استخدام موانع التآكل هي إحدى الطرق لمعالجة عدد من مشاكل التآكل المختلفة .

إن هذه الموانع هي مركبات كيميائية عضوية ولا عضوية . فمعظم الموانع اللاعضوية مثل السليكات والكرومات والفوسفات والبورات تحد من عملية التآكل وذلك بتأثيرها على القطب الموجب وإن استعمال بعضها لا ينصح به في ظروف معينة .

فمثلاً الاستخدام غير الصحيح للكرومات قد يؤدي إلى تعجيل التآكل بدلاً من إيقافه . فبوجود استقطاب الهيدروجين تؤدي إضافة

الكرومات أو أية مؤكسد آخر إلى قلة الاستقطاب وبالتالي زيادة تيار التآكل الكهربائي .

أيضاً إذا كان المانع بكميات غير كافية لتكوين غطاء واقٍ متكامل فوق القطب الموجـب فإن المناطق الصغيرة المتبقية سوف تتآكل بسرعة متزايدة مؤيدة بذلك إلى تنقر المعدن .

إن استخدام سليكات الصوديوم يقدم أمثلة عديدة للسيطرة على التآكل بواسطة الموانع ، فمثلاً تستخدم شركة للنفط أنبوباً طوله عشرة أميال لتصريف المياه المالحة وقد ظهر في هذا الأنبوب نضوجات صغيرة متعددة مما أدى إلى تبديله . إلا إنه عند إضافة سليكات الصوديوم بتراكيز منخفضة إلى هذا الماء المالح أدى إلى تقليل التآكل إلى درجة بحيث استمر الأنبوب لمدة سنتين ونصف بالعمل وبعدد من النضوجات اقل مما كلن عليه .

وتستخدم نترات الصوديوم القاعدية لوحدها أو مع موانع لا عضوية أخرى كالفوسـفات لحماية خطوط الأنابيب وناقلات المشتقات النفطية والكيميائية . كذلك مادة بنزوات الصوديوم .

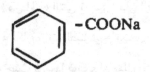

ومادة بنزوات الصوديوم تستخدم لحماية الفولاذ الطري . إن منع التآكل بـ 1.5% من بنزويت الصوديوم مع 0.1% من نتريت الصوديوم في المحلول الذي يقاوم الانجماد Anti Freeze) (Solution موضح في الشكل التالي :

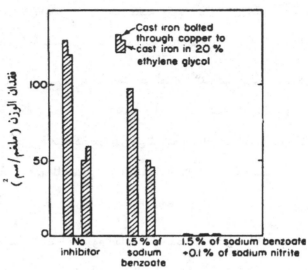

وأيضاً فإن الجير المطفأ $Ca(OH)_2$ يعمل كمانع للتآكل بتأثيره على القطب السالب بواسطة ترسيب كاربونات الصوديوم من المياه التي تحوي على العسرة المؤقتة أو ثاني اوكسيد الكربون الذائب . فالدقائق الغروانية لكاربونات الصوديوم تكون فيها شحنة موجبة تؤدي إلى انجذابها إلى مناطق القطب السالب حيث ترسبها يوقف أو يقلل التآكل .

وإن موانع التآكل العضوية تعمل بطرق عديدة ومختلفة ، فالمواد الغروانية العضوية تكون طبقات واقية نتيجة التصاقها بسطح المعدن . المواد الكيميائية ذات الفعالية السطحية (Surface- Active Chemicals) التي تحتوي على مجاميع قطبية تعزز الانتشار والالتصاق المناسب بالسطح المعدني (وهي غير متأينة) ولكنها تكون غطاء على سطح المعدن .

القواعد العضوية مثل الأمينات (Amines) والبريدين (Pyridine) والكوالينين (Quinoline) ومشتقاتها تكون أيونات موجبة تحتوي على مجاميع وجذور ذات طبيعة طاردة للماء (Hydrophobic) وإن هذه

الأيونات الموجبة تربط نفسها من خلال ذرة النتروجين إلى المناطق السالبة لسطح المعدن .

إن كفاءة هذه الموانع يعتمد على عدد ومعيار الجذور الهيدروكاربونية . فالأمينات الإميلي الأولية ($C_5H_{11}NH_2$) هي أفضل كمانعات للتآكل من الأمينات الإثيلي الأولية ($C_2H_5NH_2$) .

فالزيادة في حماية المعدن التي يمكن الحصول عليها بسبب زيادة عدد جذور الالكيل (Alkyl Radicals) موضحة في الشكل التالي ، حيث أن أجزاء قليلة في المليون من الأمينات الثلاثية تكفي للحصول على حماية تامة .

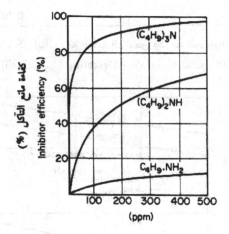

والأمينات ذات الأوزان الجزيئية العالية والمشتقة من الراتينج القلفونية (Rosin) كما موضح في الشكل التالي هي موانع جيدة للتآكل .

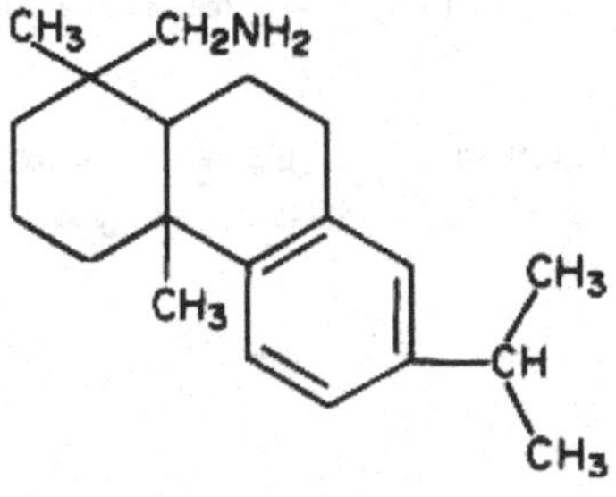

فالأملاح التي تذوب في الزيوت النفطية مثل السترات ، والنافثينـات والمشـتقات الأخـرى تستخدم كموانع للتآكل في عملية تنظيف المعـدن بمغطـس حامضـي ـ (Acid Pickling) . الجـدول التالي يوضح هذه الحماية .

تأثير مشتقات الأمين الراتنجية على تآكل الفولاذ المطاوع
في حامض الهيدروكلوريك

سرعة التآكل (متر / سنة)	تركيز مانع التآكل (%)
0.408	0.00
0.0146	0.02
0.00607	0.04
0.00305	0.10
0.0033	0.20

بينما يبين الشكل التالي تأثير تركيز الحامض ودرجة الحـرارة عـلى تآكـل الفـولاذ بواسـطة الحامض المستخدم لإزالة القشور (Descaling) عند وجود المانع وعدمه .

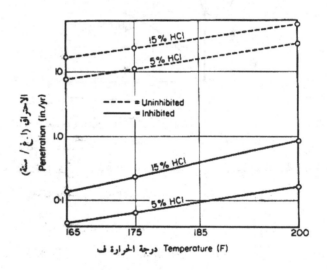

تأثير 0.2 % من مانع التآكل على تآكل الفولاذ المطاوع في
حامض HCl عند درجات حرارية مختلفة .

والملح المتكون نتيجة تفاعل أمين راتينج القلفونية (Rosin Amine) مع خامس كلور الفينول (Pentachlorphenol) عندما يدخل في تركيب الغطاء المستخدم للأنابيب المدفونة يقاوم أو يمنع التآكل الحادث بسبب البكتريا في التربة .

والمشتقات الامينية الأخرى يمكن أن تفيد في استعمالات معينة ، فمركب 2- (hudroxypropyl Amine Nitrite هو مركب غير متأين يوصي باستخدامه لمنع تآكل أواني القصدير بواسطة أنواع الصابون السائل والمعقمات الفينولية ومعقمات زيت الصنوبر (Pine) والمحاليل المركزة للعوامل التبليلية أو الترطيبية للأمونيوم الرباعية (Quaternary Ammonium) .

وبعض الموانع العضوية هي عوامل ذات فعالية سطحية وطبيعة أيونية سالبة تحتوي على مجاميع قطبية مثل الكبريتيد وهيدروكبريتيد والكحول وبعض الأحماض فهي في بعض الأحوال تعمل كمانع للأكسدة فتمنع تكوين البروكسيدات والـ (Peracids) المسببة للتآكل .

مانعات التآكل للطور البخاري : (Vapour Phase Inhibitors)

وموانع التآكل للطور البخاري هي مواد تتبخر بسرعة وتكون طبقة واقية أو مانعة للتآكل . فهذه الموانع تستعمل لحماية خطوط بخار الماء عند وجود ثاني أوكسيد الكاربون أو حماية الفولاذ والحديد من التآكل نتيجة وجود الرطوبة وثاني أوكسيد الكبريت .

بعض الأجزاء المعدنية يمكن حمايتها من التآكل الجوي وذلك بلفها بنوع من الورق المشبع بمانع التآكل للطور البخاري ، فبدلاً من

تغطية المواد المعدنية بطبقة من الزيت أو الدهن الشحمي (Grease) تلف بغطاء مشبع بالمانع .

فعند خزن مكائن الطائرات الاحتياطية يوضع في كل اسطوانية من المكينة بعض البلورات لمانع التآكل للطور البخاري وذلك عن طريق فتحة الإشعال بالشرر (Spacking Plug) فيها .

أما الأقسام الخارجية للمكائن فتلف بورقة مغطاة بنوع من اللدائن ذات المسامية المنخفضة وتحتوي على مانع من موانع التآكل للطور البخاري التي استعملت وبنجاح وهي :
وإن هذه المواد يجب عدم استخدامها عند وجود رطوبة شديدة لحماية النحاس والمعادن الأخرى التي تكون أيونات مركبة للأمونيا .

اختبار التآكل :

يوجد عدد من الطرق لاختبار تآكل المعادن . فهناك الاختبارات المعجلة أو المسرعة المختلفة ، فمثلاً اختبار رش الملح ، والتي لا تؤدي في معظم الأحيان إلى التنبؤ بتصرف المعادن عند تعرضها إلى أجواء أخرى مسببة للتآكل .

وكذلك تجارب التآكل العملية إذا ما ربطت بشكل صحيح بالاختبارات الحلقية أو الميدانية فإنها تزودنا بطريقة تقريبية لتقييم المواد واختيار الطرق المناسبة لحمايتها .

إن معدل التآكل في معظم الأحيان تعين بواسطة فقدان الوزن لنماذج معدنية نظيفة أو قطع قياسية لفترة زمنية معينة . إن النتائج هذه يعبر عنها بالوحدات ملجرام / دسم^2 . يوم .

إن المقارنة بين النتائج العددية المبينة في أعلاه يجب إسنادها بفحص النماذج المعدنية بواسطة المايكروسكوب للتأكد من طبيعة

السطح المتآكل وعدد وعمق التنقر ووجود التآكل بين حبيبات المعدن (Intergranular

(Corrosion . ففي نزع الخارصين   (Dezincification) من سبيكة النحاس الأصفر يعود

فيترسب الخارصين بشكل أسفنجي وهنا لا يفيد فقدان الوزن في تقييم ضرر التآكل .

إن قياس الجهد الكهروكيميائي للتآكل بواسطة ربط النموذج المعدني إلى نصف خلية
قياسية معزز بقياس التيار الكهروكيميائي للتآكل ذي قيمة بالغة في تحديد ميل المواد المعدنية
للتآكل .

فالأجهزة الكهربائية لقياس التآكل تقوم بقياس التغير في مقاومة نموذج معدني قياسي
نتيجة تآكله وتحوله إلى مركبات كيميائية . في نفس الوقت يوجد نموذج معدني كمرجع مغطى
بمادة ذات مقاومة عالية للتآكل مربوط إلى ترتيبات جسرية .

فنسبة مقاومة المعدن المتآكل إلى مقاومة قرينه الغير متآكل مرتبطة بشكل مباشر بمدى
التآكل . فمن زاوية ميل خط اختراق التآكل مع الزمن يمكن تحويل النتائج إلى مل ($= 10^{-3}$ انج =
2.5×10^{-5} متر) أو مايكرونج / سنة = $2.5 \times$ متر / سنة .

والشكل التالي يبين رسماً مبسط للدائرة الكهربائية المستخدمة لقياس التآكل بواسطة
التغير في المقاومة .

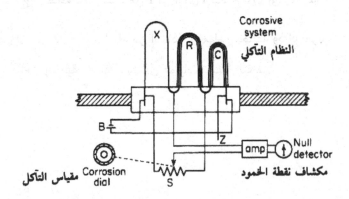

مخطط لجهاز لتحديد التآكل نتيجة تغير المقاومة X - السبيكة أو الجزء المعرض R – قطب مرجع محمي ، C – جزء مغطى قياسي لتدقيق ثبوت المرجع . التغيّر في المقاومة المتبين بموقع المتدحرج S مرتبط بوحدات التآكل ، مثلاً ملم / سنة أو انج / سنة .

إن النموذج المعرض للتآكل مبين على شكل عروة (Loop X) والنموذج المرجع المغطى على شكل عروة (Loop R) ، أما (C) فهو نموذج مغطى إضافي لغرض تدقيق النموذج المرجع (R) حيث أن النسبة $\dfrac{R}{C}$ يجب أن تبقى ثابتة خلال حياة النموذج (X) أو خلال فترة التجربة .

ونموذج الاختبار (X) والنموذج المرجع (R) مربوطان عبر سلك متزلق (S) عندما نقوم بقياس التآكل . إن موقع (S) عند اتزان القنطرة موضح بواسطة القرص المدرج عند لوحة السيطرة . ويمكن الحصول على حساسية عالية لقياس التآكل وذلك باستخدام مكشاف نقطة الخمود (Null Point Detector) .

إن ملامح طريقة المقاومة هي :

(1) يمكن تعيين سرع التآكل بدون إزالة نماذج المعدن لغرض الاختبار .

(2) إن الطريقة ذات حساسية عالية ، أي 5.1 إلى 5.4 مايكروانج (2.5×10^{-9} إلى 10^{-4} متر) لنماذج مسطحة ذات سمك من 1 إلى 4 مل (2.5×10^{-5} إلى 10^{-4} متر) .

(3) من الممكن استخدام سلسلة من النماذج في مواقع مختلفة وذلك لغرض تدقيق التآكل في مراحل إنتاجية مختلفة ، مثلاً في عمليات تصفية النفط .

(4) يمكن التحسس بتغيرات سرع التآكل في وقت مبكر مما يساعد على تقييم وتحديد
العلاج المناسب .

(5) يمكن إجراء هذه الاختبارات بدون توقيف العملية الإنتاجية .

والشكل التالي يوضح سرع التآكل لثلاث سبائك مختلفة مستخدمة لعجينة الورق وطين
سائل مائي عند رقم هيدروجيني يساوي 3.4 إلى 4.1 استعملت فيها طريقة قياس التآكل المذكورة
في أعلاه .

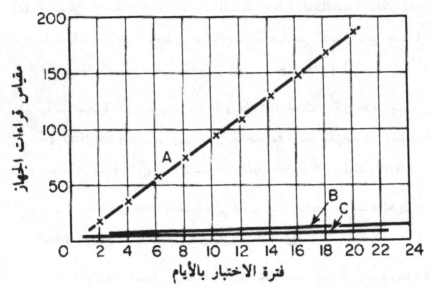

السيطرة على التآكل :

فيما يلي ملخص لبعض المبادئ العامة للسيطرة على التآكل استخلصت من البنود
المذكورة سلفاً :

(1) إن اختيار المعدن يجب أن لا يعتمد فقط على كلفته وتركيبه وإنما أيضاً على خواصه
الكيميائية والوسط الذي يستعمل فيه . فلغرض تقليل التآكل إلى الحد الأدنى يجب
تخليص المعدن من الجهود الميكانيكية الموجودة فيه .

وإذا كــان المعــدن نشــطاً فيجــب عزلــه مــن المعــادن ذات الطبيعــة السالبة . فعندما يتوجب تماس معدنين فإنه مــن الضـروري أن يكـون جهـود أكسـدتهم متقاربة أو متساوية قدر الإمكان .

إن المساحة السطحية للمعدن الثمين الغير نشط يجب أن تكـون أصغـر مـن تلك للمعدن الموجب النشط . يمكن تقليل فرصة تنقر المعدن وذلك بوضع واقيـة علـى كلا المعدنين .

(2) يجب عزل أو منع الرطوبة ، فالأجزاء المعدنية المخزونة والمحفوظـة في لـدائن منحفضة المسامية ومعها جل الألومينا أو السليكا تبقى محمية مـن التآكل لسـنين عديـدة . وفي حالة وجود رطوبة أو محلول الكتروليتي فيجب استخدام مانع للتآكل .

(3) يجب السيطرة على حموضة أو قاعدية وسط التآكل حيـث أن كـل معـدن يتميـز بحـد أدنى للتآكل عند رقم هيدروجيني معين . فالحموضة الكلية يمكن تقليلهـا بكلفـة قليلـة جداً وذلك بإضافة كاربونات الكالسيوم (Limestone) أو الجير المطفأ $Ca (OH)_2$.

إلا إنه في المياه الحامضية التي تحـوي علـى حامض الكبريتيك تكـون عمليـة التعادل بطيئة بسبب الذوبان البطئ لكبريتات الكالسيوم .

إن رماد الصودا ($Na_2 CO_3$) الأكثر غلاء يستخدم بشـكل واسـع ، إذا لم تكـن السيطرة على الرقم الهيدروجيني ذا نفعٍ فيمكن تقليل التآكل باستخدام أغطية واقية أو خاملة ومعادن غير نشيطة .

(4) عند تصميم الأجهزة المعدنية يجب تجنب التجميدات الحادة أو الانحناءات أو صلات تراكب (Lap Joint) أو عوارض التي يمكن أن تـؤدي إلى مناطق خاملة يتجمـع فيها راسب (Sediment) أو قشور (Scale) . كما أن مثل هذه المناطق تتـأثر بشـكل أكبر بذلك النوع من التآكل التي تسببه الخلايا التركيزية .

الانود الذواب والحماية الكاثودية :

عندما يكون غير عمليّ أو غير ممكن تغير طبيعة الوسط المسبب للتآكل فتوجد طريقتين يمكن استخدامها للسيطرة على التآكل . الطريقة الأولى هي استخدام الانود الذواب (الأقطاب الموجبة الذائبة) أي Sacrificial Anodes .

والطريقة الثانية الحماية الكاثوديـة أي Cathodic Protection حيـث يجبـر عـلى خليـة التآكل تيارٌ كهربائيٌ معاكسٌ . كما أن أقطاب طريقة الانود الذواب مصنوعة من المعـادن النشـطة . فأعمدة المغنيسيوم تسمر على طول جوانب البواخر بالقرب من رافدة الجهة على جانبي السـفينة (Bilge Keel) لحماية أبدانها .

بينما تستخدم قضبان المغنيسيوم في مراجل الماء المنزلية والخزانات لمنع الصدأ . إن كتـل من معدن الكالسيوم تستعمل لتقليل تآكل الماكنة حيث أن المعدن يـربط إلى مجـرى طـاوة زيـت السيارة أو الشاحنة .

لقد أجريت تجارب مـن قبـل مختبـرات البحـوث الوطنيـة الكنديـة وشركـات السـيارات والشاحنات بينت أن الزيت يبقى نظيفاً لفترة تطول من ثلاثة ونصف إلى عشر مرات .

فبالإضافة إلى الحماية من التآكل فقد وجد أن مركبات الكالسيوم المتكونة من تفاعلها مع نواتج التحليل أو أكسدة الزيت تعمل كمادة منظفة إضافية .

الحماية الكاثودية تطلق على تلك التطبيقات التي يستخدم فيها تياراً كهربائياً سالباً يجبر المعدن المتآكل أن يتحول من كونه قطباً موجباً إلى قطب سالب .

ففي هذه العملية يستخدم تياراً كهربائياً مباشراً على القطب الموجب المصنوع من الجرافيت أو الحديد ذي السليكون العالي ويكون مدفوناً في التربة أو مغموساً في وسط التآكل ومربوطاً كهربائياً إلى الهياكل المراد حمايتها .

إن هذا النوع من الحماية ذي قيمة خاصة بالنسبة للهياكل المدفونة كخطوط الأنابيب والخزانات وأبراج نقل الكهربائية (Transmission Line tower) والأرصفة البحرية والسفن المحملة .

وفي معظم الأحيان تستخدم الحماية الكاثودية بوجود نوع من الطلاء حيث لا يوجد طلاء يعطي حماية دائمية . فبالرغم من استعمال أنواع عديدة من الطلاء فإن الكلفة السنوية لتبديل الأنابيب المدفونة في بريطانيا يقدر بأكثر من خمسة مليون جنيه إسترليني .

إن الاحتياجات الحالية لأنبوب ذي قطر يساوي 7.5 سم ومطلي بالمينا الحارة (Hot Enamel) تصل 0.021 إلى 10.113 أمبير للميل الواحد . فحتى الكابلات المطلاة بالرصاص تحتاج إلى حماية كاثودية .

ففي إحدى التجارب ظهر وجود فرق في الجهد الكهروكيميائي يساوي 0.2 فولت بين منطقة لماعة ومنطقة مغطاة بالأكسيد (أو طبقة أخرى) على سطح الرصاص في نوع ما من التربة .

وفي تقرير حديث عـن الحمايـة الكاثوديـة لابـد أن السـفن تبـين أن حمايـة تامـة يمكـن الحصول عليها إذا كان فوق الجهد بين الفولاذ وماء البحر وقطب الكالوميل (كلوريد الزئبقـوز) المشبع هو 0.78 فولت .

عند المقارنة بين مضار ومنافع الحماية الكاثودية نسبة إلى الانود الـذواب فإن منافـع الحماية الكاثودية هي : يمكن استخدامها بشكل يتناسب والمتطلبات المتغيرة حيث أن متطلبـات نصب الحماية الكاثودية أقل وزناً ، وعندما تنصب مرة فإن كلفتها أقل .

أما فوائد الانود الذواب فهي : إنها أسهل من ناحية النصب ولا تحتـاج إلى متطلبـات ولا إلى إشراف ، وهي غير معرضة كالحماية الكاثودية إلى أضرار ميكانيكية أو كهربائية .

وعند وجود بكتريا في التربة لها القابلية على اختزال الكبريتات في التربة فإن ذلك يـؤدي إلى ظروف مسببة للتآكل مما يتطلب جهد كهروكيميائي بين المعدن والالكتروليت أكبر مما يتوفر في أقطاب المغنيسيوم .

إن التيار المستخدم في الحماية الكاثودية لهيكل قد يؤدي إلى ضرر أنبوب مجاور أو معدن آخر مدفون نتيجة النضوج أو التيارات الشاردة . كما تستخدم أقطاب النحاس أو الفضة المغطاة بالبلاتين (Trailing Platimum – Clad Silver) في الحماية الكاثودية للغواصات .

" الأسئــلـــة "

(1) عرف فرط الجهد الكهروكيميائي .

(2) من الجدول في هذا الفصل بين أيهما يتآكل باستعداد أكبر معدن النيكل أو معدن الكـادميوم عندما يكونان في تماس في وسط مسبب للتآكل ؟

(3) أعط خمسة عوامل مهمة لوسط مسبب للتآكل .

(4) تحدث عن تأثير الأوكسجين وثاني أوكسيد الكاربون في تآكل الحديد .

(5) هل المحلول المتعادل أقل سبباً للتآكـل مــن محلـول رقمـه الهيـدروجيني يسـاوي 8 في حالـة معدن الخارصين ، وفي حالة معدن الحديد ؟

(6) ما هو المقصود بالفعل الموضعي ؟

(7) ما هي المركبات الكيميائية المستخدمة للكشف عن تآكل الحديد ؟

(8) صف ثلاثة أنواع من التآكل .

(9) وضح تأثير بخار الماء ، الغازات ، الدخان ، والأملاح على التآكل الجوي .

(10) أعطِ أسماء ثلاثة أنواع من موانع التآكل اللاعضوية وبين أسلوب عملها .

(11) وضح مبادئ الحماية الكاثودية .

(12) كيف يمكن جعل المعدن غير فعال (Passive) ؟

(13) إن سرعة تآكل الفولاذ تساوي 300 ملجم / دسم^2 يوم وإن وزنه النوعي يساوي 7.86 ما هي قيمة سرعة التآكل بوحدات أنج / السنة ؟

(14) اشرح الفرق في طبيعة حماية الحديد بواسطة الغلونة أو الطلاء الكهربائي بمادة القصدير .

(15) أعطى الخواص المهمة لمعدن الكروميوم والكادميوم والنيكل من ناحية علاقتها بالطبقات الواقية .

الباب التاسع
الطلاء الواقي

الباب التاسع

<u>الطـــلاء الواقـي</u>

فيما يلي نقدم شرحاً موجزاً ومفيداً عن الطلاء الواقي أو الطبقات الواقية المستخدمة لحماية المعادن من التآكل وذلك للأهمية التطبيقية لموضوع التآكل والحد منه في مختلف الفروع الهندسية .

إن استخدام هذه الطبقات الواقية يؤدي إلى زيادة في الكلفة حيث تبلغ المبيعات الكلية لهذه المواد ولغرض مقاومة التآكل بحدود أو أكثر من اثنين مليار دولار في السنة .

وتستخدم هذه الطبقات للوقاية من التآكل وذلك بطلي سطح المعدن لمنع الاتصال المباشر بينه وبين المحلول الالكتروليتي حيث يؤدي هذا إلى تقليل التآكل بشكل ملموس .

ولكي يحدث التآكل هناك أربعة عوامل أساسية وضرورية وهي : طبيعة كل من القطب السالب والقطب الموجب والمحلول الالكتروليتي وقيمة الجهد الكهربائي للمعدن أي سريان تيار كهربائي بين القطب الموجب والقطب السالب .

إن استعمال الطلاء الواقي يحول دون تكوين خلية كهروكيميائية ومن ثم يمنع التآكل . ويعتبر الطلاء جيداً للحد من التآكل إذا توفرت فيه مقاومة جيدة ليس فقط ضد الرطوبة ولكن أيضاً ضد القلويات والأملاح والأحماض للأسباب التالية :

عند المناطق الموجبة للمعدن حيث انتشار أيونات الهيدروكسيل (OH) ، تتحد هذه الأيونات مع أيونات الصوديوم الموجود في الماء لتكون محلول ضعيف للصودا الكاوية هيدروكسيد الصوديوم ، وعند المناطق السالبة من المعدن حيث انتشار أيونات الهيدروجين (H)+ تتكون أحماض ضعيفة .

ويتكون الحامض الضعيف من اتحاد أيون الهيدروجين بأيونات الكلوريد (Cl) لتكوين محلول ضعيف لحامض الهيدروكلوريك (HCl) . لهذه الأسباب يجب أن يتصف الطلاء الواقي بمقاومة جيدة ضد القلويات والأحماض .

وفيما يلي نلخص بعض العوامل والأسباب التي تجعل الطلاء جيداً في مقاومته للتآكل :

1- يجب أن يكون للطلاء مقاومة جيد ضد الأحماض والقلويات والأملاح لأن هذه المواد موجودة في الوسط الذي يسبب التآكل . فمثلاً يمكن أن يكون الوسط صناعياً . يحتوي على كميات قليلة من هذه المواد لتسبيب التآكل .

2- يجب أن يكون للطلاء مقاومة جيدة ضد الرطوبة والأشعة فوق البنفسجية لأن الرطوبة العالية وأشعة الشمس ذات تأثير ضار على هذه الطبقات الواقية .

3- يجب أن يتميز الطلاء بمعامل التصاق جيد بسطح المعدن حيث بدون هذه الطبقة يكون الطلاء غير نافع للاستخدام .

4- سهولة استخدام هذه الطبقات الواقية لطلاء سطح المعدن .

5- عند استخدام الطلاء يجب أن يكون سمكه على الأقل 1.5 مل .

6- معدل سرعة جفاف الطلاء عالية حتى لا يتأثر بالرطوبة والملوثات الهوائية التي تقلل معامل الالتصاق عند امتصاصها من قبل الطلاء ويؤدي ذلك إلى تقليل مقاومته نظراً لعدم اكتمال عملية الإنضاج (Curing) . ويفضل استخدام طبقتين أو أكثر من الطلاء لتقليل مساميته وزيادة مقاومته وتقليل كلفة استخدامه .

ويرى بعض المهندسين ضرورة استخدام بعض طرق الطلاء الخاصة ذات الكلفة العالية حيث يتم تنظيف سطح المعدن بالسفح الرملي (Sand Blasting) ثم طلاء المعدن بزيت رخيص أو تغطيته بمادة الكيد (Alkyd Coating) وبحدود ثلاث إلى أربع طبقات .

وقد وجد أن معدل عمر هذا النوع من الطلاء حوالي خمس سنوات يعاد بعدها تنظيف المعدن بالسفح الرملي وطلاءه . بينما تتطلب أنواع الطلاء الحديثة استعمال حوالي 0.02 إلى 0.03 ملم حيث يستمر الطلاء صالحاً لمدة تصل إلى عشر سنوات ثم يعالج معالجة خفيفة وبدون استخدام التنظيف بالسفح الرملي .

مثال لهذا النوع من الأنظمة الواقية غطاء متكون من طبقة أولية غنية بالخارصين) (Zinc – rich Primer) تغطي بطبقة صمغية من الفينيل (Vinyl Group) أو مادة الأبوكسي) (Epoxy) وبسمك كلي بحدود 0.02 إلى 0.025 ملم .

إن تنظيف سطح المعدن وتحضيره لعملية الطلاء لفرض حمايته من التآكل يعتبر عاملاً أساسياً مهماً . فالأغطية الواقية تنجز الحماية الأحسن عندما يكون سطح الفولاذ جافاً ويكون قد نظف بالسفح الرملي

لإزالة كافة الشوائب والقشور والصدأ ثم يتبع طلاء ذي سمك بحد أدنى يساوي 0.0125 ملم .

كيفية اختيار الطلاء الواقي :

توجد عدة طرق يستعملها المهندس لاختيار الطلاء الواقي ولكن إذا كان الاختيار لغرض الحماية من التآكل والحد منه أو لتطبيقات صناعية فإن عملية الاختيار يجب أن تعتمد على الخواص الهامة التالية :

1- مقاومة التآكل .
2- حجم المحتوى الصلب أي مقدار المحتوى الصلب حجماً في الطلاء السائل أصلاً .
3- سمك الطبقة لكل غطاء .
4- عدد الأغطية أو الطبقات للحماية المثلى .
5- الكلفة الإجمالية للجهد والمواد .
6- عمر الخدمة المتواقعة أي فترة الاستخدام (**Service Life**) .
7- كلفة القدم المربع لفترة سنة من الخدمة ، ويعتبر هذا أهم عامل في اختيار الطلاء .

ونجد إن عملية اختيار الطلاء تعتمد إلى حد كبير على الكلفة بأنواعها التالية:

1- الكلفة الإجمالية للاستعمال الأولي .
2- كلفة الأجهزة الصناعية المراد طلائها .
3- مقدار الاعتماد على هذا الطلاء الواقي مقارنة مع الطرق الأخرى البديلة .
4- الكلفة الإجمالية المتوقعة للمساحات أو إعادة الطلاء أثناء فترة استعمال .

الهيكل المعدني الذي تم طلاؤه :

يعتمـد اختيـار الطـلاء المناسـب وتحضيره بمواصفات معينـة علـى الخـبرة المكتسـبة والخلفيات الهندسية للموضوع . بعض هذه الخبرة يمكن الحصول عليها من قابلية هـذه الطبقـات الواقية في حماية المعادن تحت ظروف مختلفة .

وتعتبر الطلية الأولية (Primer) الأساس في نظام استعمال الطلاء الواقي حيث أنها تفيد في عدة أغراض . حيث أن الطلية الأولية والطلية الفوقية (Topcoat) التي تليها يجب أن تكونا من نفس المصدر أو المنشأ حيث أن بعض أنواع الطلية الأولية لا يتلاءم مع أنواع أخرى من الطلاء الواقي . وفيما يلي بعض أنواع الطلاء الواقي والأكثر شيوعاً في استعمال للحماية والحد من التآكل المعدني .

1- **الطلاء بالزيت (Oil Coatings) :**

تستعمل هذه الأنواع لطلاء الفولاذ المعرض للجو حيث يحتاج الفولاذ إلى تنظيف يـدوي بواسطة فرشاة من السلك . تستخدم هذه الأنواع من الطلاء لأغراض الزينة .

حيث أن مقاومتها قليلة ضد التآكل والمواد الكيميائية والتغطيس في المحاليل والرطوبة العالية والخدش والاستعمال تحت الأرض . يستعمل هذا الطلاء في الحالات التي لا تتوفر فيها طريقة مضبوطة لتحضير سطح المعدن .

2- **الطلاء بالالكيد (Alkyd Coatings) :**

تشبه في الكثير من خواصها الطلاء الزيتي حيث تستعمل في الوسط المعتدل مع عدم استعمالها في حالات التغطيس في المحاليل أو في وجود شوائب كيميائية .

ويجب استعمالها عندما لا تتوفر إمكانية الإعداد الأمثل لسطح المعدن. أما في الحالات التي يمكن فيها تنظيف سطح المعدن بالسفع الرملي يكون من الأفضل استخدام طلاء أكثر مقاومة للتآكل .

3- **الطلاء بالفينولات (Phenolic Coatings) :**

تستعمل هذه الأنواع من الطلاء لحماية الهياكل الفولاذية المغطسة في الماء أو في وجود رطوبة عالية أو في وجود أبخرة كيميائية نفاذة . تحتاج بعض أغطية الفينولات المحسنة الصفات إلى عملية تجفيف بالحرارة وذلك لإكمال نضوجها (Baking for Curing) . وتتميز هذه الأنواع بمقاومة كيميائية جيدة لذلك تستعمل لتبطين الخزانات مثلاً .

4- **الطلاء بالأسفلت (Asphalt Coatings) :**

تستعمل في حالات وجود أبخرة كيميائية أو مواد مسببة للتآكل فقط إذا لم يتعارض لونها الأسود مع الاستعمال ، أي في حالة عدم وجود اعتراض على لونها الأسود . ويجب عدم استعمالها عندما تكون في تماس مع زيوت أو مذيبات حيث تذيب هذه المواد الاسفلت .

يستعمل الطلاء بالإسفلت بشكل واسع للحماية تحت سطح الأرض وأيضاً بالنسبة لتغطية سطوح المباني . وبوجه عام يكون الطلاء بسمك 1.6 ملم أو أكثر . وتوجد أربعة أنواع من الطلاء بالإسفلت وهي :

أ- الاسفلت مع مذيب .

ب- مستحلب الاسفلت والماء .

ج- إسفلت مع زيت لتكوين طلاء راتينجي صقيل .

د- زفت يذاب قبل الاستعمال .

5- الطلاء بقار الفحم (Coal tar Coatings) :

تستعمل بشكل مشابه للطلاء بالإسفلت ، وأنها متوفرة كمحلول زفت قار الفحم يحتوي على مادة حشو أو بدونها . ونستعمل أيضاً وهي حارة على طلية أولية مـن قـار الفحـم . وتتميز هذه الأنواع من الطلاء بأنها أقل مقاومة من أنواع الاسفلت بالنسبة للجو والأحماض .

6- طلاء البلمرة المشتركة :

أن هذه الأنواع متوفرة كمحلول أو مستحلبات . تستعمل المحاليل لحمايـة الفـولاذ في المناطق ذات معدل تآكل متوسط بينما تستعمل المستحلبات لأغراض طلاء الزينة الجيدة .

7- الطلاء بأستيرات الأبوكسي (Epoxy Ester Coatings) :

تستعمل هذه الأنواع لأغراض الصيانة العامة للأجهـزة الصـناعية وهـي منافسـة للأنواع الزيتيـة والالكيـدات (Alkyds) . وتتميـز بحفظهـا الجيـد للـون وهـي أفضـل بقليـل في مقاومتهـا الكيميائية من الالكيدات (Alkyds) ولكنها تتكلس أسـرع .

8- الطلاء بالمطاط الكلوري (Chlorinated Rubber Coatings) :

تتكون من المطاط المعالج بالكلور وملدنه بأنواع أخرى من الراتينجات والزيوت والالكيدات (Alkyds) . تتميز

هذه الأنواع بمقاومتها الجيدة للمواد الكيميائية والأحوال الجوية والمناخية .

9- الطلاء الغني بالخارصين (Zinc-Rich Coatings) :

هذه الأنواع من الطلاء تكون مخضبة (Pigmented) بشكل كبير بمعدن الخارصين وتحمي المعدن بتكوين طبقة موصلة كهربائياً بحيث تصبح ميكانيكية عازلة . يقدم معدن الخارصين حماية جلفانية للفولاذ مما يؤدي إلى ذوبان الخارصين بدلاً منه (Sacrificial Protection) .

تكون سوائل حمل الدهان (Vehicle) أما عضوية أو لا عضوية . أن قدرة الحماية لأنواع الطلاء الغنية بالخارصين تعتمد على سوائل حمل الدهان المستخدمة وهي المطاط المعالج بالكلور .

وراتينجات الأبوكسي (Epoxy Resin) والبولي فنيل(Polyoinyl) والبيوتورل Butrual (، أو زيوت مجففة . أن درجة انجاز الحماية تعتمد على مقاومة سائل حمل الدهان المستعمل .

وكذلك طلاء الخارصين اللاعضوي له أنواع من سوائل حمل الدهان مثل السليكون والفوسفات والتيتانات . أن الطلاء الغني بالخارصين يستعمل بشكل واسع وسريع كطلية أولية على سطوح الفولاذ المنظفة بالسفع الرملي . فالحماية التي يقدمها طلاء متكون من طلية أولية من الطلاء الغني بالخارصين يليه طلاء فوقي جيد تتميز بصفات عالية لمقاومة الأوساط الشديدة التآكل .

10- الطلاء باليورثين (Urethane Coatings) :

تتميز هذه الأنواع من الطلاء باستعمالاتها المتنوعة والواسعة مقارنة مع أي نظام آخر ، ولهذا فهي تعطي درجات

مختلفة من الحماية ضد التآكل . هذا وتمتاز بمقاومة عالية ضد الخدش والصدمات .

وهناك بعض أنواعها له مقاومة جيدة ضد التآكل والأنواع الأخرى ليست أفضل من أنواع الالكيدات (**Alkyds**) .

11- <u>الطلاء بالفينيلات (Vinyl Coatings) :</u>

تستعمل هذه الأنواع في حالات التعرض للمواد الكيميائية والتغير في الماء . ولا ينصح باستعمالها عند درجات حرارية تزيد على 130 ف . تستخدم أنواع الطلاء بالفينلات لمقاومة التعرض لمواد كيميائية في الأجواء الكيميائية شديدة ويوصي باستعمالها عندما يكون سطح المعدن منطفاً بالفسع الرملي .

هذا وأنها لا تحتاج إلى عامل مساعد لإنضاجها وتستخدم لتكوين طبقات ذات سمك نحيف وسمك يزيد على 0.0125 ملم . كما أن أنواع طلاء الفينيل على شكل محلول لها مقاومة عالية ومتميزة ضد التآكل .

12- <u>الطلاء بالابوكسي (Epoxy Coatings) :</u>

هذا الطلاء ذو صفات متنوعة وله مقاومة عالية ومتميزة ضد التآكل وأيضاً فيه صفات اللدانة والصلابة والالتصاق الجيد بسطح المعدن ومحتوى عال من المواد الصلبة . وهذه الأنواع من الطلاء لها عامل مساعد أميني أو بولي أميني (**Amine or Polyamide Catalyzed**) .

وهي تستعمل لطلاء السطوح التجارية للمعادن أو السطوح المنظمة بالسفع الرملي ولونها قريب من الأبيض . كما أن أنواع طلاء الابوكسي ذات العامل المساعد الأميني تستعمل على شكل طبقات سميكة نسبياً .

ولقد وجد أن لها مقاومة عالية للمواد الكيميائية والأحماض غير المؤكسدة والمحاليل المحلية . أما الأنواع ذات العامل المساعد البولي أميني فلها مقاومة أفضل للماء مقارنة بذات العامل المساعد الأميني أو الأنواع الأخرى من هذا الطلاء .

13- الطلاء بالمواد المقاومة للحرارة :

تستعمل الأنواع التالية بصورة عامة عند درجات الحرارة العالية :

أ- طلاء ذو قاعدة زيتية لدرجة حرارة 250 ف° .

ب- طلاء الالكيد أو الفينول لدرجة حرارة من 200 إلى 300 ف°

جـ- نوع الكيد (Alkyd) المكيف لدرجة حرارة من 300 إلى 400 ف° .

د- السليكونات لدرجة حرارة من 300 إلى 500 ف° .

هـ- النوع اللاعضوي الغني بالخارصين لدرجة حرارة 700 إلى 800 ف° .

و- سليكونات الألمنيوم لدرجة حرارة من 500 إلى 800 ف° .

ز- سليكونات الألمنيوم لدرجة حرارة من 800 إلى 1200 ف° .

ح- السيراميك السليكوني لدرجة حرارة من 1200 إلى 1800 ف° .

14- الطلاء المعدني بالرش (Metallized Coatings) :

هذه الأنواع بصورة عامة هي معدن مرشوش على سطح معدن آخر لحمايته ويستخدم لهذا الغرض بندقية رش خاصة . وهناك أنواع عديدة من المعادن مثل الخارصين ، الألمنيوم ، والفولاذ الذي لا يصدأ تستعمل بشكل واسع وترش وهي سائلة فوق الفولاذ المنظف بالسفع الرملي إلى درجة اللون الأبيض لغرض منع التآكل والحد منه .

لهذا النوع من الطلاء صفة ضارة واحدة وهي أن طبقـة الطلاء تكون مسامية وعليـه يجب أن يوضع فوقه غطاء من طلاء الفينيلي أو الأبوكسي لسد هذه المسامات لغرض الحصول على الحماية المثلى .

أسباب فشل الطلاء الواقعي :

تستعمل أنواع الطلاء الواقعي وأنواع الطلاء للصيانة الصناعية بصورة رئيسية لحمايـة الهياكل المعدنية من التآكل . وأن تلف أو ضرر المعدن يحدث نتيجة التفاعل مع ملوثات الجو مما يؤدي إلى صيانة ذات كلفة عالية في الصناعة .

ويتسبب في فشل الطلاء عوامل عديدة مرتبطة بنوع الطلاء أو طريقـة الطـلاء أو كيفيـة تحضير سطح المعدن قبل طلائه . ويشرح هذا الجزء الأسباب المختلفة لفشل الطلاء وكيفيـة منعـه بالإشارة إلى أنواع الطلاء المستعملة على سطح الفولاذ .

ويخص الشرح أنواع الطلاء الذي تعمل كحـاجز لمنـع التآكـل ولا يشـرح بصـورة مفصلـة أنواع الطلاء المتميزة باحتوائها الخارصين . وتشـير الخبرة السـابقة إلى أن حـوالي 70% مـن أسـباب فشل الطلاء تعود إلى التحضير غير الجيد لسطح المعدن قبل الطلاء .

كما توجد أسباب عديدة ومتنوعة لفشل الطلاء الواقعي وسوف يوضح فيما يلي وبصورة مختصرة أنواع فشل الطلاء وتقديم بعض الطرق الممكنة لمنعه أو معالجته .

طبيعة وأنواع التصاق الطلاء :

أن قوة التصاق مادة الطلاء بالسطح المراد طليه تعتبر واحداً من العوامل الأساسية لنجاح الطلاء ، ومن ثم منع أو تقليل التآكل .

وعليه فان أي عامل يمنع أو يقلل من التصاق الطلاء يؤدي بالضرورة إلى تقليل فعالية الطلاء .

ويتم الالتصاق بين مادة الطلاء وسطح المعدن بإحدى الميكانيكيات الثلاث التالية :

1- الالتصاق الميكانيكي .

2- الالتصاق القطبي (Polar Adhesion) .

3- الالتصاق الكيميائي .

لكل من هذه الأنواع من الالتصاق أهميته إلا أن الالتصاق الميكانيكي يعتبر أهمها .

1- الالتصاق الميكانيكي :

يعتمد هذا النوع من الالتصاق على حالة السطح الفيزيائية . فكلما كان السطح خشناً كان الالتصاق أفضل . فعملية تنظيف سطح المعدن بالسفع الرملي الخشن أو بالحامض (Acid Picking) تكتسب السطح خشونة مثلى بالنسبة للالتصاق الميكانيكي .

2- الالتصاق القطبي :

يعتمد هذا النوع من الالتصاق على مقدار التجاذب بين الراتينجات والسطح . فكل راتينج يعمل فعلاً بشكل يشبه المغناطيس الضعيف ولهذا يشار إلى هذا الالتصاق بالالتصاق القطبي . أن مقدار التجاذب بين الراتينج والسطح المعدني يحدد قوة الالتصاق القطبي .

فمثلاً راتينجات المحلول الفينيلي إذا استخدمت على شكل طلاء شريطي يكون مقدار الارتباط القطبي قليلاً أو معدوماً بحيث يمكن بسهولة

نزعها عن سطح المعدن . ولكن هذه المواد سوف تتميز بالتصاق أفضل إذا استعملت على سطوح منظفة بالسفع الرملي أو بالحامض مقارنة بالسطوح المعدنية الملساء .

وذلك بسبب الالتصاق الميكانيكي فقط أما أنواع الطلاء من فصيلة الابوكسي فلها التصاق جيد وذلك بسبب زيادة التجاذب القطبي مع سطح المعدن أو كونه أكبر . وعلى هذا الأساس فأن أنواع الراتينجات تختلف بشكل كبير في مقدار تجاذبها القطبي مع سطح المعدن وبالتالي بالنسبة لقابليتها أن تلتصق به .

ونجد أن الترطيب (Wetting) المتكامل للسطح يعتبر عاملاً مهماً في عملية الالتصاق حيث أن وجود تماس جزيئي وثيق بين الطلاء وسطح المعدن ضروري للحصول على الالتصاق الجيد .

3- <u>الالتصاق الكيميائي :</u>

يعتبر هذا النوع من الالتصاق تفاعلاً كيميائياً حقيقياً بين الطلاء والسطح المعدني . فمثلاً في حالة استعمال طلاء أولي فينيلي نجد أن وجود حامض الفسفوريك فيه يؤدي إلى بدء التفاعل بين المعدن والراتينج والصبغة المانعة (Inhibitive Pigment) لتوليد طبقة ملتصقة بقوة ومقاومة للتآكل .

وهناك مثال آخر هو الطلاء الأولي الذي يحتوي على مادة السمنت ويستعمل لطلاء الحديد المغلون . حيث أن السمنت بوجود الرطوبة يؤدي إلى توليد محلول قلوي يتفاعل مع السطح المغلون فينتج نمش سطحي يساعد بشكل كبير على الالتصاق الجيد .

كذلك الأمر بالنسبة لطلاء الخارصين اللاعضوي حيث أنه يتفاعل مع سطح الفولاذ ليولد رباطاً كيميائياً دائم والذي هو حصيلة التفاعل بين الفولاذ والسليكات لتكوين طبقة مركبة من سليكات الخارصين الحديدية (Iron Zinc Silicate) .

طبيعة وأنواع فشل الطلاء الواقي :

سوف نوضح في هذا الجزء الأنواع الشائعة من فشل الطلاء ونبين أن بعضها هـو بسبب تحضير السطح المعدني للطلاء والاستعمال أو التطبيق غير المناسب والنصائح والتوصيات أو المواصفات غير المناسبة .

وهناك أسباب عديدة يصعب ذكرها جميعاً ، ومن هذه الأسباب هي الضرر الميكانيكي والحرارة العالية أو المنخفضة جداً والتعرية للطلاء (Erosion) .

1- ظاهرة الطباشير: (Chalking) :

تحدث هذه الظاهرة عندما تتكون طبقة من المسحوق فوق الطلاء نتيجة تعرضه للجو ، وبصورة طبيعية يكون لون هذه الطبقة أبيض ولهذا السبب أطلق عليها ظاهرة الطباشير .

كما أن أنواع الطلاء الملونة تكتسب هذه الظاهرة أيضاً ويكون لونها أمـا أبـيض أو طبقـة من المسحوق الملون . وأن ظاهرة الطباشير تتكون بسبب تحطيم أو تلـف الطلاء نتيجـة تعرضـه لعمل الأشعة فوق البنفسجية والرطوبة والأوكسجين ومواد كيميائية .

ونجد أن الطبقة الطباشيرية هذه على سطح الطلاء تتم تعريتها بصورة تدريجية من قبل الجو وأن هذه الظاهر تؤدي إلى حفظ اللون الأبيض

بالنسبة لأنواع الطلاء البيضاء . وأن معدل سرعة تكوّن ظاهرة الطباشير هذه محدودة وعليه فأن تعريتها الجوية سوف تحافظ على بياضها من دون الفقدان السريع للطلاء وسمكه .

هناك ظاهرة أخرى وهي تشقق الطلاء نتيجة الاختلاف في معامل التعدد بين طبقة وأخرى وقد تحدث هذه الظاهرة أيضاً بسبب ظهور المذيب بصورة غير ملائمة بين الطبقات . ويمكن منع ظاهرة التشقق هذه وذلك باختيار الطلاء الذي يتميز بمرونة كافية لكي يتحمل جهود تقلص السطح المعين في ظروف خدمة معينة .

2- **التجرد القشري والتقشّر والانفصال إلى طبقات رقيقة**

تعتبر هذه أنواع من فشل الطلاء الواقي وأنها وضعت معاً حيث يعود السبب في الحالات الثلاث هذه إلى ضعف الالتصاق بالسطح . التقشر ـ هو فشل الطلاء على شكل قشور صغيرة تترك سطح المعدن ، بينما التجرد القشري يكون على شكل قشور أو طبقات كبيرة تترك السطح .

وعندما يحدث التجرد القشري أو التقشر ـ بين طبقات الطلاء الواحد يطلق عليه بالانفصال إلى طبقات رقيقة .

أ- **التجرد القشري والتقشر (Peeling and Flaking) :**

أن فشل الطلاء نتيجة التجرد القشري والتقشر إلى حيث ظهور المعدن عار هو بسبب اضمحلال أو ضمور الالتصاق بسطح المعدن .

ونجد أن افتقار الالتصاق بالسطح المعدني يعود على الأسباب التالية :

(1) رداءه تحضير السطح المعدني .

(2) رداءه اختيار الطلية الأولية (Primer) .

(3) رداءه التطبيق أو الاستعمال .

(4) زيادة كبيرة جداً في سمك الطلية .

كما أن وقت التجفيف غير كاف بين طبقة وأخرى للطلاء المتكامـل الواحـد . وفي حالـة استعمال أنواع الابوكسي المحولة فأن وقت الإنضاج كبير جـداً بـين طبقـة وأخـرى للطـلاء الواحـد المتكامل .

ولا يوجد بديل أفضل من تنظيف سطح المعدن بشكل جيد ومناسب قبل طلاءه لغـرض الحصول على طلاء جيد ومقاوم لظروف مختلفة . أن وجـود الرطوبـة والأوسـاخ والزيـت والشـحم وقشور المصنع (Mill Scale) والصدأ وقشور الصدأ والمواد الكيميائية وبقايا طـلاء قـديم فشـل في مراحل عديدة يؤدي إلى منع الالتصاق الجيد والمناسب للطلية الأولية بسطح المعدن .

وتعتبر قشور المصنع من الملوثات الشديدة الضرر بالسطح والالتصاق فيما بعد . لذا فأن قشور المصنع يجب إزالتها دائماً إلا في الحالات التي يتعرض لها الطـلاء ذات طبيعـة معتدلـة وفيهـا رطوبة قليلة .

أن الاختيار الصحيح والمناسب للطلي الأولية ضرورية حيث هو الأساس الذي تستند عليه طبقات الطلاء فيما بعد ويجب أن تقدم الطلية الأولية المقدار الأكبر من الالتصاق الفيزيائي .

هذا وفي حالات عديدة لا يمكن تنظيف سطح المعدن بشكل متكامـل ، لـذا فـأن الطليـة الأولية يجب أن تتميز بقابليتها في اختراق هذه الشوائب المتبقية على السطح . أيضاً يجب أن تملك الطلية الأولى على خاصية ترطيب جيدة .

بالإضافة إلى ذلك توجد حالات عديدة لم يكن فيها السـطح جافـاً وعليـه فـأن الطليـة الأولية يجب أن تكون لها القدرة للالتصاق على السطح المرطوب.

ولغرض حماية سطح المعدن فأن الطلية الأولية يجب أن تفرش على السطح بحيث تكون طبقة ذات سمك منتظم وخالية إلى حد ما من الثقوب الصغيرة جداً لأن هذه الطلية هي الحاجز الأساسي ويجب أن تكون هكذا .

وفي الحالات التي يكون فيها الطلاء سميكاً بما فيه الزيادة فأنه يتقلص عند عملية إنضاجه مما يؤدي على تولد وتكاثر الجهود الميكانيكية داخل الطلاء ، وفي مثل هذه الحالة فأن الطلاء يفشل بسبب التجرد القشري أو التقشر .

ب- الانفصال إلى طبقات رقيقة (Delamination) :

أن فقدان أو افتقار الالتصاق بين الطبقات للطلاء الواحد قد يكون بسبب عدم التلاؤم بين هذه الطبقات أو وجود شوائب وملوثات بينها أو وجود طبقة طباشيرية أو جفاف الطبقة الأولى إلى حد الصلابة الشديدة أو سمك الطبقة كبيراً جداً أو نتيجة الرش الجاف .

أن عدم التلاؤم بين الطبقات للطلاء الواحد ممكن أن يؤدي إلى عدم التصاق بعضها مع بعض بشكل مناسب وأن السبب في ذلك يعود إلى افتقار التجاذب القطبي بين الراتينجات للطبقات المختلفة أو أن المذيب في الطبقة العليا قد لا يمضخ جيداً في الطبقة السفلى التي سبقتها .

كما أن الشوائب مثل المواد الكيميائية والتراب والرطوبة إذا تجمعت على سطح الطبقة فهي تمنع تماسها الجيد مع الطبقة التي تليها ، وفي حالة وجود الرطوبة يجب على الطبقة أن تكون إما متلائمة مع السطح الرطب الطلية فأن ذلك قد يمنع حصول الالتصاق الجيد مع الطبقات التالية .

وفي مثل هذه الحالة يتوجب على الطلاء وجود قابلية ترطيب أو اختراق لهذه الطبقة الطباشيرية لكي يحدث التصاق قوي ، إلا أنه هناك عدد كبير من أنواع الطلاء وهنا يجب استعمال طلاء خاص أو إزالة المسحوق الطباشيري .

في بعض الأحيان قد تجف طبقة الطلاء بشكل شديد بحيث يصعب التصاق الطبقة التالية عليها وفي مثل هذه الحالات أما يكون هناك مذيب كاف في الطبقة الصلابة أو أن هذه الطبقة الصلبة ذات خشونة كافية لحدوث الالتصاق الميكانيكي .

وتعتبر أنواع الابوكسي ذات العامل المساعد الأميني من هذا النوع من الطلاء الذي تتصلب طبقاته . وهناك أيضاً الحالة عندما تترك الطليات الأولية للهياكل لفترة طويلة من الزمن معرضة للجو حيث يؤدي إلى تصلبها الشديد مما يمنع التصاق الطبقات التي تلي معها .

ولغرض التغلب على هذه الظاهرة يختار نوع من الطلاء بمواصفات ملائمة لتكوينه أو باستعمال كميات صغيرة من المذيبات ذات النشاط الأكثر في الطبقات التي تلي . أن زيادة سمك الطلاء يؤدي إلى وجود طبقة طلائية ضعيفة بين الطبقات الأخرى .

والتعرض لأجواء كيميائية أو رطوبة يؤدي إلى هذه الظاهرة ، ولغرض منعها يختار الطلاء المناسب لهذه الأجواء . وإذا حدثت ظاهرة الانفصال إلى طبقات رقيقة في أماكن صغيرة ومحدودة فيمكن تنظيفها ونزعها ثم إعادة طلائها .

3- <u>التبثر أو التنفط (Blistering) :</u>

تتصف هذه الظاهر بوجود نتوءات دائرية صغيرة أو كبيرة على سطح الطلاء وأنها تحدث بسبب تعرض الطلاء إلى رطوبة عالية أو تغطيس

في الماء ، أو بسبب خروج المذيب بشكل غير صحيح أثناء عملية استعمال الطلاء وجفافه ، أو نتيجة رداءة وتنظيف وتحضير السطح لطلاءه .

وكذلك ضعف الالتصاق مع السطح أو بين الطبقات نفسها للطلاء الواحد ، أو بسبب طبقة من الطلاء لا تتحمل التعرض للمحيط الخارجي ، أو بسبب طلاء سريع الجفاف يوضع فوق طبقة طلاء ذات سطح مسامي نسبياً ، أو قد يحدث نتيجة التيارات الشاردة للحماية الكاثودية .

4- **الرفع والتجعد** (Lifiting and Wrinkling) :

أن التجعد يصف سطح الطلاء عندما يجف إلى سطح خشن ونتوئي وليس سطحاً ناعماً وأملس . وتحدث هذه الظاهرة بسبب جفاف سطح الطلاء بشكل سريع وغير منتظم خلال البقية الباقية منه ، مما يؤدي إلى هذا اختلاف في معدلات التمدد والتي تسبب ظهور التجعد .

ونجد أن الرفع ظاهرة تحدث عندما يلين مذيب أحدى طبقات الطلاء الطبقة التي سبقتها بشكل سهل وكبير . أن ذلك يؤدي مرة أخرى إلى اختلاف معدلات التمدد والذي نتيجته سطح مجعد .

ووجد أن المناطق التي حدث فيها تجعد أو رفع يمكن إعادة طلائها بعد تنظيفها بالسفع الخشن . وفي حالة حدوث الرفع يمكن تغيير الطلاء واستعمال الطلاء الحاجز .

" الأســـئلة "

1- أذكر مع الشرح العوامل الأساسية لحدوث التآكل ؟

2- أذكر العوامل والأسباب التي تجعل الطلاء جيداً في مقاومته للتآكل .

3- وضح ما هي الخواص الهامة في الطلاء الواقي .

4- تكلم عن الطلاء الواقي التالي :

أ- الطلاء بالزيت .   ب- الطلاء بالألكيد .

جـ- الطلاء بالفينولات .   ء- الطلاء بالأسفلت .

هـ- الطلاء بقار الفحم .   و- الطلاء بالبلمرة المشتركة .

س- الطلاء بأستيرات الأبوكس .   ص- الطلاء بالمطاط الكلوري .

ع- الطلاء الغني بالخارصين .   م- الطلاء بالبورثين .

ن- الطلاء بالفينيلات .   ل- الطلاء بالأبوكس .

5- أذكر الأنواع المختلفة في الطلاء بالمواد المقاومة للحرارة .

6- أذكر أسباب فشل الطلاء الواقي .

7- بين بالتفصيل طبيعة وأنواع التصاق الطلاء .

8- وضح طبيعة وأنواع فشل الطلاء الواقي .

الباب العاشر

البلاستيكات

الباب العاشر

البلاستيكـات (Plastics)

اللدائن (البلاستيكات) عبارة عن راتنجات محضرة بطريقة البلمرة ومن خواصها إنها تتكيف بتأثير الضغط والحرارة إلى أشكال ثابتة . وخلال عملية البلمرة يتحد العديد من الجزيئات الصغيرة لتكوين جزيئات كبيرة ومتشبعة . كما إن كلمة بولي تعني العديد فمثلاً البولي ايثلين يعني متعدد الاثيلين ويتكون عن اتحاد العديد من جزيئات غاز الاثيلين .

والاصطلاح " اللدائن " غالباً ما يعمم استعماله على المواد المختلفة مثل الأوعية البلاستيكية والمواد المطلاة بالورنيش (Varnish) ويوجد في الوقت الحاضر العديد من اللدائن المختلفة ومئات المجاميع من هذه اللدائن ذات الصفات المختلفة .

ويشترط في الوقت الحاضر على مجهزي المواد البلاستيكية بعدم إساءة استعمالها . كذلك يجب أن يكون المهندس على علم بنوعيات اللدائن المتوفرة وخواصها الكيميائية والفيزيائية بغية استخدامها وبالصورة الصحيحة في إنتاج المواد البلاستيكية المختلفة .

ويوجد نوعين رئيسين من اللدائن : الراتنجات التي تلدن بالتسخين (Thermoplastic) والراتنجات التي تصلد بالتسخين (Thermosetting) . وتحافظ المجموعة الأولى على قابليتها على القولبة وتغير شكلها عند تعرضها للحرارة مرة ثانية .

والراتنجات التي تصلد بالتسخين على عكس ذلك لا يتغير شكلها عند تسخينها مرة ثانيـة فوق درجة الحرارة اللازمة لإعطاء الراتنج الحالة السائلة في المرة الأولى . وإن صـلابة هـذه اللـدائن ينتج من الارتباط الكيميائي في المحاور الثلاثة في درجات الحرارة العالية .

ومن بين المواد التي تقع ضمن الراتنجات التي تلدن بالتسخين (Thermoplastic) هي المشتقات السللوزية ، البولي ستيرين ، راتنجات الفينيل ، البولي ايثلين ، النايلون ، والميثاكريلات) (Methacrylates .

وتشمل الراتنجات التي تصلد بالحرارة (Thermosetting) المركبات الفينولية أو باكليت ، لدائن الكازيين (Plastic Casein) راتنجات اليوريا والفورمالديهايد Urea) Formaldehyde ، الميلاين (Melamine) ، البولي ، استر ، وراتنجات الالكيد (Alkyd Resins) .

وتتكون الراتنجات التي تلدن بالحرارة من سلاسل مستقيمة Linear Polymer بينما تتكون الراتنجات التي تصلد بالحرارة من جزيئات كبيرة متشبعة ومرتبطة مع بعضها البعض بكافة الاتجاهات المختلفة .

وتجهز اللدائن عادة إلى الشخص المصنع على شكل مسحوق ، أو على شكل حبيبات) (granules ويتم تصنيع الأدوات عادة إما بالقولبة باستعمال الضغط أو بضخ اللدائن المميعة خلال القوالب أو أي شكل آخر .

وبالإمكان كذلك استعمال اللدائن بحالتها السائلة لتشرب صحائف الـورق ، القمـاش ، الخشب ، وتوليد الرقائق المشبعة (Laminate) . ومـن ثـم دمـج هـذه الصفائح المشبعة بعـد تقطيعها إلى الأشكال المرغوب فيها .

ويتم ذلك باستعمال الضغط والحرارة ، فمن الممكن تصنيع القوارب الدائنية ، هياكل السيارات ، الحقائب ، أغطية المناضد ، الكراسي ، الألواح العازلة ، وقبعات الرياضة والسلامة من هذه الرقائق المشبعة .

وتصنع في الوقت الحاضر العديد من اللدائن المختلفة على شكل مادة صلبة رغاوية وتستعمل هذه المواد الخفيفة الوزن كمواد عازلة ، لصناعة المقاعد ، لأغراض التغليف ، والنقل ، أو لزيادة القوة الرافعة للأجسام المغمورة في الماء .

فمثلاً اثنا عشر باوند من اللدائن المصنعة على شكل مادة صلبة رغاوية تستطيع أن تحمل مائة وخمسون باوند فوق سطح الماء . وبعض أنواع اللدائن الصلبة الأسفنجية ذات مواصفات خفيفة ، قوية ، ثابتة ومرنة بحيث تصلح للاستعمال كمبطنات للملابس الخارجية وحتى في الإطارات الصلبة .

<u>المشتقات السللوزية</u> (Cellulose Derivative) :

1- <u>نترات السليلوز</u> (Cellulose nitrate) :

لقد أنتجت اللدائن التجارية وللمرة الأولى من مادة السليلوز الموجودة في الطبيعة بعد إجراء بعض التغيرات الكيميائية عليها . ويتألف السليلوز من آلاف الحلقات الشبيهة بجزيئات الجلوكوز والتي تحتوي كل منها على ثلاث جذور كحولية OH⁻ .

وبعد تفاعل هذه الحلقات مع حامض النتريك تتكون نترات السليلوز . كما موضح في المعادلة التالية :

Cell OH + HNO₃ – Cell – O – NO₂ + H₂O

عند مزج السليلوز المتحول جزئياً من جراء التفاعل مع حامض النتريك إلى نترات السليلوز مع الكافور (Camphor) يعطي نوعاً من اللدائن الرخوة والسهلة التقولب .

ويسمى هذا النوع من اللدائن بالسليلويد (Celluloid) . حيث إن الغرض من إضافة الكافور (Camphor) هو العمل كمادة ملدنة مساعدة في عملية القولبة . وإضافة إلى الكافور يوجد العديد من المواد الأخرى التي تصلح لهذا الغرض .

وتستعمل نترات السليلوز التي تحتوي على ما يقارب 10.5 إلى 11.5 بالمائة من النتروجين لصنع الأوراق بالقولبة أو الانبثاق (Extrusion) . وإن نسبة النتروجين البالغة 11.15 بالمائة في نترات السليلوز تشير إلى تفاعل جذرين من جذور الهيدروكسيل الثلاثة (OH) .

وفي المحاليل التي تحتوي على 11.5 إلى 12.1 بالمائة نتروجين يتفاعل اثنان إلى ثلاثة من جذور الهيدروكسيل مع حامض النتريك . إن عملية التفاعل الكاملة تنتج ما يقارب 14.1 بالمائة نتروجين ويحتوي قطن المفرقعات من 12.1 إلى 13.8 بالمائة من النتروجين .

كما إن خواص نترات السليلوز تعتمد بصورة خاصة على درجة التفاعل مع النترات ، فمثلاً قابلية اللدائن على الذوبان في المذيبات العضوية تزيد وتصل على الحد الأقصى للمواد التي تحتوي على 11.5 بالمائة نتروجين .

وتكون اللدائن المصنعة من نترات السليلوز قوية ، شفافة ، ومن السهل قولبتها إلى الأشكال المختلفة . وتصنع من هذه المادة مقبوضات الأدوات ، أجهزة الرسم ، إطارات النظارات ، وأشياء عديدة أخرى .

كما قد صنع المطاط الصناعي للمرة الأولى بتشبيع القماش بنترات السليلوز الملون بصورة ملائمة . ولا يزال يستعمل هذا المطاط لأغراض تغليف الكتب ، النجادة ، والحقائب .

ومن بين المساوئ المصاحبة لاستعمال هذه المادة في بعض الحالات هـو درجـة اشـتعالها المنخفضة إضافة إلى أن اللدائن الشفافة تميل إلى الاصفرار بمرور الوقت وتتحول إلى مادة قصفة (Brittle) في درجات الحرارة المنخفضة .

2- <u>خلات السليلوز (Cellulose Acetate) :</u>

تتكون خلات السليلوز من تفاعل السليلوز مع حامض الخليك المركز أو اللامائي (Acetic Anhydride) ولم يقتصر استعمال هذه المادة لإنتاج الصفائح الشفافة وكل مـا يمكـن صـنعه منهـا فقط وإنما تستخدم كذلك كمنسوجات سيلينس (Celanesse Textile) .

ونظراً لكون خلات السليلوز أقل تعرضاً للحرق مـن نـترات السليلوز فقـد حلـت محـل الأخير في صنعة الأفلام التصويرية . كما أن خـلات وبيـوترات السـليلوز (Cellulose-Acetate Butyrate) عبارة عن راتنج مركب يقل مقدار امتصاصه للماء من الخلات وحدها .

3- <u>ايثل سليلوز (Ethyl Cellulose) :</u>

ويعتبر الايثل سليلوز من أقوى أنواع لدائن السليلوز . فمثلاً تصنع من هذه المادة مقابض الكسارات والعديد من الأشياء الأخرى التي تتعرض للصدمات مثل نهايات أوعية التجهيز المنقولة بالبرشوت (Parachute) .

ويصنع اثيل سليلوز بمعاملة السليلوز مع الصودا الكاوية أولاً لإنتاج سليلوز الصوديوم ومن ثم إجراء التعامل بين هذا المنتوج وكلوريد الاثيل لإعطاء معدل 2.5 بالمائة من جذور الايثوكسيل لكل 0.5 من الايثل سليلوز .

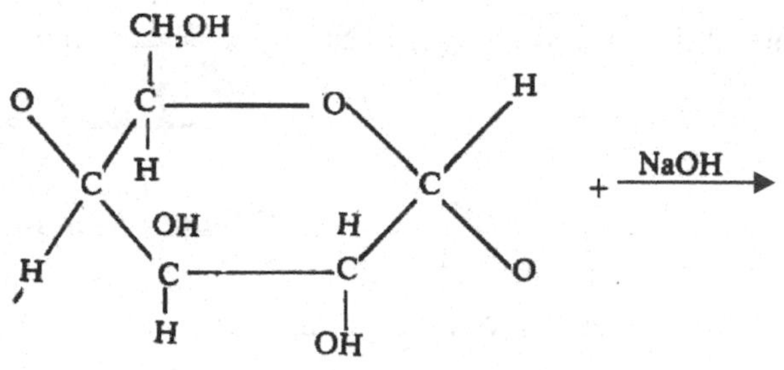

$\frac{1}{2}$ Cellulose Unit

0.5 وحدة السليلوز

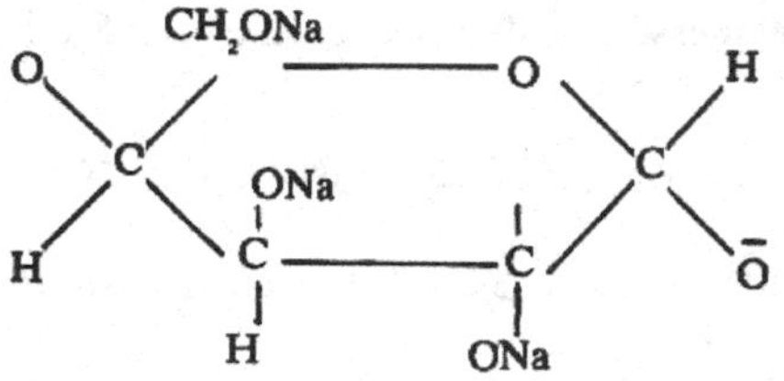

0.5 وحدة سليلوز الصوديوم

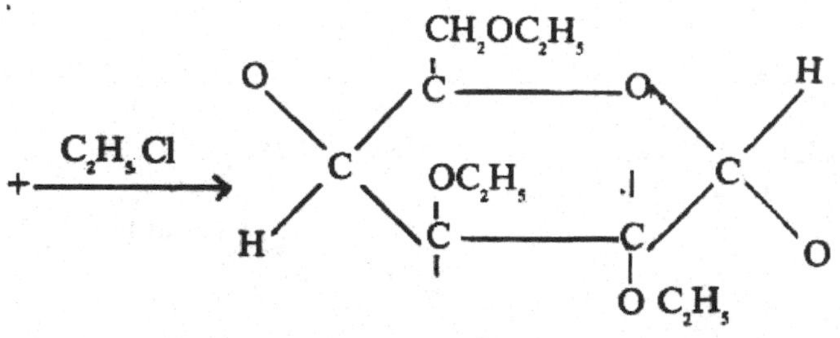

<u>الراتنجات المحضرة بالإضافة : Synthetic Addition Polymer</u>

<u>البولي اثيلين (Polyethylene) :</u>

تصنع اللدائن السليلوزية عادة من معالجة السليلوز وهو مادة بوليمرية طبيعية . غير أن معظم اللدائن والراتنجات تحضر صناعياً ببلمرة

الجزيئات الصغيرة ومن الأمثلة الشائعة إنتاج البولي اثيلين أو البولثين الـذي يصنع من غاز الاثلين ($CH_2 = CH_2$) والذي يحضر من التكسير الحراري للمشتقات النفطية .

تتنشط جزيئة الايثلين خلال عملية البلمرة بانكسار إحـدى الـروابط الثنائيـة ، تاركـة إليكترون نشطاً على كل ذرة من ذرتي الكاربون وعند توفير الظروف الملائمة تتحـد هـذه الجزيئـات النشطة مع بعضها البعض مكونة جزيئة هيدروكاربونية طويلة .

$$n(CH_2{=}CH_2) \longrightarrow n(- CH_2 - CH_2 -)^+ \xrightarrow{2H} H(CH_2 - CH_2)_nH$$

ولقد أسفرت الطريقة الأصلية ذات الضغط العـالي علـى إنتـاج راتنجـات متشـبعة وإن البولي ايثلين المتكون في الضغط المنخفض يكون عبارة عن راتنج طولي متبلـور وذو نقطـة انصهار ، وكثافة ، وقوة شد عالية.

كـمـا أن المبيعـات المتزايـدة لمـادة البـولي ايثلـين يعـود إلى تعـدد خواصه المرغوبة . إذ أن مادة البولي ايثلين من اللدائن الخفيفة والتي لا تتفاعـل كيميائيـاً ولذلك تستعمل لصناعة أوعية حامض الهيدروفلوريك وحامض الكبريتيك .

وإن قابليتها على امتصاص الماء قليلة جداً وتعتبر مـن العـوازل الجيـدة وتتمتـع بمرونـة عالية حتى في درجات الحرارة المنخفضة . ومـن بـين الاستعمالات الكثيرة للبـولي ايثلـين صناعة الأنابيب الخفيفة المرنة ، حواجز الأبخرة ، الأرضيات الصامدة للماء في أحواض خزن الماء .

وكذلك المأسورات لوقاية الأسلاك الكهربائية ، الأغطية المستعملة للحفـاظ علـى سـاحات كرة القدم ولإنضاج الكونكريت ، الأغطية النصف شفافة

للأعمال الإنشائية ، العوازل للذبذبات العالية ، القناني المختبرية وأنواع عديدة أخرى من الأوعية .

البولي بروبلين (Polyproplene) :

يوجد الكثير من التشابه والتقارب بين العديد من خواص كل من لدائن البولي بروبلين والبولي ايثلين . فكلا الراتنجين ذو معدل امتصاص منخفض للماء ومقاوم للأحماض والقواعد وكلاهما يمتلك خواصاً كهربائية جيدة .

حيث تبين أن معامل العزل من 2.0 إلى 2.3 والمقاومة الحجمية من 10 إلى 10 أوم / سم . يعتبر البولي بروبلين من أخف أنواع المواد الراتنجية المستعملة إذ تبلغ كثافته النوعية 0.91 فقط ويطفو الحبل المصنع من هذا الراتنج فوق سطح الماء .

إن حبل الجنب الاعتيادي ذو محيط يبلغ 25.4 سم (ما يقارب 7.62 سك للقطر) وقوة قطع تساوي 34881 كجم يكون ذو وزن مساوي إلى 445 كجم / 100 م . بينما يبلغ محيط حبل البولي بروبلين ذو قوة القطع البالغة 35787 كجم 9.5 سم (6.35 انج طول القطر) ويبلغ وزنه 185/7 كجم / 100 م .

إضافة إلى ذلك ، عندما يتعرض حبل الجنب إلى الرطوبة يزداد كل من حجمه ووزنه ، ولا يتغير حجم ووزن البولي بروبلين عند تعرضه للماء نظراً لقلة معدل امتصاصه للماء .

إن مرونة رجوعية Resilience ، ومقاومة البولي بروبلين للتبقع تجعله صالحاً للاستعمال على شكل ألياف للسجاد . وإن عدم تميعه إلا في

درجات الحرارة العالية فقط تسمح باستعماله لصناعة أنابيب الماء الساخن وصفائح تغليف المنتجات اللازم تعميقها بالتسخين .

وتتقلص رقائق البولي بروبلين عند تعرضها للحرارة ، ويستفاد من هذه الخاصية في عملية التغليف حيث بالإمكان الحصول على تغليف شفاف ومحكم الصنع . وتصنع كذلك من هذه المادة أكواب الشرب ، القناني ، والأوعية بأشكالها المختلفة .

مشتقات البوليثين (Polythene Derivative) :

إن الراتنج المصنع من رباعي فلوريد الايثلين $CF_2 = CF_2$ ، والمسمى بالتفلون **Teflon** ، يتمتع بمواصفات ممتازة . إذ يقل مقدار امتصاصه للماء عن الايثلين ويبلغ 0.00 بالمائة مقارنة بامتصاص البولي ايثلين البالغ 0.01 بالمائة .

وإن نقطة انصهاره عالية جداً وتحتم استعمال طرق تقنية مشابه لتلك المستعملة في صناعة المعادن بغية تصنيعه إلى رقائق خفيفة أو أدوات بأشكالها المختلفة . ويعتبر التفلون خاملاً كيميائياً ولا يتفاعل مع أية مادة أخرى ما عدا المعادن القلوية المائعة .

فقد لوحظ أن عينة التفلون المحفوظة بدرجة حرارة 298.8 م ولمدة شهر واحد لم تفقد سوى 10% من قوة شدها (**Tensile Strength**) . كما يتمتع سطحان من التفلون بمعامل احتكاك مساو لذلك بين سطحين من الثلج ومعامل احتكاك صغير جداً مع السطوح الأخرى .

يستعمل هذا النوع من اللدائن كرقائق مزينة صلبة للذخيرة الحربية ، في أجزاء الأسلحة المتحركة ، وكسطوح ارتكاز الأوزان

الخفيفة . لا يلتصق التفلون مع السطوح الأخرى ولذلك سمى

بالغير لاصق Ab hesive .

وبسبب هذه الخاصية يستعمل التفلون لصناعة الصمامات غير اللاصقة في Burettes
وكرقائق لتغطية الأنابيب المسننة ، إذ يساعد على سهولة فتحها ثانية رغم ربطها مع بعضها البعض
بصورة محكمة . تبلغ الكثافة النوعية للتفلون 2.2 ومن الممكن صناعة الأشكال الملائمة من مادة
التفلون بواسطة مكائن الخراطة .

ومن بين مشتقات البوليثين الأخرى هي ، مادة المونوكلوروتراي فلوروايثلين التي تتمتع
بالعديد من مواصفات التفلون ولكن إلى درجة أقل . فمن السهل قولبته بالأشكال المختلفة إلا إنه
يتجزأ بدرجة حرارة أقل (198.8° م مقارنة بدرجة حرارة فوق 398.8° م إلى التفلون) .

مشتقات الايثلين الأخرى (Other Ethylene Derivative) :

لدائن البولي فينيل (Polyvinyl Plastic) :

تستعمل مادة الايثلين كنواة لصناعة العديد من اللدائن المهمة . فالجذر غير المشبع
والمتكون من فصل أحد ذرات الهيدروجين من جزيئة الايثلين يسمى بالفينيل ($CH_2 = CH$)
Vinyl . وتتكون هذه المركبات من إحلال بعض الذرات أو مجموعة من الذرات محل ذرة
الهيدروجين في جزيئة الايثلين .

ومن بين هذه المركبات كحول الفينيل ، كلوريد الفينيل ، بنزين الفينيل ، والذي يدعى
بمادة الستيرين (Styrene) وخلات الفينيل .

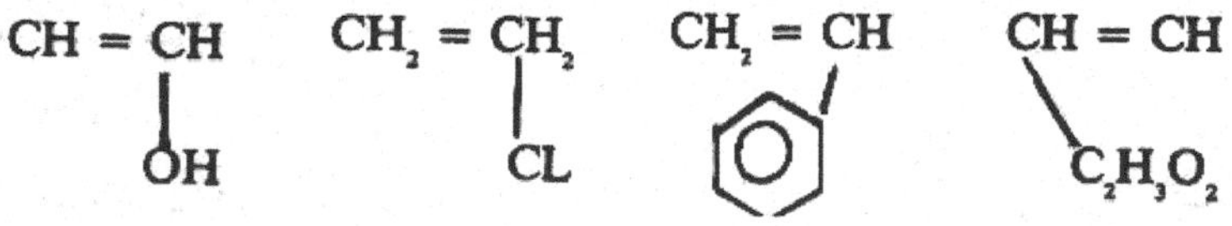

وتعطى هذه الجزيئات راتنجات طويلة ذات سلاسل رئيسية متشابهة وتختلف باختلاف مجاميع الذرات المرتبطة جانبياً . وعند مزج نوعين من هذه الراتنجات يتكون راتنج ثنائي ذو مواصفات تعتمد على نسبة الراتنجات المستعملة .

وتصنع معظم الفينيلات عادة من الاستيلين . فمثلاً تتكون خلات الفينيل نتيجـة تفاعـل جزيئة غاز الاستيلين مع جزيئة حامض الخليك بوجود سلفات الزئبقيك كعامل مساعد .

$$CH = CH + CH_3COOH \longrightarrow CH_2 = CH(CH_3COO)$$

كذلك كلوريد الفينيل

$$CH = CH + H\,Cl \longrightarrow CH = CHCl$$

ويتم الحصول على البولي فينيلات الكحول من تحلل الخلات مائياً . ويمكن تصنيعها علـى شكل رقائق مطاطية وتمزج عادة مع راتنجات خلات الفينيـل أو تتفاعـل مـع الالديهايد لإعطاء صفائح مرنة كتلك المستخدمة في صناعة زجاج الأمان .

خلات البولي فينيل : (Polyvinyl Acetate)

تعتبر هـذه اللدائن ذات الـوزن الجزيئي القليـل نسـبياً مـن المـواد اللاصقة الجيـدة . والبولمرات الكبيرة ذات الـوزن الجزيئي الكبير تصنع إلى راتنجـات شـفافة تلـدن بـالحرارة وذات مواصفات قولبة جيدة إذ إنها تتوسع قليلاً عند التصلب وبذلك تملأ كافة أجـواء القالـب . كذلك تستعمل هذه اللدائن بشكل مستحلب في الأصباغ المائية .

<u>كلوريد البولي فينيل (Polyvinyl Chloride)</u>

بالإمكان بلمرة كلوريد الفينيل إلى راتنج شبيه بالمطاط ويمزج عادة مع 5 إلى 20 بالمائة من خلات البولي فينيل لإعطاء سلسلة من اللدائن المدعاة فينيليت **Vinylite** .

ومن الصفات الجيدة التي يتمتع بها هذا النوع من اللدائن هو مقاومته العالية للبلي بالحك ، قلة امتصاصه للماء ، قلة تعرضه للاحتراق وبثابتية بدرجات الحرارة المنخفضة . ويضاف عادة إلى الراتنج مواد ملدنة قبل إجراء عملية القولبة أو البثق **Extrusion** .

ومن الاستعمالات الحديثة للفينيليت استخدامه لصنع الموصلات التمددية القابلة للتمدد **Expansion Joint** بين الكتل الكونكريتية كذلك قد تم استعماله لصناعة الخراطيم اللدائنية ، الرقائق ، المعاطف المطرية ، ستائر الحمامات ، طبقات الأرضيات ، الجلود الاصطناعية ، العوازل الكهربائية ، الاسطوانات الصوتية ، والعديد من المنتجات الأخرى .

<u>كلوريد الفينيلدين (Vinylidene Chloride)</u>

يحضر كلوريد الفينيلدين من إحلال الكلور محل ذرتي الهيدروجين المرتبطين إلى إحدى ذرات الكاربون في جزيئة الايثلين . وعند بلمرة هذه المادة ، تتكون مادة لدائنية خاملة جيدة وتسمى هذه المادة بالساران **Saran** .

$$\begin{array}{cc} H & Cl \\ C & = C \\ H & Cl \end{array} \longrightarrow \left[\begin{array}{c} H \;\; Cl \\ -C-C- \\ H \;\; Cl \end{array} \right]_n$$

كما يسمى الراتنج الثنائي المركب مع كلوريد الفينيل بالثايكون .

ونجد إن الأنابيب المصنوعة من الساران لا تتأثر بالأحماض القوية . ومن الممكن خراطة ولحم هذه الأنابيب بتسخين نهايات الأنبوب بالمكوى الساخن ومن ثم ضغطها سوية .

كما أن راتنجات كلوريد الفينيلدين عديمة التأثير بالماء وتستعمل الأنسجة المصنعة منها لحمل سطوح السقائف ، النجادات الخارجية **Outdoor Upholstery** ، الشبكات المخلية وغيرها .

وتتمتع أنابيب ورقائق الساران بمرونة عالية . فلم تظهر أي علامة من علامات التشقق على أنبوب الساران ذو سمك 0.108 سم ($1/17$ انج) والمعرض إلى لوي بمقدار 5° درجة ولمدة 2.5 مليون مرة بينما يفشل بالفحص أنبوب نحاسي بأبعاد متساوية بعد 500 دورة فقط .

<u>البولي سترين (Polystyrene) :</u>

تعتبر هذه المادة من أرخص أنواع اللدائن الشفافة ويصنع الستيرين أو فينيل البنزين بواسطة إزالة الهيدروجين من اثيل بنزين . ويشبه السيترين من حيث الرائحة واللون إلى حد كبير من الطولوين . وعند ترك قنينة غير مفتوحة من سائل الستيرين لمدة طويلة يتحول إلى مادة صلبة نتيجة عملية البلمرة .

وبوجود عامل مساعد تكتمل عملية البلمرة بصورة سريعة . ومن خصائص السيترين عدم قابليته على امتصاص الماء وغير قابل للإذابة في معظم الأحماض والقواعد والكحول والأسيتون أو الكازولين . لكنه يذوب في البنزين أو المواد الهيدروكاربونية العطرية وفي المذيبات المتعرضة للكلور والأسترات .

ونظراً لعدم تمدده أو انكماشه فإنه يستعمل لصنع المساطر . ويبلغ مقدار نفاذية الضوء في الرقائق ذات سمك 0.25 سم (0.1 انج) 92 بالمائة . كما إنه عازل كهربائي جيد ويتحمل فولتية بمقدار 550
إلى 700 فولت / مل .

ويعتبر الستيروفوم من بين اللدائن الأسفنجية المستعملة في التعبئة ، المساعدة على الطفو ، العزل والتزيين . ويعتبر الستيرين من الراتنجات المهمة التي تدخل في صناعة المطاط (Buna rubber) .

<u>الاكريلات (Acrylates) :</u>

إن من أحسن أنواع اللدائن التي تقع ضمن هذه المجموعة هي اللوسايت **Lucite** أو البولي مثيل ميثا آكريلات ، لما يتمتع به من خواص ضوئية جيدة .

وبالإمكان ملاحظة العلاقة بين الاكريلات والفينيل أو الاثيلين من الصيغ التالية :

CH_3
|
$CH_2 = C$
|
$COO\ CH_3$

مثيل اكريلات

$CH_2 = CH$
|
$COO\ CH$

مثيل الاكريلات

CH_3
|
$CH_2 = C$
|
COO

مثيل حامض الكرليك

$CH_2 = CH_3$
|
COO

حامض الكربليك

وتؤدي عمليات البلمرة للمركبات أعلاه إلى إنتاج سلاسل مستقيمة . وتتمتع مثيل ميثا اكريلات بشفافية عالية وتسمح بمرور 98 بالمائة من أشعة الشمس ومن ضمنها الأشعة فوق البنفسجية .

ونظراً للانعكاس الداخلي ، يخرج الضوء الداخل إلى إحدى نهايات أنبوب ميثا اكريلات المنحني من النهاية الأخرى وبدون أي تغيير في شدة الضوء . ولهذا السبب تستعمل حزمة أنابيب الميثا اكريلات لنقل الضوء وراء الأجسام المعتمة وكذلك لنقل الصور بعد استعمال العدسات الملائمة .

نتريل الاكريلك (Acrylic Nitrile)

بالإمكان صنع هذه المادة بإضافة **HCN** إلى الاستيلين أو بطريقة أخرى من الايثلين . يستعمل هذا الراتنج بصورة رئيسية في صناعة ألياف النسيج مثل أرولون **Orlon** وكذلك تستخدم البلمرة المشتركة بين نترات الاكريلك مع البيوتادايين لصناعة المنتجات المطاطية مثل **Buna N** أو بيوبرنات **Buna N or Perbunan** .

البلمرات الخيطية (Liner Condensation Polymers)

الراتنجات التي تلدن بالحرارة والتي سبق ذكرها تتكون من سلاسل طويلة نتيجة اتحاد الجزيئات المتفاعلة مع بعضها البعض وبدون خسارة أي جزء من هذه الجزيئات . وبعض اللدائن الطويلة الأخرى التي تلدن بالحرارة تتكون ببلمرة التكثيف والتي يصاحبها تحرر جزيئة الماء أو بعض الجزيئات الأخرى .

فعندما يتفاعل الكحول مع حامض عضوي ، يتحرر الهيدروجين الحامضي ويتحد مع هيدروكسيل مكوناً ماء ، ويتكون الأستر من اتحاد

الجذور الطليقة . وعندما يحتوي الكحول على مجموعتين من الهيدروكسيل (OH^-) مثل الجلايكول والحامض ثنائي ، تكتمل بلمرة التكثيف في كل من نهايتي الجزيئات مكونة سلسلة طويلة من الراتنجات ، فمثلاً :

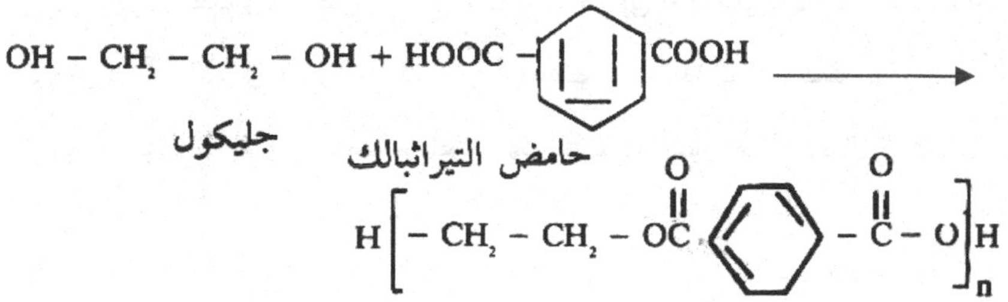

$$OH - CH_2 - CH_2 - OH + HOOC -\hspace{-0.3em}\bigcirc\hspace{-0.3em}- COOH \longrightarrow$$

جليكول   حامض التيرائثالك

$$H\left[- CH_2 - CH_2 - O\overset{O}{\overset{||}{C}} -\hspace{-0.3em}\langle\hspace{-0.3em}\rangle\hspace{-0.3em}- \overset{O}{\overset{||}{C}} - O\right]_n H$$

ويتحد الجليكول مع حامض التيرابثاليك لتكوين البولي أستر أو ما يسمى بالترايلين أو الدايكون وتتكون من هذا الراتنج ألياف ذو قوة شد كبيرة ومواصفات جيدة أخرى . ويصنع كذلك من هذا الراتنج الميلار (Mylar) وهو من اللدائن الشفافة القوية والتي تتكون من بثق البولي أستر على شكل ألواح رقائقية .

ومن الألياف المهمة الأخرى والتي تتكون نتيجة بلمرة التكثيف هو النايلون . وتتألف المكونات الرئيسية من ثنائي الأمين Diamine، $H_2N(CH_2)_6 NH_2$ والذي يسمى هيكسا مثيلين داي أمين Hexamethlene diamine ، وحامض الادمبيك $HOOC(CH_2)_4COOH$

ومرة أخرى يتحرر الماء وترتبط جذور المثيلين ($-CH_2-$) سوية خلال ذرات الكاربون والنتروجين في مجموعة الأميد ($RNHCO-$) .

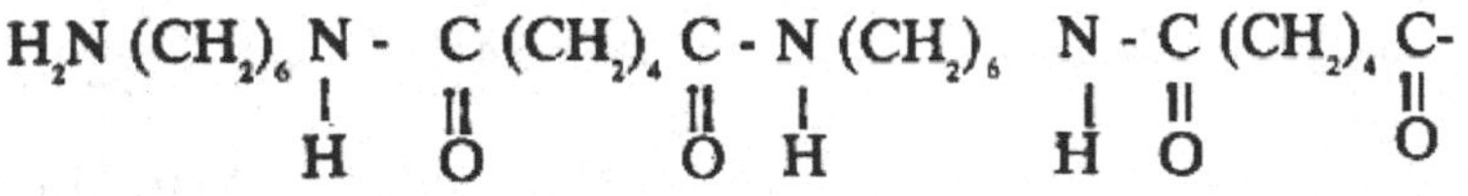

$$H_2N\ (CH_2)_6\ \underset{H}{\overset{|}{N}} - \underset{O}{\overset{||}{C}}\ (CH_2)_4\ \underset{H}{\overset{||}{\underset{}{C}}}\underset{}{\overset{O}{}} - \underset{}{N}\ (CH_2)_6\ \underset{H}{\overset{|}{N}} - \underset{O}{\overset{||}{C}}\ (CH_2)_4\ \underset{O}{\overset{||}{C}} -$$

ولم يقتصر استعمال النايلون لصناعة ألياف النسيج فقط ، إذ قد تم قولبة وبثق النايلون لصناعة اسطوانات التسوية Rollers ، الشعر الخشن Bristle وقوالب الصب . وبالإمكان استعمال الماء كعامل تزييت لسطوح ارتكاز النايلون .

الراتنجات التي تصلد بالحرارة (Thermosetting Resins) :

البلمرة في الأبعاد الثلاثة : (Three – Dimensional Polymerization)

إن أقدم أنواع الراتنجات التي تصلد بالحرارة يسمى البكلايت Bakelite . حيث تم تحضيره بواسطة تفاعل التكثيف بين الفينول والفورمالديهايد .

ويوجد في الوقت الحاضر العديد من راتنجات الفينول فورمالديهايد المختلفة والتي تجد استعمالات عديدة على شكل مواد لاصقة ذائبة في الماء ، كصفائح الاكساء اللدائنية ، مواد لصناعة الأصباغ ، مساحيق لأغراض القولبة المختلفة .

وتعتمد مواصفات المنتجات على عدة عوامل ، وتتمثل العوامل الرئيسية منها بنسبة المواد المتفاعلة وخواص العامل المساعد الحامضية والقاعدية . وعندما تكون نسبة الفينول إلى الفورمالديهايد أكثر من واحد ، أي عندما يوجد فائض الفينول ، يسير التفاعل بصورة طويلة .

ويتولد من التفاعل الأول مركب بالإضافة . حيث يأخذ الفورمالديهايد ذرة هيدروجين من ذرة الكاربون في موقع الاورثو أو البارا في حلقة البنزين ، ويصبح :

H

|

$$- C - OH$$
$$|$$
$$H$$

ويحل هذا الجذر محل ذرة الهيدروجين المفقودة على حلقة البنزين ومن ثم يتفاعل هذا المركب الجديد مع جزيئة فينول أخرى وتتحرر جزيئة ماء من جراء التفاعل والذي يسفر عن اتحاد جزيئتين من الفينول بواسطة :

$$H$$
$$|$$
$$- C -$$
$$|$$
$$H$$

المسمى بجسر الميثلين . تتكرر هذه التفاعلات عدة مرات وكما موضح أدناه .

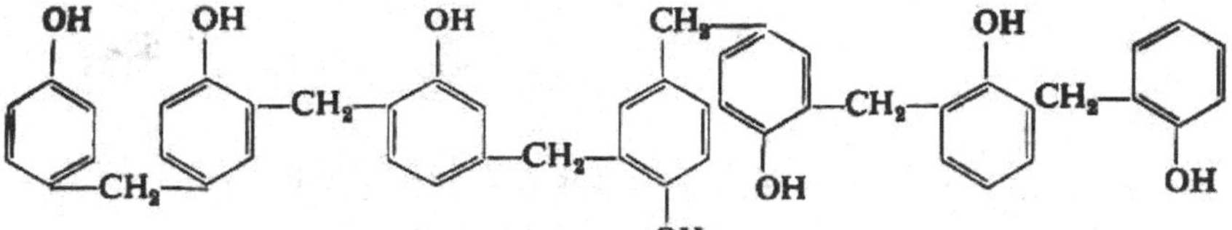

يكون هذا المركب إلى حد ما طولي وقابل للذوبان في المذيبات العضوية . ويسمى هذا المنتوج بالنوفولاك (Novolac) .

وعند إضافة المزيد من الفورمالديهايد إلى النوفولاك (Novolac) ، بحيث تصبح نسبة الفينول إلى الفارمالديهايد مساوية إلى واحد أو أقل ، يتكون المزيد من جذور الميثلول (H$_2$ OH -) (Methylol والتي تؤدي إلى ترابط السلاسل المتجاورة عرضياً عند التسخين . وتمثل هـذه راتنجـات الصب .

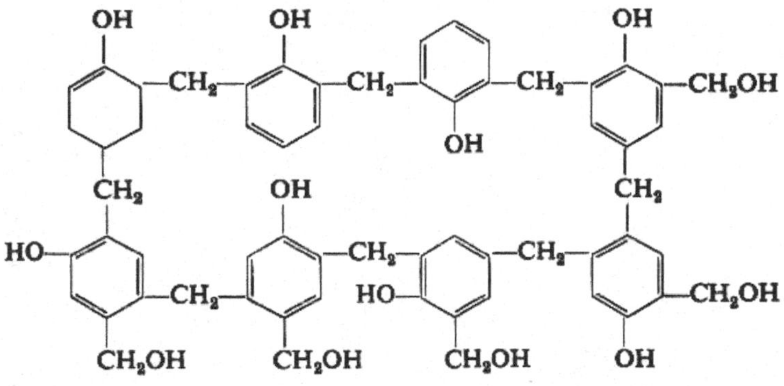

وعندما تكون نسبة الفينول إلى الفورمالديهايد قليلة ، يعطي فائض الفورمالديهايد الكثير من مجاميع الميثيلول (Methylol Group) على المنتوج الأولي في كل من مواقع الاوثور (Ortho) والبارا (Para) .

وتتفاعل هذه بوجود العامل المساعد القلوي مع الفينول مكونة ترابط في الأبعاد الثلاثة . وقد يتفاعل قسم من هذه المركبات لتكوين حلقة وصل من نوع الايثر .

$$CH_2 OH + HO CH_2 - \longrightarrow CH_2 - O - CH_2 -$$

وتصلح هذه الراتنجات لصناعة المواد اللاصقة الجيدة . ونظراً لكثرة المجاميع الكحولية ، بالإمكان مزج هذه المركبات مع الدهونات لتكوين الأصباغ المختلفة . ويتفاعل كذلك الفورمالديهايد مع مشتقات الفينول مثل الكيرزول Gresols مكوناً الراتنجات بالتكثيف .

<u>**لدائن اليوريا : (Urea Plastics)** :</u>

تتفاعل اليوريا مع الفورمالديهايد لإنتاج راتنجات التكثيف (Condensation Poly – mer) التي تتقولب للأشكال المختلفة والتي تستخدم لصنع الرقائق اللدائنية اللاصقة . كذلك تستعمل لتشرب الأخشاب والحد من تشققها .

وبالإمكان تكييف الألواح الخشبية المشربة براتنجات اليوريا بصورة دائمية بواسطة الضغط والحرارة . يتمثل تفاعل التكثيف (Condensation Reaction) بما يلي :

$$
\begin{array}{c}
\underset{\displaystyle \overset{H}{|}}{NH} \\
\underset{\displaystyle \overset{|}{NH}}{C=O} \\
\underset{\displaystyle H}{|}
\end{array}
\;+\;
\begin{array}{c}
\underset{\displaystyle \overset{H}{|}}{C=O} \\
\underset{\displaystyle H}{|}
\end{array}
\;\longrightarrow\;
\begin{array}{c}
N-CH_2OH \\
C=O \\
\underset{\displaystyle \overset{|}{NH}}{} \\
H
\end{array}
\;\longrightarrow\;
\begin{array}{c}
\underset{\displaystyle \overset{H}{|}}{N-CH_2OH} \\
C=O \\
N-CH_2OH \\
\underset{\displaystyle H}{|}
\end{array}
$$

وقد تتفاعل هذه المركبات مع المزيد من اليوريا وتكون مصحوبة بتحرر الماء .

$$HOCH_2NHCONHCH_2OH + H_2NCONH_2 \longrightarrow$$

HOCH₂NH CONHCH₂ – OH

KN CO NH₂

A tri – mer

داي ميثلول اليوريا	اليوريا	
Dimethylol	Urea	

وعند وجود فائض الفورمالديهايد ، يتفاعل كل من ذرتي الهيدروجين في مجموعة الأمـين

مكونة ارتباطات متشعبة والتي بدورها تعطي راتنج قابل للتصلب بالحرارة .

$$
\begin{array}{c}
\underset{\displaystyle \overset{|}{CH_2}}{- CH_2 - N - CO - N - CH_2 - NH - CO - N - CH_2\,OH} \\[2mm]
\quad\quad\quad\; \underset{\displaystyle \overset{|}{NH}}{}\quad\quad\quad\quad\quad\quad \underset{\displaystyle \overset{|}{CH_2}}{} \\[2mm]
\quad\quad\quad\; \underset{\displaystyle \overset{|}{CO}}{}\quad\quad\quad\quad\quad\quad \underset{\displaystyle \overset{|}{CH_2}}{} \\[2mm]
- CH_2 - N - CH_2 - NH - CO - N - CH_2 -
\end{array}
$$

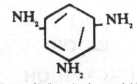

الميلامين : (Melamine)

الميلامين ، ذو الصيغة الكيميائية :

يتفاعل مع الفورمالديهايد ويكون شبكة مترابطة من حلقات الميلامين. وتستعمل اللدائن المعروفة بالميلاماك (**Melamac**) في مجالات عديدة منها صناعة الأواني ، زيادة قوة الورق المبلل ، والأصواف المقاومة للكرمشة ، وفي الأصباغ المختلفة .

ويكون كذلك الفورمالديهايد راتنجات مع المواد الأخرى الحاوية على مجموعة الأمين مثل البروتين . وراتنجات الكليبتال والألكيد (**Glyptal and Alkyd Resins**) : وراتنجات الكليبتال عبارة عن بولي أستر تتكون من تفاعل التكثيف أو أسترة الجليسترول - (**$OH_2OH - CH_2 - OH - $**) (**$CH_2OH$** مع حامض ثنائي ، مثل حامض البتاليك .

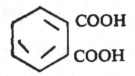

ونجد أن اسم المنتوج مشتقاً من أسماء المواد المتفاعلة . ونظراً لاحتواء الجليسرول على أكثر من مجموعتين للهيدروكسيل ، يتكون راتنج ذو جزيئة متشبعة . إن مثل هذه الراتنجات تكون في غاية الأهمية لصناعة

الورنيش والأطلية الواقية . ومـن بـين المركبـات الأخـرى ذات جـذور الهيدروكسـيل المتعـددة بنتـا

أثريتول (Pentaerythritol)

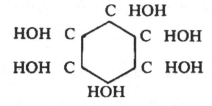

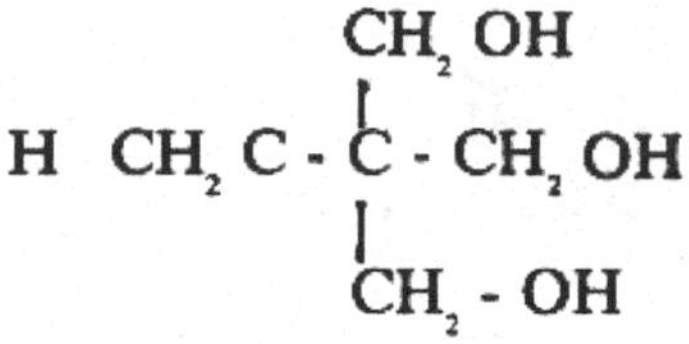

الأنوسيتول

وتكون بعض الأحماض الثنائية والمتعددة القاعديـة راتنجـات مشـابهة . وتسـمى هـذه
المركبات براتنجات الالكيد . تلعب هذه الراتنجات دوراً كبيراً ومتزايداً في صناعة الأصباغ .

راتنجات الايبوكسي (Epoxy Resin) :

إن راتنجات الايبوكسي (Epoxy Resin) عبارة عن بولي أستر ذو مكونات ثلاث ويتصلب
بدرجة حرارة الغرفة ويعطي مواداً لاصقة ثابتة وقوية وصامدة ضد عوامـل التعريـة وتسـتعمل في
صناعة قوارب الألياف الزجاجية والهياكل الأخرى .

البولي يوريثان : (Poly Urethane) :

البولي يوريثان عبارة عن نوع آخر من أنواع البولي أستر ويتمثـل تركيبـه العـام بالصـيغة
الكيميائية التالية .

O   O

|| ||

$$- C - O - (CH_2)n - O - C - NH - (CH_2)m - NH -$$

ويشكل اليوريثان أهمية كبيرة في صناعة اللدائن الرغوية والمواد اللاصقة .

راتنجات الكيومارون : (Cumarone Resins) :

تستخلص راتنجات الكيومارون (**Cumarone**) من قطران الفحم . وتستعمل هذه الراتنجات بكثرة في صناعة البلاط الإسفلتي **Asphalt tile** ، إن معظم البلاطات ذات الألوان الخفيفة تحتوي على هذه المادة .

وتستعمل هذه الراتنجات كذلك في الأصباغ الالمنيومية وسوائل البرونز **Bronzing Liquids** . كما أن المقاومة العالية التي تتمتع بها هذه المواد للماء والقواعد تحسن من مواصفات الورنيش والأطلية بصورة عامة.

السليكونات : (Siliconos) :

تتكون العديد من البوليمرات المهمة والمفيدة من تفاعل التكثيف لمركبات عنصر السليكون . ويقع هذا العنصر المتوفر بكثرة في الصخور مباشرة تحت الكاربون في المجموعة الرابعة من الجدول الدوري .

ونجد له أربعة تكافوءات تساهمية وخواص كيميائية ومشابه إلى عنصر الكاربون . حيث يتحرر غاز $SiCl_4$ عندما يتفاعل حامض الهيدروفلوريك مع الزجاج . كما يشبه تركيب تتراكلوريد السليكون من ذلك لتتراكلوريد الكاربون CCl_4 .

ولقد اكتشف العلماء إمكانية أحلال جذور الفينيل محل ثلاثة من ذرات الكلور في تتراكلوريد السليكون $SiCl_4$ عند معاملته مع كلوريد البنزين C_6H_5Cl وبوجود معدن الصوديوم .

$$SiCl_4 + 6Na + 3C_6H_5Cl \longrightarrow (C_6H_5)_3SiCl + 6NaCl$$

يتصف معدن المغنيسيوم بقابليته على الاتحاد بسهولة مع كل مـن جزئي هـالوجين الكيـل Alkyl halide مثل كلوريد الميثل ، لتكوين المركب .

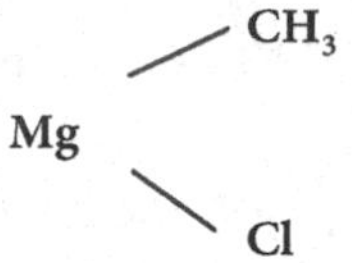

وتفضل ذرة المغنيسيوم الاتحاد بذرة أخرى من الكلورين بدلاً من الجذر العضوي لـذلك فعنـــــدما يتفاعـــــــل هـــــــذا المحلـــــــول والمـــــدعي " محلـــــول كرينيارد " بوجود الايثر الجاف ، تكتمل عملية الاستبدال . وعند زيادة نسبة محلـول الجرينيـارد) (Grignard Reagent على تتراكلوريد السليكون تسـتبدل كـل مـن ذرات الكلـور الأربعـة بجـذور الالكيل .

وبالإمكان استبدال الكلوريد في مركبات السليكون العضوية بواسطة التحلل المائي بجذور الهيدروكسيل .

$$(CH_3)_3 \, SiCl + HOH \longrightarrow (CH_3)_3 \, SiOH + HCl$$

ويسمى هذا المركب بـالمتراي مثل سيلانول Trimethyl Silanel . وعنـد تحلـل المركـب $(CH_3)_2 \, SiCl_2$) مائياً يتكون الداي مثيل سيلانول

CH₃		CH₃
CL - Si - CI		HO - Si - HO
CH₃		CH₃

$$\begin{array}{ccc} CH_3 & & CH_3 \\ | & & | \\ CL-Si-CI & & HO-Si-HO \\ | & & | \\ CH_3 & & CH_3 \end{array}$$

ويعطي هذا المركب بتفاعلات التكثيف بوليمرات طويلة . حيث تتكون هـذه السلاسـل الطويلة من ذرات السليكون والأوكسجين على التناوب وترتبط المجاميع العضوية بذات السـليكون .

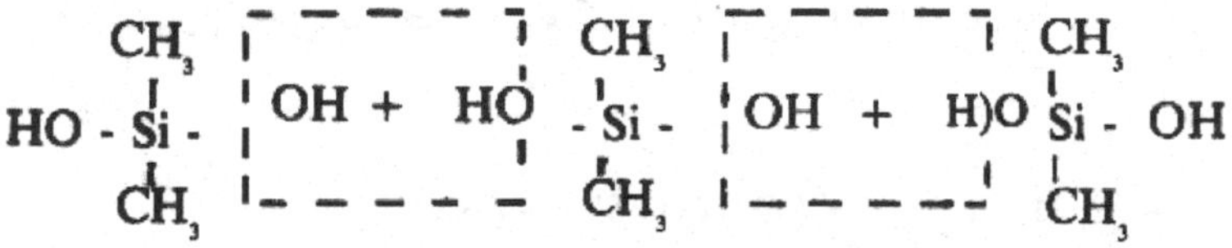

$$\begin{array}{ccccccc} CH_3 & & CH_3 & & CH_3 \\ | & & | & & | \\ HO-Si- & OH + HO & -Si- & OH + H)O & Si-OH \\ | & & | & & | \\ CH_3 & & CH_3 & & CH_3 \end{array}$$

ويشــبه هيكــل (‏ Si ‏ - ‏ O ‏ -) التركيــب الموجـــود في الاسبســـتوس والمايكا . ويبدو واضحاً من أن مقاومة هذه المواد للحرارة ناتجة عن وجود المركبـات السـليكونية . وتتراوح مواصفات البوليمرات الطويلة من الحالة السائلة إلى الحالة الصلبة المرنة .

وتستخدم دهونـات السـليكون في صـناعة المزيتـات المقاومـة للحـرارة ومركبـات مانعـة الرغوة والأصباغ المقاومة للحرارة والحرائق والشحوم المستخدمة بدرجات الحرارة العالية والسوائل العازلة للكهربائية ، والعوامل الصامدة والطاردة للماء .

وتتحد جزيئتان فقط من مونوسبلانول R_3SiOH ، بتفاعل التكثيف .

$$R_3 Si OH + HO Si R_3 \longrightarrow R_3 Si O Si R_3$$

ونظراً لاحتمال اختلاف المجاميع العضوية تتكون العديد من مركبات السليكون المختلفـة وتعطي هذه المركبات سوائل طاردة للماء وناقلة للحرارة .

يتفاعل مركب الترايسيدنول في الانجاهات الثلاثة المختلفة وتركيبه هو :

$$OH$$

$$|$$

$$R - Si - OH$$

$$|$$

$$OH$$

حيث يعطي هذا المركب لدائن صلبة ، كثيفة ، مقاومة للحـرارة وصـالحة للاسـتعمال في العوازل الكهربائية في القماش الزجاجي لتكوين الرقائق اللدائنية الحاجزة للحرارة .

ولقد وجد في إحدى التطبيقات العملية وعندما تعرض صفيحة معدنية مشربة بهذا الراتنج وذات سمك 0.159 سم إلى درجة حرارة 648.8 م ، تبلغ درجة الحرارة القصوى للوح المعاكس 254.4 م ، ودرجة حرارة الهواء على بعد 0.953 سم من الصفيحة 6 126 م .

وتصنع عادة المواد اللدائنية للاستعمالات الخاصة باختيار المركب الصحيح ، أو بدمج المواد المختلفة وإدخال الهالوجينات أو البدائل الأخرى .

وتلعب المواد اللدائنية دوراً كبيراً ومتزايداً في صناعة الأقمار الصناعية وأبحاث الفضاء ، فتصنع الدوائر الكهربائية المطبوعة ، أغلفة الهوائيات ، علب الأجهزة الدقيقة الخفيفة ، الحواجز الحرارية ، مخروط الرجوع إلى جو الأرض للمركبات الفضائية ، وحتى محركات الصواريخ من المواد اللدائنية ، وإنه ليس من المستبعد تصنيع مركبة فضائية متكاملة من المواد اللدائنية بل إنه حقيقة واقعية .

" الأسئلة "

1- عرف للدائن تعريفاً علمياً واسعاً . مبيناً أنواعها وبعض صفاتها ؟

2- كيف يمكن تحضير نترات السلليوز ؟ ثم بين استعمالاتها وخواصها .

3- اكتب مذكرات علمية مختصرة عن :

    أ- خلات السليلوز .   ب- إثيل سليلوز .

    ج- البولي إثيلين .   ء- البولي بروبلين .

    هـ- مشتقات البوليثين .

4- اكتب ما تعرفه بالتفصيل عن كل مما يأتي :

    أ- لدائن البولي فينيل .   ب- خلات البولي فينيل .

    ج- كلوريد البولي فينيل .   ء- كلوريد الفينيلدين .

    هـ- البولي سترين .

5- تكلم بالتفصيل عن الآريلات ونتريل الاكراليك .

6- وضح بالتفصيل البلمرات الخيطية .

7- تكلم بإيضاح عن الراتنجات التي تصلد بالحرارة .

8- اكتب ما تعرفه عن لدائن اليوريا – الميلامين – البولي بوريثان السليكونات – راتنجات الكينومارون .

الباب الحادي عشر
المواد المطاطية

الباب الحادي عشر

المــواد المطاطيــة

المطاط الطبيعي :

كان المصدر الرئيسي والوحيد لهذه المادة في بداية تطور الصناعة المطاطية هو أشجار المطاط البرية . حيث كان يجمع المواطنون البرازيليون عصارة أخشاب المطاط من الغابة .

وبعد ذلك يغمرون الواحاً طويلة من هذه المادة السائلة ويعرضون اللوح لدخان حريق الخشب عدة مرات كي يساعد القطران والفورمالديهايد الموجود في الدخان علي تخثر اللبن ومنع تعفن مادة البروتين الموجودة في السائل المطاطي .

وبعد تجمع كميات كبيرة من المطاط علي رأس الخشبة بما يقارب 9 إلى 23 كجم تنقل هذه الأخشاب مائياً لإجراء عمليات التصنيع الأخرى . ويتم الحصول علي المطاط الطبيعي في الوقت الحاضر من مزارع المطاط الخاصة التي تم تكاثرها بواسطة الحبوب المستوردة من البرازيل .

ونجد إن المطاط الطبيعي عبارة عن مادة بلمرية ناتجة عن بلمرة الوحدة النباتية الايسوبرين (**Isoprene**) أو 2 – مثيل – **3,1** – بيوتادايين .

$$CH_2 = CH - \underset{\displaystyle CH_3}{\underset{|}{C}H} = CH$$

لتكوين الراتنج $(- CH_2 - CH - CH_2 - CH_2 -)$

حيث يوجد ما يقارب 2000 إلى 300 ارتباط عرضي في السلاسل البولي هايدروكاربونية .

كما إن عصارة أو لبن المطاط عبارة عن مستحلب يحتوي علي ما يقارب 35 بالمائة من مادة المطاط و2% من مادة البروتين المثبتة . وفي هذا المستحلب تكون قطرات المطاط صغيرة جداً ويتراوح قطرها من 0.5 إلى 3.0 مايكرون . ومن الممكن تجزئة هذا المستحلب بإضافة بعض المواد الكيميائية المخثرة (**Coaguloting Chemicals**) .

ويحضر المطاط الطبيعي حالياً بواسطة تخثير عصارة المطاط مع الحامض وبعد عملية الغسيل تمرر خثارة المطاط خلال الاسطوانات الدوارة (**Rollers**) . وتعامل الرقائق الصفراء بعد ذلك بالدخان لتكوين " الصفائح المدخنة" (**Smoke Sheet**) .

ومن بين التطورات التي طرأت علي صناعة المطاط هي عملية الفلكنة (**Vulcanisation**) . ففي هذه العملية يتفاعل الكبريت مع الروابط غير المشبعة في راتنجات المطاط مكوناً روابط عرضية مع الجزيئات المجاورة . وكلما تزداد حدة الفلكنة تتصاعد مقاومة المطاط للمذيبات والتي تتمثل بقلة الانتفاخ كما موضح في الجدول التالي :

تأثير الفلكنة علي الانتفاخ

جرام كبريت لكل جرام من عينة المطاط	0	1.2	6	39	47
الحجم بعد مرور 24 ساعة في البنزين (سم^3) الحجم الأصلي 1 سم^3	30	31	6	4.1	1.1

حيث يزداد حجم العينة غير المعرضة لعملية الفلكنة 3000 بالمائة بينما يزداد حجم العينة المتفاعلة مع الكبريت بصورة جيدة بمقدار 10 بالمائة

فقط . ويتمتع المطاط بخواص مشابهة للراتنجات الاخري من حيث اصطفاف وتنظيم سلاسل الجزيئات عند تعرضها للشد .

ويبدو ذلك واضحاً من خلال تغيير صورة أشعة X من الحلقات المتداخلة التي تشير إلى الحالة العشوائية للراتنج قبل تعرضه للشد إلى الصورة الواضحة والشبيه بتلك الـذرات المنتظمـة والجزيئات في داخل البلورات بعد عملية الشد .

ويقل مدي قابلية المطاط علي التمدد بسرعة عندما يزيد معامل الفلكنة علي 8 جم مـن المطاط . ويمثل الشكل التالي مدي تأثير العوامل المساعدة المختلفة علـي توليـد قـوة الشد لفـترات المعالجة الزمنية المختلفة .

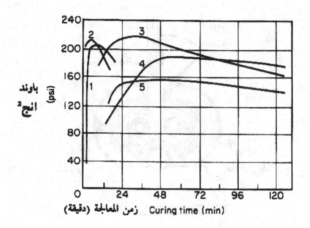

فالعوامل المساعدة ذات فترة معالجة قصيرة وزيادة فترة المعالجة تسبب نقصان كبير بقوة الشد . والعامل المساعد يكون ملائماً لتصنيع الأدوات السميكة التي تتطلب وقتاً طويلاً للتسخين .

وعند استعمال هذا العامل المساعد لا يقل وقت المعالجة الإضافي والبالغ 40 دقيقة من قوة الشد كما هو الحال بالنسبة للعوامل المساعدة الأخرى .

وعند تصنيع الأدوات المطاطية المختلفة يمرر المطاط أولاً خلال عملية الطحن (Milling) أو العجن (Kneading) حيث يتمدد ويمضغ المطاط وتصطف الراتنجات الطويلة وتقتصر أطوالها .

ويصبح المطاط بعد ذلك أكثر لدانة وتضاف كذلك المواد الكيميائية الملدنة أو المواد المزيتة إضافة إلى الراتنجات ومواد الحشو مثل هباب الكاربون (Carbon Black) والصلصال ومضادات التأكسد والكبريت وعوامل معجلة لعملية الفلكنة .

وتندمج هذه المواد اندماجاً جيداً مع المطاط داخل الطاحونة (Mill) أو خياطة البانبري (Banbury Mixer) كما بالشكل التالي :

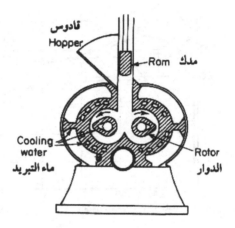

ومن بين الخواص الجيدة والمهمة للمطاط الطبيعي هي المرونة وقوة الشد وقابلية التمدد والتقلص المتكرر بدون الارتفاع في درجات الحرارة . وتعتبر هذه الخاصية الأخيرة في غاية الأهمية حيث تتمدد جدران إطارات السيارة مع كل دورة من دورات العجلات .

البونا أس (Buna S , GR-S) :

يشير الاسم بونا أس (Buna S) الى المطاط المصنع في ألمانيا من البولي بيوتاداين حيث يستعمل معدن الصوديوم لتعجيل عملية البلمرة ، لذلك فان الاسم ($Buna^o$) يجمع بين رمز (Bu) للبيوتاداين ورمز (Na) للصوديوم .

إن من أهم أنواع المطاط الاصطناعي هو (Buna S) وهو عبارة عن راتنج ثنائي يتكون من حوالي 75% بالمائة بيوتادين و25 بالمائة ستيرين . والبيوتادين غاز سهل التكثف حيث تبلغ درجة غليانه 4.5°C- ويخزن عادة تحت الضغط في خزانات كروية .

وتتم عملية التصنيع بمزج البيوتادين مع سائل الستيرين سوية في وعاء الخلط الذي يحتوي علي المحلول المائي لعامل الاستحلاب . ومن ثم يضاف العامل المساعد للبلمرة وعامل التكييف الذي يتحكم في درجة البلمرة .

وعندما تصل درجة البلمرة الى الحد المطلوب تضاف المواد الموقفة والمانعة للتفاعل ويتم التخثير بعملية مشابهة للمطاط الطبيعي ومن ثم تغسل الخثارة وتغسل خلال اسطوانات دوارة للتخلص من الماء بواسطة الضغط المخفض .

ثم تكتمل عملية التجفيف في أفران خاصة لهذا الغرض . ويكبس بعد ذلك المطاط المجفف الى رقائق خفيفة تجمع علي شكل بالات وتقطع بأوزان 30 إلى 39 كجم .

ويحتاج مطاط (Buna S) إلى كميات اكبر من هباب الكاربون (Carbon Black) لتحقيق التقوية المتكاملة مقارنة بالمطاط الطبيعي . وتفوق مقاومة هذا النوع من المطاط للأوزون وعوامل التعرية الخارجية وكذلك لبعض الزيوت مقارنة بالمطاط الطبيعي .

كما أن المطاط المسمى بالمطاط البارد هو عبارة عن (Buna S) مصنع في درجات حرارة تقل عن درجة حرارة المنتوج الاعتيادي ويتمتع هذا المطاط بقوة شد اعلي ومعامل انزلاق اقل .

بونا ان NBR ، Buna N بيربونان Perbunan :

البونا أن (Buna) عبارة عن راتنج ثنائي من البيوتاداين ،

$$CH_2 = CH - CH = CH_2$$

واكريلات النتريل

$$CH2 = CH$$
$$\diagup$$
$$CN$$

والمواد الأولية اللازمة لتكوين اكريلات النتريل هي HCN والاستيلين أو أوكسيد الاثيلين . ويفوق مطاط (Buna N) علي المطاط الطبيعي في مقاومته العالية للانتفاخ في الدهونات المعدنية والنباتية والعديد من المذيبات الشائعة .

كذلك يتمتع هذا النوع من المطاط بأقل قابلية للزحف Creep تحت أثقال معينة من المطاط الطبيعي ولا تتساوي قوة شد مع قوة شد المطاط الطبيعي ، كما أن مدي تأثير إضافة هباب الكاربون لزيادة قوة الشد ومعدل

الاستطالة تبدو أكثر وضوحاً وأكثر فائدة لراتنجات البيوتادايين - نتريل منها للمطاط الطبيعي .

النيوبرين CRNeoprene، أو البولي كلوروبرين Polychloroprene

بالرغم من عدم إنتاج البولي ايسوبرين (**Polyisoprene**) :

$$\begin{array}{l}(- CH_2 - \underset{\displaystyle CH_3}{\underset{|}{C}} = CH - CH_2 -)_n\end{array}$$

إلا في السنوات الأخيرة ، ولقد تم تصنيع البولي كلوروبرين .

$$\begin{array}{l}(- CH_2 - \underset{\displaystyle Cl}{\underset{|}{C}} = CH - CH_2 -)\end{array}$$

حيث تكتمل عملية البلمرة بصورة اعتيادية في درجة حرارة الغرفة . وانه يعتبر المطاط الاصطناعي الوحيد الذي تم إنتاجه عدا بضعة أطنان من الثايكول .

وتستعمل عملية البلمرة بالاستحلاب لإنتاج البولي كلوروبرين . وتكون جزيئات العصير أصغر بكثير من تلك في عصير الهيفا **Hevea** ، إذ يتراوح قطر القطرات من 0.05 إلى 0.07 مايكرون .

وتتلخص عملية التصنيع بتخمير المادة المطاطية باستعمال الأسيتون أو بعض المواد العضوية المخثرة الأخرى وتجفيف المواد المتخثرة حتي تتكون المادة المدعاة براتنجات الفا الجاهزة لعملية العجن .

وتتحول راتنجات الالفا بالتسخين الى راتنجات ذات ارتباطات متشبعة عرضياً . أي أن المادة تمر بعملية الفلكنة ذاتياً . ويزداد معدل الارتباطات العرضية باستعمال أوكسيد الزنك ، الكبريت ، وبعض المواد الأخرى . كذلك

أن إضافة المواد الكاربونية يزيد من صلابة النيوبرين فقط ولا تؤثر علي قوة شده السطحي .

ويتمتع النيوبرين المفلكن **Neoprene** مقارنة بالمطاط الطبيعي بمقاومة كبـيرة للحـرارة ، التأكسد ، أشعة الشمس ، المذيبات ، الأحماض ، وبعض المواد الأخرى . لذلك فانه يستخدم لصناعة الأنابيب والخراطيش المرنة ، العوازل ، الفلكات **Washers** ، القفازات ، والملابس الواقعة من المـواد النفطية والحامضية .

والفلوبرين **Fluoroprane** ، مشتقاً من مشتقات الفلورين المماثلـة للكلـوروبرين ، يجـد استعمالاً كبيراً كمادة مطاطية في درجات الحرارة العالية . ويختلف الفلوروبرين عن الكلوربرين إذ أنه يكون مع الستيرين **Styrene** راتنج ثنائي ذو قوة شد عالية جداً .

البولي بيوتيلين : فيستانكس Vistanex ومطاط البيوتيل Butyl Rubber

$$
\begin{array}{c}
CH_3 \\
/ \\
(\ - C - CH_2 - \ )_n \\
\backslash \\
CH_3
\end{array}
$$

ولقد تم إنتاج هذه المادة المطاطية (البولي ايسوبيوتيلين) بـدرجات الحـرارة المنخفضـة جداً والجدول التالي يوضح مدي تأثير درجة الحرارة علي الحجم أو الوزن الجزيئي للـراتنج . فلقـد تم الحصول عـلي الراتنجـات ذات الـوزن الجزيئـي البـالغ 400.000 بـدرجات الحـرارة المقاربـة الى . **(-250°C)**

مدي تأثير الحرارة علي بلمرة الايسوبيوتيلين

درجة الحرارة C°	10-	25-	45-	80-	90-	95-
الوزن الجزيئي للراتنج	10000	13000	25000	80000	120000	225000

ويتمثل تركيب البولي ايسوبيوتيلين بالصيغة الكيميائية التالية :

$$CH_3 \quad\quad CH_3 \quad CH_3 \quad\quad CH_3 \quad\quad CH_3$$
$$| \quad\quad\quad | \quad\quad | \quad\quad\quad | \quad\quad\quad |$$
$$C - CH_2 - C - CH_2 - C - CH_2 - C - CH_2 - C - CH_2$$
$$| \quad\quad\quad | \quad\quad | \quad\quad\quad | \quad\quad\quad |$$
$$CH_3 \quad\quad CH_3 \quad CH_3 \quad\quad CH_3 \quad\quad CH_3$$

وبصورة أدق بموديل ثلاثي الاتجاهات ذو سلسلة طويلة ترتبط عليها مجاميع المثيل بصورة حلزونية . ويبدو واضحاً من أن المركب عبارة عن سلسلة هيدروكاربونية مشبعة فمن المتوقع أن تتشابه مواصفاته الى حد كبير مع المواصفات الكيميائية للبرافينات الثقيلة .

ونظراً لعدم وجود روابط غير مشبعة فلا يتعرض هذا النوع من المطاط الى عملية الفلكنة إضافة الى مقاومته العالية للأحماض والقواعد . إن عدم وجود الرابطة غير المشبعة يكمن وراء ثباتية هذا المركب العالية ومقاومته للأزون ، الأشعة فوق البنفسجية وعوامل التعرية .

لذا فأن هذا المركب الذي تم تسويقه لفترة طويلة تحت اسم فستاينكس Vistanex يتمتع بخواص كهربائية جيدة ومعدل امتصاص قليل للماء .

ومن بين مواصفاته الجيدة هي التمدد العالي ونفاذيته المنخفضة للغازات . ويذوب هذا المركب في الغازولين والزيوت البرافينية وفي المواد الهيدروكاربونية والمذيبات المتعرضة للكلور .

مطاط البيوتيل : Butyl Rubber

إن مطاط البيوتيل **Butyl Rubber** عبارة عن راتنج ثنائي من الايسوبيوتيلين **Isobutylene** والبيوتادايين بالنسب 98% و 2% علي التوالي أو الايسوبيوتلين مع 0.3% الى 3% من الايسوبرين (2- مثيل بيوتادايين) . تكتمل عملية البلمرة لهذا الراتنج بدرجات الحرارة المنخفضة جداً والمقاربة الى -95.5 C .

إن إضافة دايين **Diene** إلى الايسوبيوتلين لا ينتج أكثر من 3% من مقدار عدم تشبع المطاط الطبيعي . وبالإمكان استحداث ارتباط عرضي بين سلاسل الراتنج بعد التسخين مع ثاني اوكسيد الرصاص أو الكبريت وبوجود عامل معجل ملائم . وعكس المواد المطاطية .

ولا تتحسن قوة الشد لمطاط البيوتيل **Butyl Rubber** بأضافة هباب الكاربون إلا انه يزيد من مطاطيته ومقاومته للبري بالحك . كما أن مقاومة هذا المطاط لعوامل التعرية ولنفاذية الغازات وأبخرة الماء تزيد بكثير علي مقاومة المطاط الطبيعي .

ويتمتع مطاط البيوتيل المفلكن بأستطالة تعادل 1000 بالمائة عند نقطة الانكسار مقارنة إلى 710 بالمائة للمطاط الطبيعي . كذلك يتصف مطاط الفيستاينكس بتمدد كبير إلا أن قوة شده تقل كثيراً عن مطاط البيوتيل المفلكن .

<u>الثايكول : (Thiokol) :</u>

يستدل من الاسم الثايكول أن هذه المادة تحتوي علي الكبريت في جزيئة البلمرة ، وتكون مادة صلبة تميل الى الصفرة عند تسخين المحلول

المائي لمادة بولي كبريتيد الصوديوم (**Sodium polysulfide**) مع ثاني كلوريد الايثلين $CH_2\ Cl\ CH_2$. Cl

وبعد دراسة هذا التفاعل بصورة شاملة تم التوصل الى براءة اختراع أول أنواع التايكول

$$\begin{array}{l} \qquad\qquad\qquad\qquad\qquad\qquad\qquad\qquad\quad S \qquad\quad S \\ \qquad\qquad\qquad\qquad\qquad\qquad\qquad\qquad\quad \| \qquad\quad\ \ \| \\ n\ (Cl - R - Cl) + Na_2S_4 \longrightarrow 2NaCl + (-R-S-S) \quad H\ (-S-R-S)_n\ H \\ \qquad\qquad\qquad\qquad\qquad\qquad\qquad\qquad\qquad\qquad\quad \| \\ \qquad\qquad\qquad\qquad\qquad\qquad\qquad\qquad\qquad\qquad\quad S \end{array}$$

وفي حالة كون R تساوي $(-CH_2 - CH_2-)$ يتكون تايكول A ، أو تساوي $(-CH_2CH_2\text{-o-}$ $CH_2\text{-}CH_2\text{-}CH_2\text{-})$ يتكون تايكول D ، أو $(-CH_2CH_2\text{-o-}CH_2\text{-}CH_2\text{-}$ $CH_2\text{-})$ يتكون تايكول F . وعند تعامل البلمرات أعلاه (**Tetrasulfide**) مع هيدروكسيد الصوديوم تنزع ذرات الكبريت الجانبية ويتحول الراتنج الى البولي ثنائي الكبريتيد مثل :

$$- S - CH_2 - CH_2 - S - S - CH_2 - CH_2 - S - S -$$

وتتميز مركبات التايكول بمقاومتها العالية للانتفاخ والتجزء عند تعرضها للمذيبات العضوية . وأنها لا تتأثر بالمواد النفطية مثل الكيروسين ، الغازولين ، نفط الوقود ودهونات التزييت . إلا أن البنزين **Benzene** وبعض مشتقاته تسبب بعض الانتفاخ .

ويعتبر التايكول من أحسن أنواع المواد المطاطية الاصطناعية التي تقاوم المذيبات الهالوجينية التي تهاجم النيوبرين **Neoprene** والمواد المطاطية الأقل مقاومة . وتكون أفلام التايكول ذات نفاذية قليلة للغازات وان معدل النفاذية النسبية لغاز الهيدروجين خلال أفلام متشابهة من التايكول ، الفيستانكس ، النيوبرين ،

البونا أن ، والمطاط الطبيعي تساوي 1.361, 7.2,0.7, 11.4 علي التوالي .

ومن بين الصفات غير المرغوب فيها لمطاط التايكول هو استعداده للتغيير في الشكل عند تعرضه للضغط المستمر ، كذلك أن قوة شدة تقل بكثير عـن قـوة شـد المطاط الطبيعي . إلا أن البحوث الحديثة قد أسفرت عن التغلب علي هذه النواقص .

إن التطبيقات الهندسية الرئيسية لمطاط التايكول تعتمد بصورة رئيسية عـلي مواصـفاته الجيدة المذكورة أعلاه ، حيـث يستعمل لتبطين الأنسجة المستعملة لصناعة المناطيد ، الألبسـة الخاصة وطوافات الإنقاذ من الغرق المنفوخة بغاز ثاني اوكسيد الكاربون ، يستعمل كذلك التايكول لتبطين خراطيش نقل الجازولين والـنفط ، وفي الأصباغ ، الاسطوانات الـدوارة الطابعـة ، الأغشيـة والحشرات وفي مانعات تسرب المذيبات .

ولقد تم تصنيع خزانات الجازولين القابلة للطي والمقاومة للنضوج بعد الاستفادة من المواصفات الخاصة للمواد المطاطية المختلفة . إذ تتألف جدران هذه الخزانات من ثلاث طبقات وتتكون الطبقة الداخلية من التايكول والطبقة الخارجية من مطاط البونا أس (Buna S) الذي يتمتع بقوة شد اكبر من التايكول .

وتتكون الطبقة الوسطي أما من المطاط الطبيعي أو من مطاط البيوتيل Butyl Rubber . فعند حدوث ثقب في جدار الخزان ، يكون الجازولين على تماس مع الطبقـة الوسطى ، والمصنعة من الراتنج النشط الذي ينتفخ بسرعة ويؤدي إلى انسداد الثقب ومنع التسرب .

وقد شاع استعمال هذه الخزانات القابلة للطي لنقل الجازولين والمشتقات النفطية الأخرى في استراليا حيث تسفر هذه العملية علي التخلص من وزن الحديد الإضافي كذلك قد استعملت هذه الطريقة لنقل النفط عن طريق البحر بواسطة خزانات النايلون المبطنة بالتايكول والمسحوبة بالقطر (tug) .

مطاط الفينيل : (Vinyl Rubber) :

أن الفينيلت الملدن والحاوي علي نسبة 13 إلى 15 بالمائة خلات الفينيـل يشبه المطاط الطبيعي في أكثر من مواصفاته الكيميائية والفيزيائيـة . إن هـذا المطاط مـن النـوع المـرن القابـل للتمدد ومقاوم للاحتكاك وذو معدل امتصاص منخفض للماء . فبالإمكان زيادة طول بعض الفينيلات الى ثلاثة أضعاف أطوالها الأصلية .

ومن بين المواد الأولي تم تصنيعها من الفينيليت بدلاً من المطاط الطبيعي تتمثل بأغطية الأرضيات المطاطية ، المعاطف المطرية ، وأغطية المعدات الواقية من الأمطار . كما إن رقائق الفينيليت والألواح المشبعة بهذه الراتنجات قد حلت محل المطاط الطبيعي بصورة دائمية لمثل هذه الأغراض .

مطاط السيلاستك : (Silicone Rubber or Silastic) :

إن بلمرة السليكون دايول Silicone Diols مثل داي مثيل سليكون دايول Dimethyl Silicone Diols بواسطة التكثيف الجيدة تسفر علي .

$$CH_3$$
$$|$$
$$HO - Si - OH$$

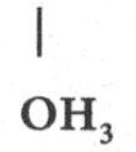

$$OH_3$$

وإنتاج سلاسل مطاطية ذات وزن جزيئي مقارب الى 500 000 . وبالإمكان تحسين مواصفات هذا الراتنج باختيار الجذور الملائمة المرتبطة الى السليكون وتنظيم أطوال السلاسل وبنوعية الحشوات المضافة أثناء التصنيع .

ومن بين الصفات الجيدة لهذا المطاط هو مقاومته العالية لـدرجات الحرارة المتطرفـة فيحافظ مطاط السيلاستيك علي رجوعيته بـدرجات الحرارة البالغـة – 50 م . وكـذلك لم تتغـير مطاطية هذا النوع من المطاط بدرجات الحرارة المرتفعة .

ويبقي نوع خاص من السيلاستيك بالحالة المرنة في درجات الحرارة من -95 إلى 315.5 م . كما انه يتمتع بثبوتية عالية إذ لم تتغير قوة شده أكثر من 3 إلى 10 بالمائـة بعـد التسخين لمـدة 1000 ساعة وبحرارة 200° م . ولكنه لا يصلح للاستعمال مباشرة بمحاذاة اللهب .

ويتمتع السيلاستيك بموصلية حرارية عالية مقارنـة بـالمواد المطاطيـة الأخـرى إلا أن قـوة شده صغيرة مقارنة بالمطاط الطبيعي وتبلـغ 6.2×10^6 نيـوتن / م^2 . إن خـواص عزلـه الكهربائيـة جيـدة ومقـدار امتصاصـه لمـاء بعـد مـرور سبعة أيـام تقـارب 1 بالمائـة فقـط ، لـذلك يستعمل السيلاستيك لأغراض عزل الأسلاك الكهربائية .

وفي درجات الحرارة العالية تتقد المواد العازلة تاركة وراءها رماد السيليكا الأبيض النـاعم . ونظراً لكون هذا الرماد غير قابل للتوصيل ، فالأسلاك الكهربائية المعزولة بمطاط السليكون تبقـي صالحة للاستعمال حتي بعد احتراق المواد المطاطية من جراء تعرضها للنار .

كما أن معظم أنواع المواد السيلاستيكية تنتفخ عند تعرضها للمذيبات. ولقد تم مؤخراً تصنيع بعض المنتوجات السيلاستيكية ذات المقاومة العالية للعديد من المذيبات العضوية . وتجد المواد المطاطية السيلاستيكية استعمالات عديدة فتستعمل كحشوات ، ومواد مانعة للنضوج ، وكذلك في الأماكن التي تتطلب رجوعية بدرجات الحرارة المنخفضة جداً أو درجات الحرارة المرتفعة كما هو الحال في الطائرات أو في أبواب الطباخات المنزلية . ولقد تم تطوير العديد من المواد المطاطية الستة التي تم ذكرها سابقاً بصورة رئيسية بواسطة البلمرة الثنائية مع الراتنجات الاصطناعية المختلفة .

وتوفر هذه الراتنجات المحسنة للمهندس انواعاً عديدة من المواد الصالحة للاستعمالات الخاصة . ومثال علي المواد المطاطية الهيدروكاربونية الحديثة نسبياً هو الراتنج الثنائي من الاثيلين والبروبلين والمدعي بـ EPR .

إذ يتمتع هذا المطاط بمقاومة عالية للأوزون وعوامل التعرية ، وله مقاومة قطع اقل ونفاذية ونفاذية هواء اكبر من مطاط البونا أس وبعد تبطينه بمطاط البيوتيل تتحسن خاصيته الأخيرة .

الأسئلـــة

1- ما هي المواد الطبيعية الممكن تصنيعها الى مواد لدائنية .

2- اذكر الخواص المهمة لكل مـن نـترات السـليلوز **Nitro Cellulose** ، خـلات السـليلوز ، وأثيـل السليلوز .

3- ما هو الفرق بين عمليات البلمرة التي تنتج راتنجات تتلدن أو تتصلب بالحرارة .

4- اكتب مع ذكر المعادلات للتفاعلات التي تنتج كل من المواد التالية : الكليبتال ، البولي ستيرين ، البولي أثيلين ، اليكالايت ، اليونا أس ، راتنجات السليكون ، ومطاط السيلاستيك .

5- اذكر المادة اللدائنية التي تتميز بدرجة عزل عالية مقاومـة الحـرارة ، شـفافية ، الأشـعة فـوق البنفسجية ، مع قلة امتصاص الماء .

6- اكتب الصيغة الكيميائية للوحدة البنائية وخواص كل من راتنجـات خـلات كلوريـد الفينيـل ، كلوريد الفينيليدين والمثيل ميثا اكريلات .

7- اذكر ثلاثة أنواع من المطاط الاصطناعي .

8- اذكر المطاط الملائم للاستعمالات التالية :

أ- أنبوب توصيل مرن الى مصدر بخار الماء .

ب- حشوة الى أنبوب يحتوي علي مذيب متعرض للكلور .

ج - مع احد المذيبات لتكوين مواد لاصقة .

9- اذكر أسماء واحد الاستعمالات المهمة لكل من المواد التالية :

$$CH_2 = CH - CH = CH_2, - CF_2 - CFcl-, (CH_3)_2C = CH_2$$

10- اعط مثال لنسيج البولبي استر ، عصير الأصباغ المائية ، راتنجات الورنيش من غير البكالايت ، مواد لاصقة للمعادن ، ومواد غير لاصقة .

11- لماذا تضاف مادة هباب الكاربون الى المطاط .

12- ماذا يحدث خلال إجراء عملية الفلكنة إلى المطاط .

13- إختر اسم المطاط الرغوي من بين الأسماء الثلاثة المدرجة أدناه .

الباب الثاني عشر
الماء للاستعمالات الصناعية

الباب الثاني عشر

الماء للاستعمالات الصناعية

معالجة المياه للاستعمالات الهندسية :

في بعض المجالات الهندسية والصناعية تستعمل المياه الطبيعية أو مياه البحار مباشرة بدون معاملتها وفي حالات أخرى يستوجب أن تكون المياه المستعملة ذات مواصفات عالية تفوق مواصفات مياه الشرب .

فالمياه المطلوبة للصناعات الالكترونية مثلاً يجب أن تكون نقية جداً وكذلك الحال بالمفاعلات النووية والمراجل ذات الضغط العالي التي تعمل بدرجات حرارة تفوق الدرجة الحرجة للماء .

والمياه المستعملة بالمبادلات الحرارية والمراجل تعامل بصورة خاصة لغرض إزالة المواد التي تسبب ترسبات وقشور على سطوح التسخين والتبريد ويتطلب كذلك إزالة المواد المسببة للتآكل .

واستعمال المياه غير المعاملة أو التي تعامل بصورة غير صحيحة قد يسبب كوارث صناعية منها انفجار المراجل وتلف وتآكل المعدات بسرعة وزيادة بكلفة التشغيل والإدامة .

ومعاملة المياه للأغراض الصناعية يعتمد على مواصفات الماء المطلوب وكمياته وكذلك على نوعية الشوائب الموجودة بالماء الخام ويجدر بالذكر أن المنشآت الهندسية والصناعية قد تتطلب استعمال أكثر من نوع واحد من الماء .

وعند إزالة الشوائب الموجودة بالماء الخام بالطرق الترسيبية ، ترسب المواد المراد إزالتها بإضافة مواد كيميائية على الماء وتزال بعد ذلك الرواسب المتكونة . ولتفهم هذه العمليات بصورة دقيقة يجدر الرجوع إلى الأسس العملية لعمليات الترسيب .

قانون فعل الكتلة (Law of Mass Action) :

ينص هذا القانون على أن سرعة التفاعل الكيميائي تتناسب مع حاصل ضرب الكتل الفعالة (Active Mass) للمواد المتفاعلة . حيث أن سرعة التفاعل الكيميائي تتأثر بزيادة أو نقصان درجة الحرارة وكذلك بوجود العوامل المساعدة وطبيعة المواد المتفاعلة .

كما أن الكتلة الفعالة (Active Mass) للمادة بالمحاليل المخففة هي التركيز الجزئي الجرامي أو عدد الأوزان الجرامية الموجودة باللتر الواحد من المحلول فالتفاعل :

$$A + B \longrightarrow C + D$$

نجد أن سرعة التفاعل تكون

$$V` \alpha [A] \times [B]$$

$$V` = K' [A][B]$$

حيث الأقواس المربعة تمثل التركيز الجزيئي الجرامي باللتر الواحد أو الكتلة الفعالة و k ثابت التفاعل . وإذا كان التفاعل مرجع أي : $A + B \rightleftharpoons C + D$ تكون سرعة التفاعل المرجع .

$$V = k'' [C)[D] \qquad أو \qquad V'' \alpha [C][D]$$

وعند حالة الإتزان الكيميائي تتساوى سرعة التفاعل الأمامي مع التفاعل المرجع أي $V' = V''$.

أو

$$k''[C][D] = k[A][B]$$

$$\frac{[C][D]}{[A][B]} = \frac{k}{k''} = K \text{ eq.}$$

حيث (Keq) هـو ثابت الإتـزان (Equilibrium Constant) وهـو ثابت لا يتأثر إلا بتبديل درجة الحرارة أو بتبديل الضغط في التفاعلات الغازية . وقانون فعـل الكتلـة ينطبـق عـلى التفـاعلات المتجانسـة Homogeneous Reactions أي كـون المـواد المتفاعلـة والناتجـة في طـور (Phase) واحد كأن تكون غازية أو سائلة .

ويعبر عن سرعة التفاعل بوحدات الكمية المتكونة أو المستهلكة بالجزيئات لوحدة الزمن . ويمكن إيجاد العلاقة بين تبديل تركيز المواد المتفاعلة أو الناتجة مع الاختلاف بـالزمن كـما بالمثال التالي :

$$A \rightleftharpoons B$$

تكون سرعة التفاعل الأمامي : $\dfrac{dC_A}{dt} - \alpha \, C_A$

حيث $\dfrac{(dC_A)}{dt}$ يمثل سرعة استهلاك المادة (A) و (C_A) يمثل التركيز الجزيئي للمادة (A) و (t) يمثل الزمن . وبالنسبة للتفاعل

المرجع : $\dfrac{dC_B}{dt} \, \alpha \, C_B$

بالنسبة للتفاعل الأمامي : $\dfrac{dC_A}{dt} - = k \, C_A$

حيث k هو ثابت سرعة التفاعل

$$\frac{dC_A}{C_A} - = k\ dt$$

$$-\int_{CA1}^{C_{A2}} \frac{dCA}{dt} = k \int_{t_1}^{t_2} dt$$

$$\ln \frac{C_{A1}}{C_{A2}} = k\ (t_2 - t_1)$$

حيث (C_{A1}) يمثل التركيز في الزمن (t_1) و (C_{A2}) يمثـل التركيـز بـالزمن (t_2) وعنـدما يكون الزمن (t_1) يساوي صفر يمكن أن تأخذ المعادلة أعلاه الأشكال المعروفة التالية :

$$= kt \frac{CAo}{CA} \quad \ln$$

أو

$$C_A = C_{Ao}{}^{e-kt}$$

أو

$$\log C_A = -\frac{kt}{2.303} + \log C_{Ao}$$

ومن المعادلة الأخيرة يمكننا أن نجد قيمة ثابت التفاعل برسم ($\log C_A$) مع (t) حيث تكون درجة انحدار الخط المستقيم الناتج تساوي $\frac{(-k)}{2.303}$.

إتزانات الإذابة وحاصل الإذابة والذوبان :

عند تكوين راسب من أي تفاعل كيميائي يجري بمحلول يتكون لـدينا طـورين الأول هـو المحلول والثاني هو المادة الصلبة المترسبة لذا لا يمكن تطبيق قانون فعل الكتلـة مبـاشرة لأن الأخـير ينطبق على التفاعلات الجارية بطور واحد فقط .

ويجدر بالذكر أن جميع المركبات التي يتم ترسيبها والتي نعتبرها عديمة الذوبان بالماء هي في الحقيقة تذوب في الماء ولو بدرجة قليلة جداً وتقاس قابلية ذوبانها بعدد الجزيئات التي تذوب منها في وحدة الحجم من المذيب وفي هذه الحالة يكون المحلول مشبعاً أي في حالة إتزان بين المادة الصلبة غير الذائبة والكمية المذابة منها .

والمركبات الكيميائية مثل الأملاح والهيدروكسيدات بحالتها الصلبة متكونة من شبكة أيونية (**Ionic Lattice**) وتذوب مثل هذه البلورات بالمذيب عندما تكون قوة التجاذب بين جزيئات المادة الصلبة والمذيب أكبر من قوى الترابط بين جزيئات أو أيونات المادة الصلبة بالشبيكة داخل البلورة .

فعند خلط كمية من كربونات الكالسيوم ($CaCO_3$) بكمية قليلة من الماء تسحب أيونات الكالسيوم والكاربونات من التراكيب البلورية وتتداخل بين جزيئات الماء وتذوب .

وبعد ذوبان كمية كافية من هذه الأيونات يتشبع المحلول ويكون بحالة إتزان كيميائي أي أن سرعة رجوع أيونات الكالسيوم والكاربونات من المحلول إلى الشبيكة داخل البلورة مساوياً لسرعة ذوبانهما بالماء .

$$CaCO_{3(s)} \quad Ca^{++} + CO_3^{--}$$

(S) يمثل الحالة الصلبة في المعادلة . ولأجل تطبيق قانون فعل الكتلة على هذه الحالة لابد أن نفرض أن كاربونات الكالسيوم موجودة في المحلول بكمية ثابتة .

وهذه الكمية تعتمد على درجة الحرارة فقط وهي بحالة إتـزان مـع أيونـات الكالسـيوم والكاربونات بالمحلول . وعند تطبيق قانون فعل الكتلة عـلى محلـول كاربونات الكالسـيوم بحالـة الاتزان الكيميائي .

$$\frac{\left(Ca^{++}\right)\left(CO_3^{--}\right)}{\left(CaCO_3\right)} = K$$

حيث (K) هو ثابت الاتزان الكيميائي وبما أن المحلـول مشبع بكاربونـات الكالسيوم الصلبة وأن كميتها بالمحلول ثابتة وعندئذٍ :

$$(Ca^{++}) \times (CO^{--}) = K_{s.p.}$$

وهذا يعني أن حاصل ضرب الكتل الفعالة لأيونـات المـواد القليلـة الـذوبان هـو ثابـت ويعتمـد عـلى درجـة الحـرارة ويسـمى (K_{sp}) بثابـت حاصـل الإذابـة (Solubility Product Constant) . كما بالجدول التالي :

ثابت حاصل الاذابة في 25° م	المركب	ثابت حاصل الاذابة في 25°م	المركب
1×10^{-28}	PbS	1.5×10^{-10}	AgCl
2×10^{-14}	PbCO$_4$	4×10^{-13}	AgBr
2×10^{-8}	PbSO$_4$	1×10^{-16}	AgI
6×10^{-20}	Fe(OH)$_2$	4×10^{-11}	CaF
1×10^{-38}	Fe(OH)$_3$	4.8×10^{-9}	CaCO$_3$
1×10^{-40}	CuS	1×10^{-5}	MgCO$_3$
6×10^{-20}	Cu(OH)$_2$	9×10^{-12}	Mg(OH)$_2$
1×10^{-23}	ZnS	8.1×10^{-9}	BaCO$_3$
1×10^{-33}	Al(OH)$_2$	1×10^{-10}	BaSO$_4$
1×10^{-6}	Ca(OH)$_2$	1×10^{-10}	BaCrO$_4$
		1.7×10^{-5}	PbCl$_2$
		8×10^{-9}	PbI$_2$

وفي أي محلول إذا كان حاصل ضرب الكتل الفعالة لأيونات أي مركب قليل الذوبان بالماء أكثر من قيمة ثابت حاصل الإذابة لذلك المركب يتكون راسب لذلك المركب بالمحلول .

وانخفاض أو زيادة التركيز لأحد الأيونات يسبب زيادة أو انخفاض بتركيز الأيون الثاني بحيث يكون حاصل ضربهما مإتزاناً مع ثابت حاصل الإذابة وهذا بدوره يسبب ذوبان كمية أكبر أو اقل من الأملاح التي هي مصدر للأيون الثاني .

ويستفاد من هذه الظاهرة بتخفيض درجة ذوبان الأيونات غير المرغوب فيها حتى بعد ترسيبها وذلك بإضافة كميات فائضة من المواد المرسبة لها وتعرف هذه الظاهرة بالتأثير الأيوني المشترك (**Common Ion Effect**) .

<u>ثابت حاصل الإذابة بدالة معدل الإذابة :</u>

يمكن إيجاد درجة ذوبان أي ملح قليل الذوبان في الماء وذلك بمعرفة عدد الجزيئات المذابة فيه في لتر واحد من المحلول باستعمال أي طريقة تحليلية وعندئذ يمكن احتساب ثابت حاصل الإذابة .

<u>مثال :</u>

المركب (**AB**) درجة ذوبانه بالماء (**S**) جزيئة باللتر الواحد . عدد الجزيئات باللتر الواحد :

$$A + B \longrightarrow AB$$

$$S\ S \longrightarrow S$$

أي أن **S** (جزيئة) من **AB** تعطي **S** (جزيئة) من أيون **A** و **S** (جزيئة) من أيون **B** باللتر الواحد أو **S = (B) = (A)**

وحاصل الإذابة للمركب AB يكون K_{SP} = ^{2}S = [A] [B] = S X S فلو كانت درجة ذوبان كربونات الكالسيوم مثلاً 18 ملجم باللتر الواحد بدرجة حرارة 15 م° يكون التركيز الجزيئي :

$$\frac{1\times18\times10^{-3}}{100} = 1.8\times10^{-4}$$ جزيء باللتر

$$K_{SP} = (1.8 \times 10^{-4}) \times (1.8 \times 10^{-4}) = 3.2 \times 10^{-8}$$

وبالنسبة لملح آخر مثل ABC وبدرجة ذوبان S ويعطي كميات متساوية للأيونات الثلاث .

$$K_{SP} = S^3 = [A][B][C]$$

ولملح مثل AB_2 أو ABB وبذوبان S جزئ باللتر الواحد يكون .

$$K_{SP} = [A][B][B]$$

وبمحلول هذا المركب يكون : $= [A][B]^2$

$$[A] = S, [B] = 2S \text{ ثم } K_{SP} = S \times (2s)^2 = = 4S^3$$

ولمركب مثل A_2B_3 وبذوبان S جزئ باللتر الواحد .

$$= (2S)^2 \times (3S)^3 = 108S^5$$

ولوضع قاعدة لإيجاد قيمة حاصل الإذابة من الذوبان يؤخذ المثال :

مركب $A_nB_mC_y$ بدرجة ذوبان S جزئ باللتر الواحد :

$$A_nB_mC_y - nA + mB + yC$$

$$Ksp = nS^n X mS^m XYSy^y X = n^n m^m Y^y S^{n+m+y}.$$

وبما أن حاصل الإذابة يتأثر بدرجة الذوبان لذا فأن جميع العوامل التي تؤثر على درجة الذوبان مثل الحرارة وطبيعة وكمية الأيونات الغريبة

الموجودة بالمحلول ودرجة اماهة الأيونات (Degree of Hydration) تؤثر على القيمة الرقمية لثابت حاصل الإذابة .

ويستخدم ثابت حاصل الإذابة لمعرفة نسبة التركيز اللازمة لتكوين الرواسب ويستعمل كذلك لمعرفة نسق ونسبة الترسيب لمادتين قليلتي الذوبان بالماء عند إضافة محلول مرسب لهما وكذلك لمعرفة إمكانية إزالة القشور من على السطوح بواسطة المحاليل الكيميائية .

مثـال :

ماء طبيعـي يحتـوي عـلى (40) جـزء بالمليون مـن أيـون الكالسيـوم عومـل بواسـطة كاربونات الصوديوم ، إذا كان تركيب أيون الكاربونـات المطلـوب عنـد الإتـزان (10^{-4}) جـزء بـاللتر الواحد :

1- ما هي عسرة الماء الناتج .

2- ما هي كمية كاربونات الصوديوم بالكيلوجرامات المطلوبة لمعاملة 1000 م^3 من الماء المذكور .
إذا كان حاصل الإذابة لكاربونات الكالسيوم $7.0×10^{-9}$ ووزنها الجزيئي 100 .

الحـل :

1- لكاربونات الكالسيوم

$$7.0×10^{-9} = Ksp = (Ca.^{++}) (CO_3^{--})$$

$$بما أن \quad CO_3^{--} = 10^{-4}$$

$$يكون \quad Ca^{++} = \frac{7.0×10^{-9}}{10^{-4}} = 7.0×10^{-5} \text{ جزئ باللتر الواحد ويساوي تركيز كاربونات}$$

الكالسيوم بالماء .

$10^{-5} \times 7.0 \times 100 = 0.007$ جـم بـالـلتر الواحـد = 7 ملجـم / لــتر

أو 7 جزء بالمليون ويساوي عسرة الماء .

2- <u>تركيز أيون الكالسيوم في الماء الخام هو</u>

40 جزء بالمليون = 40 ملجم باللتر الواحد $\frac{40}{40\times10^{-3}}$ = جزئ جرامي باللتر = 10^{-3} جزئ جرامي باللتر .

وكذلك 10^{-3} جزئ أيون كالسيوم باللتر = 10^{-3} جـزئ مـن كاربونـات الكالسـيوم بـاللتر = 100 جزئ بالمليون عسرة محسوبة على شكل كاربونات الكالسيوم .

أن العسرـة النهائيـة للـماء احتسـبت لـ 7 جـزء بـالمليون أي أن كاربونـات الصـوديوم المطلوبة هي للتفاعل مع 93 جزء بالمليون كعسرة مضافاً إليها كمية الكاربونات المتبقيـة بـالمحلول أي :

$10^{-5} \times 93$ جزئ باللتر (أو 9.3×10^{-4}) + 10^{-4} جزئ باللتر = 10.3×10^{-4} جزئ باللتر .

وبما أن الوزن الجزيئي لكاربونات الصوديوم هو 106

$10.3 \times 10^{-4} \times 106 \frac{1}{10^6}$ = 109 جـزء بـالمليون أي 109 ملجـم / لـتر أو 109 جـم/م^3 ولتعامـل 1000 م^3 يكون 109 كجم من كاربونات الصودا تقريباً.

<u>**مثـال :**</u>

ما هي درجة حموضة الماء المشبع بهيدروكسيد المغنيسيوم $Mg(OH)_2$ بدرجة حرارة 25 م° إذا كانت ثابت حاصل الإذابة لذلك المركب = 8.9×10^{-12}

الحـــل :

$$(Mg^{++}) (OH^-)^2 = 8.9\times10^{-12}$$

S = درجة ذوبان الملح بالماء بدرجة 25 م°

$1.3\times10^{-4} = S$

وتركيز $(OH) = S 2 = 2.6\times10^{-4}$

وبما أن $K_W = (H^+) (OH^-) = 10^{-14}$

$$= (H^+) \;..\; \frac{10^{-14}}{2.6\times10^{-4}} \; 3.9\times10^{-11} =$$

الرقم الهيدروجيني $pH = - \log (H.^+)$

.. الرقم الهيدروجيني = - لو (3.9×10^{-11})

= 11 - (لو 3.9) = 10.4

مثـــال :

يوديد الرصاص وكربونات الكالسيوم لهما نفس قيمة ثابت حاصل الإذابـة أي (1×10^{-8}) (حسب نسبة درجة ذوبانهما أحسب نسبة $Pb.^{++}$ إلى $Ca.^{++}$ بمحاليلهما المشبعة .

الحـــل :

ثابت حاصل الإذابة لأيوديد الرصاص $PbI_2 = 4S^3$

$4S^3 = 10\times10^{-9}$ $S = 1.36\times10^{-3}$

ولكربونات الكالسيوم ثابت حاصل الإذابة = S^2

$S^2 = 1\times10^{-8}$ $S = 1\times10^{-4}$

أي أن نسبة ذوبان أيوديد الرصاص إلى كاربونات الكالسيوم

$$Ca.^{++} \quad ; \quad Pb.^{++} \quad :: \quad 1 : 13.6$$

مثـــال :

أضـــــف كلوريــــد البـــــاريوم لإزالــــة الكبريتـــــات مـــــن مـــاء يحــــوي

على 10^{-3} جزء من أيون الكبريتات و 10^{-4} جزئ من أيون الكربونات .

1- أي راسب سيتكون أولاً $BaCO_3$ أو $BaSO_4$

2- احسب نسبة الكاربونات إلى الكبريتات عند حالة الإتزان إذا كان ثابت حاصل الإذابة لكاربونات الباريوم بدرجة 25 م° 1.8×10^{-9} ولكبريتات الباريوم 1.1×10^{-10}

الحـــل :

1-
$$(Ba^{++}) (CO_3^{=}) = 8.1 \times 10^{-9}$$

$$(Ba^{++}) (10^{-4})$$

$(Ba^{++}) = 8.1 \times 10^{-5}$ جزئ باللتر الواحد وهو تركيز الباريوم اللازم لوصول قيمة ثابت حاصل الإذابة وهو التركيز الذي يجب تجاوزه للبدء بعملية ترسيب كاربونات الباريوم .

وكذلك
$$(Ba.^{++}) (SO_4^{--}) = 1.1 \times 10^{-10}$$

$$(Ba.^{++}) (10^{-3}) = 1.1 \times 10^{-10}$$

$(Ba.^{++}) = 1.1 \times 10^{-7}$ جزئ باللتر الواحد وهـو تركيـز البـاريوم لوصول قيمـة ثابت حاصل الإذابة وهو التركيز الذي يجب تجاوزه للبدء بعملية ترسيب كبريتات الباريوم .

مما تقدم يتضح أن التركيز اللازم لترسب كبريتات الباريوم هو 1.1×10^{-7} مقارنة بـ

8.1×10^{-5} لكربونات الباريوم لذلك تترسب كبريتات الباريوم أولاً .

2- نسبة تركيز الكاربونات إلى الكبريتات عند حالة الإتزان .

$$\frac{74}{1} = \frac{8.1\times10^9}{1.1\times10^{-10}} = \frac{CO_3^{--}}{SO_4^{--}}$$

معاملة الماء المحتوي على بيكربونات (أو العسرة المؤقتة) :

العسرة المؤقتة والمتسببة من جراء وجود بيكربونات الكالسيوم أو المغنيسيوم بالماء تترسب عند تسخين الماء وكنتيجة لذلك تتكون رواسب على أنابيب المبادلات الحرارية والسطوح الساخنة :

$$Mg\,(\,HCO_3)_2 \longrightarrow MgCO_3 + H_2O + CO_2$$

مما يؤثر على كفاءة عملية انتقال الحرارة ، ويمكن تلافي ذلك بمعاملة المياه بالطرق الكيميائية .

الترسيب بواسطة الجير المطفئ $Ca\,(\,OH\,)_2$:

أحدى المواد الكيميائية الشائعة الاستعمال لإزالة بيكربونات الكالسيوم والمغنيسيوم من الماء هي الجير المطفئ أو هيدروكسيد الكالسيوم . أن هذه المادة تصنع عادةً من حرق حجر الكلس $CaCO_3$ بأفران عمودية أو دوارة - بدرجة حرارة تزيد على 900 م° .

حيث تتحلل كاربونات الكالسيوم إلى أوكسيد الكالسيوم وثاني أوكسيد الكاربون والأخير يمكن فصله من الغازات الأخرى بواسطة امتصاصه بمحلول كربونات الصوديوم أو البرتاسيوم .

أو بواسطة محاليل أول أو ثاني أمين الايثانول **Monoethanol Amine, Diethamol Amine** بأبراج امتصاص معدنية ويحرر الغاز بعدئذ من المحاليل المذكورة بالتسخين حيث يعاد استعمالها مرة أخرى .

ويبرد أوكسيد الكالسيوم الخارج من الفرن بالهواء الذي يستعمل في إحراق الوقود بعدئذ وبذلك يمكن استرجاع كمية كبيرة من الطاقة . ويعامل أوكسيد الكالسيوم البارد مع البخار لكي يعطي مسحوق هيدروكسيد الكالسيوم أو مع الماء لكي يعطي مستحلب الجير **(Milk of Lime)** .

$$CaCO_2 \longrightarrow CaO + CO_2$$

$$CaO + H_2O \longrightarrow Ca(OH)_2$$

لترسيب جزئ واحد من بيكربونات الكالسيوم يستعمل جزء واحد من الجير المطفئ .

$$Ca(OH)_2 + Ca(HCO_3)_2 \longrightarrow + 2H_2O \quad \downarrow 2CaCO_3$$

ولترسيب جزء من بيكربونات المغنيسيوم لغرض التخلص من العسرة تستعمل جزيئتين من هيدروكسيد الكالسيوم وذلك لتكوين هيدروكسيد المغنيسيوم وكمية مكافئة من بيكربونات الكالسيوم والتي يجب التخلص منها .

وذلك بواسطة كمية مكافئة من ماء الجير لذا يجب استعمال ضعف الكمية من ماء الجير للتخلص من العسرة الناتجة عن وجود بيكربونات المغنيسيوم مقارنة مع بيكربونات الكالسيوم :

$$Mg(HCO_3)_2 + Ca(OH)_2 \longrightarrow + Ca(HCO_3)_2 \quad \downarrow Mg(OH)_2$$

$$Ca(HCO_3)_2 + Ca(OH)_2 \longrightarrow + 2H_2O \quad \downarrow 2CaCO_3$$

أو $Mg(HCO_3)_2 + 2Ca(OH)_2 \longrightarrow Mg(OH)_2 + 2CaCO_3 + 2H_2O$

أن التصرف المختلف لبيكربونات الكالسيوم والمغنيسيوم عند إضافة ماء الجير لإزالة العسرة يرجع إلى قيم ثابت حاصل الإذابة لهيدروكسيد المغنيسيوم وكاربونات المغنيسيوم وهيدروكسيد وكاربونات الكالسيوم .

استعمال مركبات الفوسفات :

يمكن استعمال عد من مركبات الفوسفات ، مثال : ثالث اورثوفوسفات الصوديوم (Na_3PO_4) وسادس ميتافوسفات الصوديوم **$(NaPO_4)_6$Sodium Hexameta Phosphate** وذلك بإضافة عدة أجزاء بالمليون على الماء لمنع تكوين الرواسب في المكثفات والمبادلات الحرارية والمراجل البخارية من جراء وجود عسرة البيكربونات .

أو عند وجود أيونات الكالسيوم أو المغنيسيوم . تكون الفوسفات مواد معقدة ذائبة مع تلك الأيونات أو مواد راسبة طرية أو غروية ولا تكون قشوراً صلبة على السطوح الساخنة .

ويمكن إزالة هذه المواد من مياه المراجل البخارية مع الرواسب والمواد العالقة والأملاح المتركزة والمتجمعة بعملية تصريف الماء من قاع المرجل أو الغلاية (**Blowing Down**) .

ويشار أحياناً إلى معاملة المشرف للماء **(Threshold Treatment)** حيث تضاف سادس الميتافوسفات بنسبة 2 جزء بالمليون عند وجود أيون الكالسيوم بنسبة تقل عن 200 جزء بالمليون بالماء المستعمل للمراجل البخارية .

وبالحرارة العالية داخل المراجل يجري تحويل سادس الميتافوسفات إلى الاورثوفوسفات ويترسب الكالسيوم بشكل كاربونات

أو اورثوفوسفات حيث يجري التخلص منه بواسطة عملية التصريف من قاع المرجل .

وبعض المواد العضوية مثل النشا والمواد الدابغة مـواد غرويـة أخـرى تسـتعمل لتكـوين طبقة ممدصة (Adsorbed) على السطح الخارجي لكاربونـات الكالسيوم المترسبة بحيـث تمنع نموها وتساعد كذلك على إبقائها بصورة عالقـة بالماء وتمنع ترسـبها . أن فعـل الميتافوسـفات مـع الكالسيوم هو مشابه لمثل هذه الفعل .

معاملة المياه مع الومينات الصوديوم :

تحضر الومينات الصوديوم من تفاعل نفايات معـدن الألمنيـوم أو أول أوكسـيد الألمنيـوم مع هيدروكسيد الصوديوم .

$$2AL + 6NaOH \longrightarrow 2Na_3ALO_3 + 3H_2$$

$$2AL + 2NaOH + 2H_2O \longrightarrow 2NaALO_2 + 3H_2$$

تتحلل الومينات الصوديوم بالماء لتعطي هيدروكسيد الألمنيوم وهيدروكسيد الصوديوم :

$$Na_2AlO_3 + 3H_2O \rightleftharpoons Al(OH)_3 + 3Na^+ + 3OH^-$$

$$NaAlO_2 + 2HOH \rightleftharpoons Al(OH)_3 + Na^+ + OH^-$$

وعند إضافة هذا المركب إلى الماء المراد معاملتـه فأنـه يزيـل العسـرة المؤقتـة الناتجـة عـن وجود البيكربونات وكذلك يرسب أيونات الكالسيوم والمغنيسـيوم الموجـود عـلى شـكل أمـلاح أي (العسرة الدائمة) .

إذ يتفاعل ايون الهيدروكسيد مع بيكربونات الكالسيوم فيرسبها على شكل كاربونات ويحرر بنفس الوقت أيون الكاربونات الذي

بدوره يرسب أيونات الكالسيوم الموجودة على شكل أملاح غير البيكربونات .

يتفاعل أيون الهيدروكسيل كذلك مع أيون المغنيسيوم فيرسبه كهيدروكسيد المغنيسيوم ويمكن ترسيب ايونات الكالسيوم المتبقية بإضافة كاربونات الصوديوم . بالإضافة على ما تقدم يكون هيدروكسيد الألمنيوم راسب جلاتيني يساعد على التخلص من المواد العالقة أثناء عملية الترسيب .

$$2OH^- + Ca(HCO_3)_2 \longrightarrow CaCO_3 + CO_3^{--} + 2HOH$$

$$2OH^- + MgSO_4 \longrightarrow Mg(OH)_2 + SO_4^{--}$$

$$CO_2^{--} + CaSO_4 \longrightarrow CaCO_3 + SO_4^{--}$$

$$Na_2CO_3 + CaCl_2 \longrightarrow CaCO_3 + 2NaCl$$

وتستعمل الومينات الصوديوم اعتيادياً كمادة مخثرة وذلك بإضافة نسبة قليلة منها إلى الماء حيث تقوم بدور المساعد على التخلص من الرواسب والمواد العالقة (Coagulant) بالإضافة إلى ترسيب جزء من أيونات البيكربونات والكالسيوم والمغنيسيوم الموجودة بالماء .

معاملة المياه الحاوية إلى العسرة الدائمية :

تسبب العسرة الدائمية أملاح الكالسيوم والمغنيسيوم الذائبة بالماء مـن غـير الكاربونات مثل الكبريتات والكلوريدات التي لا يمكن إزالتها بالتسخين . لإزالة أيونات الكالسيوم والمغنيسيوم بطرق الترسيب .

حيث يستوجب تحويل جميع أيونات المغنيسيوم على هيدروكسيد المغنيسيوم وأيونـات الكالسيوم على كاربونات الكالسيوم حيث يتم إزالتهما على شكل رواسب .

ويستعمل لهذه العملية الجير المطفأ وكاربونات الصوديوم وتدعي هذه الطريقة بطريقة الجير – الصودا (Lime – Soda Process) ويمكن أن تجري بالحالة الباردة أو الساخنة وتستعمل هذه الطريقة للتخلص من العسرة المؤقتة والدائمية .

$$MgCl_2 + Ca(OH)_2 \longrightarrow Mg(OH)_2 \downarrow + CaCl_2$$

$$CaCl_2 + Na_2CO_3 \longrightarrow CaCO_3 \downarrow + 2NaCl$$

$$CaSO_4 + Na_2CO_3 \longrightarrow CaCO_3 \downarrow + Na_2SO_4$$

$$MgSO_4 + Na_2CO_3 + Ca(OH)_2 \longrightarrow Mg(OH)_2 + CaCO_3 \downarrow + Na_2SO_4$$

وتستعمل الطريقة الباردة اعتيادياً لمعاملة مياه التبريد ومياه الإسالة حيث تتم الإزالة الجزئية للعسرة ويتم التخلص من البيكربونات باستعمال الجير المطفأ والذي هو رخيص الثمن بالإضافة إلى إزالة أي كمية يرغب فيها من أيونات المغنيسيوم باستعمال كاربونات الصوديوم .

ولأجل إزالة اكبر كمية من أيونات الكالسيوم والمغنيسيوم يستوجب استعمال كمية فائضة من الهيدروكسيد والكاربونات لكي يقلل من ذوبان كاربونات الكالسيوم وهيدروكسيد المغنيسيوم .

ومن المعروف أن التفاعلات الأيونية سريعة بالمحاليل المركزة ولكنها بطيئة بالمحاليل الباردة والمخففة جداً كما هو الحال بهذه الطريقة . لذا يتوقع أن تكون عملية الترسيب بطيئة جداً وقد يمضي بعض الوقت قبل ظهور أية رواسب .

ظهور الرواسب بالمحاليل المخففة والباردة يعتمد على تكوين نويات لبلورات المواد الغير ذائبة أولاً ثم يعقبها نمو تلك النويات لتكوين بلورات قابلة للترسيب وفي ظروف الترسيب المذكورة يتوقع تكوين بلورات صغيرة

بحجوم دقائق المواد الغروية لها سطوح كبيرة تمدص عليها بعض الأيونات مما يعطيها شحنة سالبة أو موجبة ويساعد ذلك على صعوبة تركيدها وترسيبها .

بالإضافة إلى أن مثل هذه الدقائق لها ذوبان أكثر من ما إذا كانت بلوراتها اكبر حجماً لذلك تكون هذه المحاليل فوق درجة الإشباع بالنسبة لتلك المواد مما سيؤدي حتماً على ترسيب الكميات الفائضة بعدئذ في الخزانات والأنابيب .

ومن الطرق الناجحة لتقليل ظاهرة فوق الإشباع في مثل هذه الحالات هو وضع الماء الحاوي على المواد المتفاعلة ونواتج التفاعل بتماس مع الرواسب الناتجة من العمليات السابقة فمثل هذا التماس يكون بمثابة تعرض المحلول فوق المشبع على سطوح نويات التبلور .

وهذا يساعد على التفاعل وعلى تكوين بلورات كبيرة الحجم التي تترسب بسهولة ، ويوضع حد لحالة فوق الإشباع والترسبات الناتجة عنها بالأنابيب والخزانات . من الأجهزة المستعملة في مثل هذه العمليات تسمي بالمعجل (Accelerator) .

ويتكون المعجل من خزان مفتوح يوجد في وسطه مخروط قصير مقلوب ومفتوح من الأعلى تحت مستوى السائل ويمتد من الأسفل إلى جوانب الخزان دون أن يلامس القعر تاركاً فتحة للرواسب والأطيان أن تدخل منها إلى المخروط .

يمزج الماء الخام مع المواد الكيميائية بأسفل المخروط المقلوب داخل الخزان بواسطة مازجات تدار بمحرك ذو دوران بطئ .

(1) وتتم عملية الخلط أثناء صعود الخليط على الجزء العلوي من المخروط المقلوب .

(2) وبعد ذلك يتجه الخليط على أسفل الخزان مرة أخرى خارج المخروط .

(3) من خلال الحاجز الذي يحيط بالجزء العلوي من المخروط المقلوب وبذلك يعطي الوقت الكافي للحصول على خليط متجانس مع إتاحة وقت أكثر لخلط المواد المتفاعلة . يتجه الماء بعد ذلك على الجزء الخارجي من الخزان خلف الحاجز المذكور أعلاه .

(4) ولكن ببطء مما يساعد على اتجاه الرواسب والأطيان والمواد العالقة والصلبة والبلورات إلى الأسفل حيث يختلط جزء منها مع الماء الخام والمواد الكيميائية المضافة على المعجل .

(5) ويتجه الجزء الآخر على الجهة المخصصة لسحب هذه الرواسب إلى خارج الخزان .

(6) ويتحرك الماء إلى أعلى الخزان حاملاً معه بعض البلورات الصغيرة وتكون سرعة تحرك هذه البلورات إلى الأعلى مع الماء مساوية لسرعة ترسبها وبذلك تبقى بشكل معلق وعند تجمع عدد منها بنفس المنطقة تكون حاجزاً ثابتاً من البلورات المعلقة يعمل هذا الحاجز .

(7) كمرشح لأي بلورة صغيرة تحاول الصعود مع الماء ويعمل كذلك على حث البلورات الصغيرة على النمو لتكوين بلورات أكبر أو مجاميع من البلورات التي تترسب بعدئذ إلى الأسفل .

يمكن التحكم بسمك هذه الطبقة وعلوها بواسطة السيطرة على كميات المياه الداخلة والخارجة من الخزان ويخرج الماء الرائق من أعلى الخزان .

أن تصميم مثل هذه الأجهزة يعتمد على معرفة سرعة ترسب الأجسام أو البلورات بالسوائل . وسرعة ترسب أي جسم في سائل يمكن حسابها بواسطة قانون ستوك (Slock.S´ Law) .

$$V = \frac{2r^2(d_p - d_m)gf}{-9_\eta}$$

حيـــث V = سرعـــة ترسـب الجسـم ، r = نصــــف قطـــر الجســـم ، $d\,p$ = كثافة الجسم الصلب ، d_m = كثافة السائل ، g = عجله الجاذبية الأرضية ، f = ثابت يعتمد على شكل الجسم ، η = لزوجة السائل .

ونجد أن أي جسم صلب في سائل إذا كانت سرعة ترسبه اكبر من سرعة جريان السائل الى الاعلى فأنه يتجه الي الأسفل وإذا كانت سرعة ترسبه تساوي سرعة جريان السائل يبقي الجسم ثابتاً كما هو الحال في حاجز البلورات والجسيمات الصغيرة التي يعمل كمرشح ومساعد علي الترسيب بالجهاز المذكور أعلاه .

<u>المشاكل المتأتية من المواد الشائبة بالماء :</u>

1- <u>القشور بالمراجل :</u>

" قشور المرجل" وهو اسم يطلق علي المواد الصلبة والمتماسكة والمترسبة علي جدران المراجل الساخنة فترسبات كاربونات الكالسيوم بالماء وتحدث عند دخول الماء في المرجل حيث تكون طبقة مسامية رخوة علي السطح أو مواد عالقة ويمكن إزالتها بواسطة عملية تصريف الماء من قاع المرجل (Blow Down) .

أما ثاني اوكسيد الكربون الناتج من التفاعل فأنه ينتقل إلى أنابيب البخار حيث يسبب تآكل في المكثفات والأجهزة الأخرى .

تسبب قشور كاربونات الكالسيوم اعتيادياً مشاكل بالأجهزة المستعملة بالبيوت والمنشآت التي لا يجري فيها تعامل الماء لإزالة العسرة المؤقتة .

ومن أهم تلك المشاكل هو انخفاض في كفاءة انتقال الحرارة إذ إن طبقة بسمك 1.5 مم تسبب انخفاضاً بأنتقال الحرارة 12-15% تقريباً وتسبب انسدادات كلية أو جزئية بالأنابيب وتلف بالأجهزة .

والأملاح الموجودة اعتيادياً بالماء داخل المراجل مثل هيدروكسيد المغنيسيوم وكبريتات الكالسيوم وهيدروكسيد الكالسيوم يقل ذوبانها بارتفاع درجات الحرارة بعكس القاعدة المعروفة بأن درجة الذوبان تزداد بازدياد درجات الحرارة .

فمثلاً ذوبان كبريتات الكالسيوم بشكل الهيمهدرات (Calcuim Sulfate Hemihydrate $CaSO_4 \frac{1}{2} H_2O$) بدرجة حرارة 100م° هو 1650 جزء بالمليون بدرجة حرارة 200 م° (أي درجة حرارة مرجل بخاري يعمل في 17 ضغط جوي أو 17.17 بار) .

وفي درجات الحرارة العالية ينخفض ذوبان كبريتات الكالسيوم $CaSO_4$ إلى عدة أجزاء بالمليون فقط . إن المواد التي تنخفض درجة ذوبانها بأزدياد درجة الحرارة تترسب دائماً على الأجزاء الأكثر ساخنة في المرجل أي علي سطح التسخين المباشر .

2- <u>تكوين قشرة كبريتات الكالسيوم :</u>

وعند تكوين فقاعة البخار علي السطح الساخن للمرجل تترسب الأملاح الذائبة بالماء على شكل حلقة وإذا كان ماء المرجل مشبع بتلك الأملاح فأنها سوف لا تذوب مرة أخرى .

وهذه الأملاح المترسبة تكون درجة حرارتها أكثر من المحلول نفسه ولذلك تكون درجة ذوبانها اقل من السابق . وعند استمرار عملية التبخير تترسب كميات أخرى تغطي السطح وتعمل هذه كنويات لتبلور الأملاح من طبقة المحلول الساخنة والمجاورة لسطح المعدن الساخن . فتكون طبقة عازلة وصلبة من جراء تراكم الحلقات الملحية والبلورات المترسبة .

وبأزدياد كمية إنتاج البخار أو ازدياد ضغط المرجل يزداد احتمال تكوين مثل هذه القشرة الصلبة على السطوح المعرضة للماء لذلك يجب الحرص على استعمال نوعيات نقية من الماء لمراجل ضغط البخار العالي .

ومن أهم أضرار تكوين الرواسب على سطح المراجل هو انخفاض انتقال الحرارة من المعدن الساخن إلى الماء وذلك لان المواد المترسبة لها معامل انتقال حرارة تعادل 3-6% فقط من معامل انتقال الحرارة في الفولاذ .

فمثلاً بالنسبة لمرجل ذي كفاءة حرارية 125 كيلو جول /سم^2/ساعة (أو ما يقارب 300.000 كيلو سعرة بالمتر المربع بالساعة) تكون درجة الحرارة علي الجانب الساخن من المعدن 29 م° فقط أكثر من درجة حرارة المعدن علي جانب الماء إذا كانت سطوح المعدن نظيفة .

وعند وجود قشور علي سطح المعدن فأن فرق درجة الحرارة يزداد بشكل ملحوظ . بعد تكوين طبقات أكثر سمكاً مع مرور الزمن يتطلب رفع درجات الحرارة أكثر فأكثر للحصول علي نفس كمية البخار المنتجة .

وقد تصل درجة الحرارة إلى حد ليونة الفولاذ وبهذه الحالة تلتوي وتعوج الصفائح والأنابيب الفولاذية من الضغط المسلط عليها من البخار مسببة تناقص أو اقلال بسمك أجزاء من تلك الصفائح

والأنابيب مما قد يؤدي إلى انفجار المرجل نتيجة عدم تحمل تلك الأجزاء الضغط المسلط عليها .

لو أخذت درجة حرارة ليونة الفولاذ تقارب 480 م° فتكون هذه أعلى درجة مسموح بها داخل موقد المرجل وإذا كان المطلوب من المرجل تجهيز بخار بضغط 40 ضغط جوي أو 40.4 بار) تكون درجة حرارة البخار 254 م° .

أي أن فرق درجة الحرارة المسموح بها هي 480-254=226 م° . إذا كانت كفاءة المرجل الحرارية 300.000 كيلو سعرة /م²/ساعة (أو125 كيلو جـول /سـم²/سـاعة) فـأن طبقـة مـن قشرة كبريتات الكالسيوم المترسبة على سطح الفولاذ بسمك 1.9 مم يمكن أن تسبب ارتفاع درجـة حرارة سطوح التسخين فيما إذا كانت صفيحة أو أنبوب إلى أكثر من 480 م°.

مما تقدم نلاحظ أن طبقات وقشور ترسيبية اقل مـن المـذكورة أعـلاه يمكنهـا أن تحـدث تلفاً أو انفجاراً بالمراجل إذا كانت ضغوط المراجل عالية فمثلاً سمك 1.6 مم يمكنها أن تحدث تلفاً بمرجل يعمل بضغط يقارب 70 ضغط جوي .

إما اوكسيد الحديد فيسبب التصاق وربط المواد الصلبة على الجدران مكوناً قشرة ثقيلة عازلة من اوكسيد الحديد والذي يمكن أن يسبب تلف المراجل .

وفي حالة جمع الماء المكثف وإعادة استعماله مرة أخرى يجدر الانتباه إلى تواجد كميات من زيوت المكائن وعند إدخال مثل هذه المواد مع الماء إلى المرجل فأنها تسبب تكوين طبقة رقيقة على سطوح المرجل الداخلية .

وهذه الطبقة الرقيقة تسبب مقاومة لانتقال الحرارة لان معامل انتقال الحرارة لهذا الزيت يقارب 5% من معامل الفولاذ بالإضافة إلى إن وجود الزيت بماء المرجل يسبب تكوين رغوة مما يؤدي إلى خروج كميات كبيرة من الماء كسائل مع البخار .

منع تكون القشور (Scale Prevention) :

يمكن منع تكوين القشور في المراجل بمعاملة الماء لإزالة العسرة أو بواسطة إضافة مواد كيميائية قبل استعماله ومن تلك المواد كاربونات الصوديوم أو الفوسفات .

يفضل اعتيادياً استعمال الاورثوفوسفات لان الكاربونات تدخل بتفاعل كيميائي مع الماء تحت الظروف الموجودة بالمرجل لتكوين هيدروكسيد الصوديوم وثاني اوكسيد الكاربون الذي يخرج مع البخار تاركاً محلولا له قلوية عالية .

إن هذه القلوية العالية تسبب بدورها تآكلا داخل التراكيب البلورية للمعدن تسمى بالتصلب القلوي (Caustic Embritlement) وتسبب تصلب القشرة الخارجية للمعدن ويكون هذا التآكل أكثر شدة بالأجزاء المعدنية

$$2NaOH + CO_2 \longrightarrow Na_2CO_3 + HOH$$

الواقعة تحت جهد مثل المناطق المحيطة بالمسامير والمناطق المحيطة للحام وأجزاء الصفائح المطوية الواحدة على الأخرى .

ومن المعتقد أن هذا النوع من التآكل يحدث على أطراف البلورات المعدنية (Grain Boundaries) بسبب التفاعل مع نتريد الحديد . ودلت

التجارب على تكوين الفيرايت (**Ferrite**) عندما يصل تركيز الهيدروكسيد إلى 0.1 جزيء باللتر تقريباً .

ويمكن تجنب ظاهرة التصلب القلوي (**Caustic Embritlement**) باستعمال الفوسفات بدل كاربونات الصوديوم حيث يمكن السيطرة على قلوية المحلول بإضافة نسب مغايرة من الفوسفات المختلفة للماء .

فنجد ثاني هيدروجين فوسفات الصوديوم (NaH_2PO_4) حامضية التفاعل بينما أحادي هايدروجين ثاني فوسفات الصوديوم (Na_2HPO_4) قاعدية ضعيفة التفاعل وثالث فوسفات الصوديوم (Na_3PO_4) أكثر قلوية .

والتحليل المائي لهذه الأملاح يعطي نسب مختلفة من $HPO_4^{=}, PO_4^{\equiv}$ معتمداً على درجة حامضية المحلول فمثلاً عندما يكون الرقم الهيدروجيني للمحلول (**pH = 10**) تكون نسبة الايونات المذكورة **1.0: 98.8:0.2** على التوالي .

وتتحول هذه النسب إلى **9.1:90.1:0.0** عندما يكون الرقم الهايدروجيني للمحلول (**pH = 10**) هذا بالإضافة إلى كون فوسفات الكالسيوم $Ca_3(PO_4)_2$ لها ثابت حاصل الإذابة ذو قيمة منخفضة 10^{-25} بحيث عندما يكون محلول الفوسفات له رقم هيدروجيني (**pH = 10.5**) فانه يعطي كمية كافية من ايون الفوسفات PO_4^{---} .

وذلك لترسب الكالسيوم على شكل فوسفات ويمنع تكوين أي راسب أو قشرة لمادة كبريتات الكالسيوم $CaSO_4$ على السطوح الداخلية للمرجل . أما فوسفات الكالسيوم المترسبة فيمكن إزالتها تدريجياً بواسطة عملية تصريف الماء من قاع المرجل الروتينية .

وفوسفات الكالسيوم تبقى عالقة بالماء ولا تكون قشوراً صلبة إلا إذا بقيت بالمحلول لمدة طويلة من الزمن وبهذه الحالة تترسب على شكل فوسفات الكالسيوم القاعدية .

وعند وجود ايونات المغنيسيوم يجب أن يعدل الرقم الهيدروجيني للمحلول بحيث يتم ترسيب هيدروكسيد المغنيسيوم وليس فوسفات المغنيسيوم وذلك لان الأخير قد تكون قشرة صلبة ويمكن إضافة مركبات تساعد على عدم ترسيب الجسيمات العالقة التي تكون قشرة زيادة بالاحتياط .

ويمكن إزالة أي زيت من السطوح الداخلية للمراجل أما بصورة ميكانيكية أو بإضافة مواد مثل هيدروكسيد الألمنيوم إلى الماء المتكثف قبل استعماله وتمدص بعض الدهون على الأطيان والرواسب الحاوية على نسب كبيرة من اوكسيد الحديد والسيليكا ونسب قليلة من اوكسيد المغنيسيوم ويتم التخلص من هذه المواد بواسطة عملية تصريف الماء من قاع المرجل الروتينية .

إزالة القشور المترسبة على سطوح المرجل :

يمكن إزالة القشور المتسببة من الكاربونات والفوسفات بواسطة الأحماض مع إضافة مواد مانعة للتآكل (Corrosion Inhibitor) لتقليل تفاعل الحامض مع الأجزاء المعدنية المعرضة للمحلول . تستعمل المحاليل الكيميائية التي تكون مواد عضوية معقدة ذائبة (Complexing Agent) لإزالة الترسبات والقشرة المتسببة من أملاح الكالسيوم والمغنيسيوم .

ومن انجح الخلائط المستعملة لهذه العملية على سبيل المثال هو محلول مائي متكون من EDTA وملح الصوديوم لذلك الحامض بنسبة 14 جزء من الأول إلى 100 جزء من الأخير ويستعمل لهذه العملية محلول مائي

بتركيز 2% على الأقل على إن يبقي المحلـول بتمـاس مـع السطوح المراد تنظيفهـا مـدة 12 إلى 14 ساعة .

وخـلال هـذه الفـترة يسـتوجب أن تكـون درجـة الحـرارة اقـل مـن 205 م° والـرقم الهيدروجيني للمحلول 7.5-8.0 . بهـذه الظروف تتحـول جميـع القشـور الفوسفاتية المترسبة إلى فوسفات حامضية ذائبة وتكون ايونات الكالسيوم والمغنيسيوم الموجودة بالقشور مركبات عضوية معقدة وبذلك تنحل وتذوب القشور المترسبة .

وبالرغم من أن اوكسيد الحديد لا يكون مركبات ذائبة بدرجات الحموضـة المـذكورة إلا أن القشور الحاوية على الصدأ مع الترسبات الأخرى تخلع من أماكنها لذوبان بعـض أجزائهـا ويتم التخلص منها أثناء عملية تصريف الماء مع المواد العالقة من قعر المرجل .

الرغوة وحمل قطرات الماء بالبخار (Foaming and Priming)

تتكون الرغوة من فقاعات غازية محاطة بغشاء من السائل . في بعض الأعمال الهندسـية تستحدث الرغوة لاداء عمل معين مثل فصل وتنقية المواد الأولية في عمليـات التعـدين ، ولتعـويم تراب الفحم الحجري . وتستخدم الرغوة الصلبة في أنواع من المـواد العازلـة للحـرارة مثـل المـواد البلاستيكية الرغوية والأسمنت الرغوي .

ومن الناحية الأخرى فـان وجـود أو تكـوين رغـوة ثابتـة في المحاليـل المقاومـة للانجمـاد وزيـوت التزليـق (Antifreeze and Lubricating Oils) والأصباغ وصهاريج التهويـة والمراجـل البخارية يشكل مصدراً لمشاكل كثيرة لذا يجب دراسة العوامل المؤدية لتكوينها لغرض تلافيها .

وتتكون الرغوة عندما يكون هناك فرق بين تركيز المواد المذابة في المحلول الموجودة في الغشاء المحيط بالفقاعة والتركيز الموجود ببقية السائل . كما أن المواد المتسببة بزيادة لزوجة الغشاء السائل المحيط بالفقاعات تساعد على تكوين الرغوة الثابتة والمواد المسببة انخفاضاً بالتوتر السطحي تتجمع اعتيادياً على سطح السائل وبذلك تسهل تكوين الرغوة .

وعند صعود فقاعات البخار إلى سطح الماء المغلي بالمرجل البخاري تساعد المواد المتجمعة على سطح الماء مثل الطين وجسيمات بعض الترسبات الصغيرة والمواد العضوية الموجودة بالمياه الطبيعية وككميات الزيت القليلة الموجودة في المياه المكثفة والمستعملة على تكوين رغوة ثابتة بالمرجل .

وعند عدم تكسير رغوة البخار عند وصولها إلى سطح الماء المغلي فأنها ستدخل في مجاري البخار وعندئذ سيحمل غشاء السائل المحيط برغوة البخار الأملاح والمواد الصلبة والمواد العضوية .

وهذه كانت السبب في تكوين الرغوة لتكوين ترسبات على سطوح أنابيب البخار وجدران الاسطوانات وزعانف الطوربينات البخارية والسطوح الداخلية للمعدات الأخرى التي يدخلها البخار .

وبحالة تكسر رغوة البخار عند وصول الفقاعات إلى السطح فأنها تكون قطرات صغيرة من السائل تجرف مع البخار الصاعد معطية بخاراً رطباً (Wet steam) . وفي وقت زيادة استهلاك البخار تسبب الرغوة الثابتة زيادة في الحجم ما يؤدي إلى دفع كميات كبيرة من الماء إلى أنابيب البخار .

إن هذه العملية تسمى (Priming) أو حمل الماء مع البخار وهي عملية مرادفة لتكوين الرغوة الثابتة . ومن اجل القضاء أو الإقلال من هذه الظاهرة ينبغي التخلص من المواد المسببة لها عند تنقية ماء المراجل .

فتزال الأطيان والمواد الصلبة العالقة وكذلك قطرات الزيت بواسطة معاملة الماء مع مواد مروقة مثل هيدروكسيد الألمونيوم وحامض السليسك المائي والسيطرة على الأطيان والأملاح المتراكمة بمياه المرجل بتصريفها بصورة دورية .

ويمكن كذلك استعمال سلسلة من العوارض بموقع سحب البخار من المرجل لمنع دخول قطرات الماء أنابيب توزيع البخار ويمكن كذلك إضافة مواد خاصة تعمل على عدم تكوين الرغوة تسمى بكاسرة الرغوة (Foam Breaker) .

وهناك مسببات عديدة لتكوين الرغوة بالمراجل البخارية لذا يجدر استعمال النوع الملائم من المواد المانعة لتكوينها وان بعض هذه المواد قد تصلح للاستعمال بحالات دون أخرى . وتكوين الرغوة يعتمد على التوتر السطحي لذا فان أي مادة يمكنها أن تؤثر على التوتر السطحي بصورة ملائمة وليس لها تأثير جانبي آخر يمكن استعمالها لتكسير الرغوة بالمراجل .

فمثلاً تتكون رغوة ذات فقاعات صغيرة وثابتة عند وجود مواد لها فعالية سطحية ولكن عند إضافة كمية قليلة من البولي أميد (Poly Amide) المانع لتكوين الرغوة تتكون فقاعات كبيرة غير ثابتة بنفس الظروف التشغيلية للمرجل وذلك لان البولي أميد يعمل على تبديل التوتر السطحي مما يساعد على تكوين مثل هذه الفقاعات .

وعندما يكون سبب تكوين الرغوة الثابتة هو كون السائل في غشاء الفقاعات ذا لزوجة عالية يستوجب استعمال مواد تساعد على تقليل لزوجة السائل .

ويمكن في بعض الأحيان استعمال مواد لها خاصية لتكوين رغوة ثابتة لتكسير رغوة ثابتة أخرى متكونة نتيجة تواجد مـادة ثانيـة . إن هـذه الظـاهرة تعتمـد بصـورة رئيسيـة عـلى تعـادل الشحنات المتواجدة على الجسيمات الغرويـة الموجـودة بـالرغوتين وبـذلك تترسـب المـواد المسببة للرغوة .

<u>**المواد المسببة للتآكل في المياه الطبيعية :**</u>

وجد أن المياه غير المعالجة قد تحتوي على مواد تسبب التآكل في المراجل ويعتبر الأوكسجين من المواد الرئيسية المسببة للتآكل في مياه المراجل . يذوب الأوكسجين بالماء اعتيادياً بنسبة 7سم^3 باللتر الواحد وكذلك ثاني اوكسيد الكاربون الذي يكون موجوداً بكميات مختلفة مسبباً تآكلاً بأنابيب البخار .

ويجب أن يكون تركيز الأوكسجين في مياه المراجل اقل من 0.05 جزء بالمليون بالنسبة للمراجل التي تعمل بالضغط المنخفض وبنسبة 0.01 جزء بالمليون بالنسبة للمراجل التي تعمل بالضغط العالي .

ولإزالة الغازات الذائبة بالماء تستعمل وحدات طرد الهواء (De-aerators) وهذه تعمل اعتيادياً تحت ضغط متخلخل ويتلامس الماء النازل من الأعلى والحاوي على الغازات الذائبة مع تيار البخار المفتوح الذي يدخل من أسفل الوحدة حيث يساعد ارتفاع درجة الحرارة وتعرض الماء إلى البخار بصورة مباشرة إلى طرد معظم الغازات الذائبة فيه .

أما البخار والغازات فتخرج من اعلي الوحدة حيث يزال البخار بواسطة مكثفات وتطرد الغازات من المكثف حيث الضغط المنخفض لا يساعد علي ذوبانها . ويمكن إيقاف فعل التآكل للأوكسجين بمياه المراجل بواسطة استعمال مواد مختزلة .

فللمراجل التي تعمل بضغط اقل من 45 ضغط جوي يستعمل كبريتيت الصوديوم الذي يتحد مع الأوكسجين مكوناً كبريتات الصوديوم .

$$2Na_2SO_4 \longrightarrow 2Na_2SO_3 + O_2$$

ولا يمكن استعمال كبريتيت الصوديوم للمراجل التي تعمل بضغط يزيد على 45 ضغط جوي وذلك لتكوين غاز ثاني اوكسيد الكبريت نتيجة لتحللها .

وتستعمل في هذه الحالة مادة الهايدرازين (Hydrazine) التي تضاف اعتيادياً كسائل بنسبة 90% وعند تحلل هذه المادة بدرجات حرارة عالية تزيد على 350 م° مثلاً فإنها تعطي غازات ليس لها تأثير سيء .

$$N_2 + 2HOH \longrightarrow NH_2NH_2 + O_2$$

$$N_2 + 4NH_3 \longrightarrow NH_2NH_2 + N_2$$

والوزن الجزيئي للهيدرازين قليل بالنسبة لكبريتيت الصوديوم لذا فإن الكيمة المستعملة من الهيدرازين لتعامل كمية معينة من الأوكسجين تساوي 1/8 الكمية المطلوبة من كبريتيت الصوديوم .

ويمكن قياس كميات الهايدرازين المتبقية بمياه المراجل بواسطة الطرق اللونية (Calorimetric Methods) هذا ويجب اخذ الحذر عند التعامل بهذه المادة لأنها تسبب التهابات جلدية مزمنة (Dermititis) .

ونجد بعض الأملاح الذائبة مثل كلوريد المغنيسيوم يمكن أن تتحلل بالماء بدرجات حرارة تزيد على 200 م° محررة كلوريد الهيدروجين وتصل درجة التحليل لهذه المادة لنسبة 25% بدرجة حرارة 600 م° .

وان وجود حامض السليسيك يعمل كعامل مساعد للتفاعل ولذا تتكون كميات من كلوريد الهيدروجين بمياه المراجل بدرجات حرارة أقل من 600 م لوجود حامض السلسيك .

$$Mg(OH)_2 + 2HCL \longrightarrow MgCL_2 + 2HOH$$

يتحلل كذلك كلوريد الكالسيوم بنفس الطريقة ولكن بنسبة اقل من كلوريد المغنيسيوم .

معاملة المياه بالمبادلات الأيونية :

المياه المستعملة في تبريد المفاعلات النووية ، والتي تستعمل بالمراجل البخارية التي تعمل بدرجات حرارة مساوية أو أكثر من درجة الحرارة الحرجة للماء يجب أن تكون ذات نقاوة عالية .

ومثل هذه المياه يمكن الحصول عليها صناعياً بواسطة عملية التقطير أو بواسطة المبادلات الأيونية حيث يمكن إنتاج مثل هذه النوعية النقية من الماء بصورة كفوؤة وبكلفة قليلة .

وعملية إزالة الأملاح الموجودة بالماء تنقسم إلى مرحلتين ، في المرحلة الأولى يتم إزالة الايونات الموجبة (**Cations**) الموجودة بالماء بواسطة استبدالها مع ايونات الهيدروجين المتواجدة على راتنجات عضوية (**Cation Exchanger**) ويتبع ذلك معاملة الماء لإزالة الايونات السالبة لاستبدالها بأيونات الهيدروكسيل الموجودة على راتنجات عضوية لها قابلية باستبدال الايونات السالبة بأيون الهيدروكسيل .

$$R_z - Na + H^+Cl^- \longrightarrow R_z - H + Na^+Cl^-$$

$$R_z - Cl^- + HOH \longrightarrow H^+Cl^- + R_zOH$$

والماء المعامل بهذه الطريقة يسمى الماء الخالي من الايونات (**Deionized**) ويكون ذا نقاوة قريبة من الماء المقطر . إن نقاوة مثل هذه المياه والتي يعبر عنها بكمية المواد المتأينة الموجودة فيه يمكن قياسها بواسطة درجة إيصال الماء للتيار الكهربائي (**Conductance**) ويمكن استعمال أجهزة قياس إيصال التيار الكهربائي بالسوائل (**Conductivity Cell**) .

تقدر مقاومة الماء المقطر بـ 500000 أوم / سم ومثل هذا الماء يعتبر غير صالح لبعض الاستعمالات الهندسية كصناعات المعدات الالكترونية مثل الترانسترات وصمامات وشاشات التلفزيون .

والجدول التالي يمثل نقاوة الماء المعالج بالطرق المختلفة والذي يبين بوضوح أن أعلى نقاوة يمكن الحصول عليها هي بواسطة المبادلات الأيونية .

طريقة التنقية المستعملة	المقاوة أوم / سم
ماء مقطر مرة واحدة بأجهزة زجاجية .	500.000
ماء يحوي على ثاني اوكسيد الكربون بحالة إتزان مع الهواء	700.000
ماء مقطر ثلاث مرات بأجهزة زجاجية	1.000.000
ماء مقطر ثلاث مرات بأجهزة الكورتز	2.000.000
ماء معامل مع مبادل ايوني موجب قوي وسالب قوي	18.000.000
ماء مقطر 28 مرة بأجهزة الكورتز	23.000.000
الحد الأعلى النظري	26.000.000

وهناك عدة أنواع من المبادلات الأيونية . استحضرت الأنواع الأولى منها بتعامل حامض الكبريتيك المركز الحاوي على ثالث اوكسيد الكبريت مع الفحم الحجري وبهذه العملية تدخل ايونات السلفونيك (SO₃H-) على تراكيب الفحم .

والناتج النهائي يكون مادة سوداء ذات شكل حبيبي ومضلع يمكن أن يبادل ايون الهيدروجين بالايونات الموجبة مثل ايونات الكالسيوم والمغنيسيوم والحديد والمنغنيز الموجودة بالماء ويمكن استرجاع قوة التبادل الأيوني بتعامله مع 2% من حامض الكبريتيك المخفف بالماء .

والشكل التالي يبين التركيب النظري للفحم الحجري المعامل بحامض الكبريتيك :

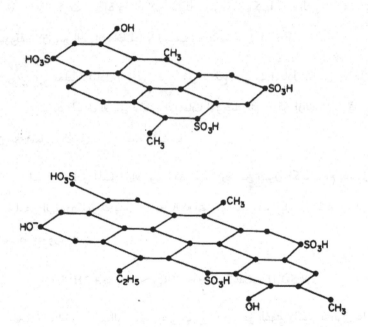

والراتنجات المصنعة من بلمرة الستايرين (Styrene) وثاني فنيل البنزين تعطي مركبات ذات هياكل يمكن إدخال مجاميع كيميائية عليها لها خاصية التبادل الأيوني .

ويمكن التحكم بمسامية مثل هذه المركبات وعلى كثافتها بواسطة السيطرة على الروابط بين الستايرين وثاني فنيل البنزين (Cross Link) فازدياد المسامية ينتج عنها زيادة بسرعة التبادل الأيوني وكميته .

ويستوجب أن يكون للراتنج الصالح للاستعمال بالمبادلات الأيونية تركيب ميكانيكي ثابت وان يكون مقاوم للذوبان بالماء والأحماض والقواعد . تستعمل المجموعات الفعالة الحامضية - COOH , $-SO_3H$ في المبادلات المستعملة للايونات الموجبة .

ويستعمل كذلك راتنج الفينول فورماليديهايد المكبرت كمبادل ايوني . وتسوق راتنجات المبادل الأيوني بشكل كرات صغيرة وذلك لأنها سهلة الجريان ويمكنها ملء الجهاز المعد لها بصورة كفؤة وبسهولة ولان سير السوائل خلالها لا يسبب انخفاضاً كبيراً بالضغط .

ونجد أن عملية التبادل الأيوني تجري على سطح حبيبات المبادل الأيوني وداخل مساماته الداخلية وتقاس كفاءة المبادل الأيوني بكمية الايونات الموجبة التي يمكن إزالتها من قبل حجم أو وزن معين من المبادل الأيوني قبل عملية التنشيط .

وبحالة امتصاص المبادل الأيوني لكمية كبيرة من ايون الكالسيوم يفضل تنشيطه باستعمال حامض الهيدروكلوريك بدل حامض الكبريتيك وعند تركيز اقل من 2% وعلى أن تجري عملية التنشيط بصورة بطيئة .

$$2R_zSO_3H + CaCl_2 \longrightarrow (R_z - SO_3)_2Ca + 2HCl$$

والمبادلات الايونية السالبة تكون على نوعين الأول هو القوي والذي يحتوي على ايونات الامونيا الرباعية $(R_z)_4NOH$ (Quarternary Ammonium Ions) ومثل هذه المركبات

يمكنها أن تزيل حتى الأحماض الضعيفة من الماء ، وتنشط بواسطة محلول هيدروكسيد الصوديوم المخفف .

$$(R_z)NHSiO_3 + HOH \longrightarrow (R_z)_4NOH + H_2SiO_3$$

$$(R_z)_4N.OH + HOH \longrightarrow (R_z)_4NHSiO_3 + 2NaOH$$

والنوع الثاني هو الضعيف والذي يحوي على البولي أمين (Polyamines) ويربط جـذر الأمين ($-NH_2$) بالستايرين أو بأي بوليمر آخر ليعطي تركيبا ثابتا ذا أبعاد ثلاثية .

مثل هذه المبادلات السالبة الضعيفة يمكنها إزالة الأحماض القوية مثل حامض الكبريتيك أو النتريك أو الهيدروكلوريك ولا يمكنها إزالة الأحماض الضعيفة بصورة كفؤة ويمكن تنشـيط مثـل هذه المبادلات باستعمال محاليل كاربونات الصوديوم أو الامونيوم .

$$R_zNH_2HCl \longrightarrow R_zNH_2 + HCl$$

$$R_zNH_3Cl + HOH \longrightarrow R_zNH_3OH + HCl$$

$$R_zNH_2 + 2NaCl + H_2O + CO_2 \longrightarrow 2R_zNH_2Cl + Na_2CO_3$$

لإزالة معظم الايونات السالبة والموجبة مـن المـاء يعامـل أولا بمبـادل ايـوني موجب ثـم تجري عملية إزالة الغازات منه مثل غاز ثاني اوكسيد الكاربون ويعامـل بعـد ذلك بمبـادل ايـوني سالب كما بالشكل التالي :

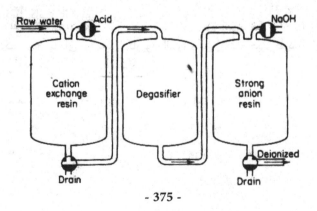

ونقاوة هذا الماء تكون مقاربة من الماء المقطر ويعامل هذا

الماء احياناً للحصول على نوعية أكثر نقاوة يدعى (Polished Water) وذلك بنقله مباشرة بواسطة

أنابيب من الحديد المقاوم للصدأ (Stainless Steel) وإدخاله بخزان يحوي على خليط من راتنجات

للتبادل الأيوني الموجب وراتنجات للتبادل الأيوني السالب كما بالشكل التالي ويستعمل هذا الماء

مباشرة عند تصنيعه ويستخدم بالصناعات التي تتطلب مياها ذات نقاوة عالية .

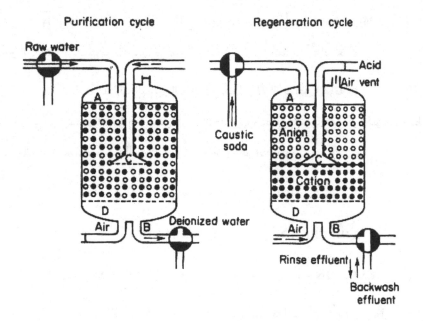

إزالة حامض الكاربونيك :

عندما يمر الماء الحاوي على الكاربونات خلال مبادل ايوني تجري تبادل الايونات الموجبة

بالهيدروجين مكوناً حامض الكربونيك .

وهذا بدوره يتكسر معطياً ثاني اوكسيد الكاربون الذي يمكن إزالته بجهاز طرد الغازات

. (Degasifier)

وبالنسبة للمياه الحاوية على كميات كبيرة من الكاربونات يكون استعمال هذه الطريقة وافياً وأرخص من استعمال المبادلات الايونية السالبة القوية التي يستوجب استعمالها لكون حامض الكاربونيك حامضاً ضعيفاً .

$$(R_zSO_3)_2 + Ca + 2H_2CO_3 \longrightarrow 2R_zSO_3H + Ca(HCO_3)_2$$

$$2H_2O + CO_2 \longrightarrow 2H_2CO_3$$

منع تكون قشرة السليكا :

تسبب السليكا عند وجودها بماء المراجل ذات الضغط العالي مشاكل جدية وذلك لأنها تكون طبقة صلبة شبيهة بالخزف على السطوح الساخنة ولهذه الطبقة معامل انتقال حرارة منخفض جداً فمثلاً قد تسبب قشرة سمكها 0.04 مم فشلاً في أنابيب المرجل عندما يعمل المرجل لإعطاء بخار بضغط 40 ضغط جوي لذا يجب أن يكون تركيز السليكا منخفضاً في مياه المرجل ذات الضغط العالي .

وتحوي قشور السليكا على سلكات المغنيسيوم والكالسيوم وعلى بعض السليكات المركبة تنتج قشور السليكا من وجود الأطيان العالقة والسليكات الأخرى الذائبة بالماء وتتكون السليكا بالماء من تفاعل القلويات المتبقية بالمياه المعاملة كيميائياً مع الرمل في عملية الترشيح بالإضافة إلى السليكا الطبيعية .

وتزال السليكا من مياه المراجل بعدة طرق منها :

أولاً: إضافة كبريتات الحديديك مع القلويات حيث يتكون راسب هيدروكسيد الحديديك في رقم هيدروجيني للمحلول (pH=10-7) حيث تمتص السليكا على سطح الهيدروكسيد المترسب وكذلك يتم ترسب السليكا

الغروية ويمكن الحصول على ماء يحوي 2-3 جزء بالمليون سليكا فقط .

<u>ثانياً:</u> إضافة اوكسيد أو هيدروكسيد المغنيسيوم .

$$H_2SiO_3 + 2HOH \longrightarrow Mg(OH)_2$$

يمكن بهذه الطريقة الحصول على سليكا متبقية بالماء بحدود جزء بالمليون .

<u>ثالثاً :</u> إضافة فلوريد الصوديوم إلى الماء ثم إمرار الماء على مبادل ايوني موجب حيث يتكون فلوريد الهيدروجين .

$$R_zNa + HF \longrightarrow NaF + R_zH$$

وهذا بدوره يتفاعل مع السليكا ليكون الفلوسليكات والتي يجري إزالتها بواسطة مبادل ايوني سالب .

$$3H_2O + H_2 (SiF_6) \longrightarrow 6HF + H_2SiO_3$$

<u>رابعاً:</u> معاملة الماء بصورة مباشرة بمبادل ايوني سالب قوي بعد معاملته بمبادل ايوني موجب ويمكن استعمال طريقة المبادل الأيوني السالب القوي لإزالة ما تبقي من السليكا المعاملة بالطريقة 1 و 2 المذكورة سابقاً .

" الأسئلـة "

1- ما هي الشوائب الموجودة في مياه الأمطار ؟

2- هل تختلف نسبة الغازات الذائبة بمياه الأمطار عن نسبتها بالهواء ؟

3- ما هو الفرق بين العسرة الكلية والعسرة الدائمية وما هو الفرق بين المواد العالقة والمواد الغروية ؟

4- ما هو تأثير المياه السطحية على : الجبس ، حجر الكلس ، المرمر ، الصخور الرملية ، خامات الكبريتيد ، الفيلدسبار .

5- اذكر ثلاث طرق لتصفية الماء للأغراض المنزلية ؟

6- اكتب معادلات التفاعل عندما يضاف الشب إلى ماء يحوي على العسرة المؤقتة ؟

7- هل تزيل كبريتات الألمونيوم العسرة من الماء ؟

8- ما هو تأثير إضافة الومينات الصوديوم على العسرة في الماء ؟ قارن ذلك مع فعل كبريتات الألمنيوم ؟

9- كيف يجعل هيدروكسيد الألمنيوم الماء العكر رائقاً ؟

10- بين بالمعادلات كيف يمكن للجير المطفأ أن يزيل أملاح الكالسيوم من المياه الطبيعية ؟

11- ما هو الغرض من إضافة الجير المطفأ والحي إلى الماء بعمليات التصفية ؟

12- كيف يمكن معالجة الماء الحاوي على البكتريات ؟

13- ما هي أسباب وجود الطعم بالماء وكيف يمكن معالجة ذلك ؟

14- ما هو ثاني كلورامين ؟ بين كيف يتفاعل مع الماء ؟

15- ما هي طريقة (الجير-صودا) لتعامل المياه ؟

16- أين تترسب عسرة المغنيسيوم بالمرجل البخاري ؟

17- في أي جزء من المرجل البخاري تترسب العسرة المؤقتة ؟

18- ما هي الأسس الكيميائية لتصفية المياه باستعمال خزانات الترسيب المعجلة ؟ وما هي فوائد هذه الطريقة ؟

19- بين بالمعادلات الكيميائية كيف يمكن لكاربونات الباريوم إزالة الأملاح الذائبة مـن الماء العسرة وقارن ذلك بفعل كاربونات الصوديوم ؟

20- إذا كان ثابت حاصل الإذابة لفلوريد الكالسيوم 3.4×10^{-11} ما هـو تركيـز أيـون الفلوريـد بالجزء بالمليون بالمحلول المشبع لذلك المركب ؟

21- عند تبخير محلول يحتوي على عسرة الكالسيوم أصبح تركيـز أيـون الكالسيوم 160 ملجـم باللتر ، ما هو أعلى تركيز لايون الفلوريد في هذا الماء ؟

22- ما هو الفرق بين الزيولايت وراتنج المبادل الأيوني الموجب

23- بين كيف يمكن الحصول على ماء خال من الأيونات من محلول كبريتات الكالسيوم ؟

24- ارسم وحدة (تبخير) لاستخلاص المـاء مـن مـاء البحـر مكونة مـن أربـع مبخـرات وقـارن الضغوط ودرجات الحرارة داخل المبخرات . بين كيفية عمل هذه الوحدات ؟

-25 كيف تتأثر درجة ذوبان كبريتات الكالسيوم وهيدروكسيد الكالسيوم وكاربونات الكالسيوم وهيدروكسيد المغنيسيوم بارتفاع ضغط البخار بالمرجل ؟

-26 كيف يمكن منع تكون قشرة السليكا ؟

-27 كيف يمكن تقليل كمية الأوكسجين الموجودة بالماء ؟ ما هو فعل الأوكسجين الموجود بماء المرجل ؟

-28 ماء عسر يحوي على 160 ملجم /لتر من بيكربونات الكالسيوم و 131 ملجم باللتر كبريتات الكالسيوم و 97 ملجم باللتر كلوريد المغنيسيوم . ما هي العسرة الكلية للماء ؟

-29 إذا كان ثابت حاصل الإذابة لكاربونات الكالسيوم 1×10^{-8} ولهيدروكسيد المغنيسيوم 1.2×10^{-11} ولكبريتات الكالسيوم 6.1×10^{-5} احسب درجة ذوبان هذه الأملاح بعدد الملجرامات باللتر الواحد .

-30 هل يمكن إزالة قشرة كبريتات الكالسيوم بواسطة حامض الاوكزاليك إذا كان ثابت حاصل الذوبان لاوكزالات الكالسيوم $Ca(C_2O_4)$ هو 1.3×10^{-9}

-31 اعطي ثابت حاصل الإذابة للمركبات $AL(CH)_3$, $Ca(PO_4)_2$ بدالة درجة ذوبان هذه المركبات ؟

-32 ما هو تركيز أيون الكالسيوم عند تعامل قشرة كبريتات الكالسيوم بمحلول كاربونات الصودا بتركيز 0.1 جزيء باللتر ؟

33- أضيف 50 مليليتر من 0.02 محلول اعتيادي من كاربونات الصوديوم إلى 100 مليليتر مـن ماء عسر وعند تسحيح الراشح احتاج إلى 22.5 مليليتر من محلول 0.02 اعتيادي مـن حـامض الهيدروكلوريك . ما هي العسرة الكلية للماء بالجزء بالمليون ؟

34- أخذ نموذج مشابه للمثال السابق وسخن إلى درجة الغليان قبل إضافة كاربونات الصوديوم وعند تسحيح الراشح بعدئذ احتاج إلى 37.75 مليليتر من الحامض المذكور . احسب العسرة المؤقتة والعسرة الدائمة للماء ؟

المصطلحات العلمية

المصطلحـات العلميـة

Accumulation	تراكم
Amagat's Law	قانون اماجات
Blower	نفاخ
Concentrator	مركز
Daltons Law	قانون دالتون
Dimensional Equation	معادلة أبعاد
Dissociation	تحلل
Empirical Constants	ثوابت تجريبية
Energy in Transition	طاقة في حالة انتقال
Excess Air	الهواء الذائد
Gross Heating Value	القيمة الحرارية الإجمالية
Hunidification	ترطيب
Ideal Gas	غاز مثالى
Integration	التكامل
International system of units	النظام الدولى للوحدات
Lime – Kiln	فرن الجير
Material Balance	موازنة المادة
Mole	المول
Molecule	الجريئة
Net Heathng Value	القيمة الحرارية الصافية
Prefix	الكلمة السابقة

Product	المادة الناتجة
Radiant Energy	طاقة إشعاعية
Reactant	المادة المتفاعلة
Sensible Heat	حرارة محسوسة
Stoichiometry	حسابات نسب اتحاد المواد في التفاعلات الكميائية
Transmutathon	تحول عنصري
Counter Current	تيار معاكس
Crude Oil Reserves	احتياطي النفط الخام
Distillate	ناتج التقطير
Feedstock	مواد التغذية
Final Boiling Point	درجة الغليان النهائية
Flask	دورق
Fractional Distillation	التقطير التجزيئى
Grid Trays	صوانى شبكي
Heat Exchanger	مبادل حراري
Initial Boiling Point	درجة الغليان الأولية
Lubricating Oil	زيت تزينت
Mobile Liquid	سائل رجراج
Mixed Base Crude Oil	النفط الخام المختلف الأساس
Nabhthene Base Crude Oil	النفط الخام النفيثى الأساس
Overtial Pressure	أنبوب تصريف الفائض

Paraffin Base Crude Oil	النفط الخام البارافيني الأساس
Partial Pressure	الضغط الجزئي
Permeable	نفاذ
Proven Reserves	الاحتياطي الثابت وجوده
Reboiler	مرجل إعادة الغليان
Recovery Factor	معامل الاستخلاص
Rectifying	التصفية بإعادة التقطير
Reflux	السائل المعاد
Residue	متخلف او متبقي
Riser Sandstone	رافع حجر رملي
Secondary Recovery	الاستخلاص الثانوي
Sieve Troya	صواني منخلي
Slot	شق
Still	انبيق
Stripping	استئصال او تجريد او تعرية
Thermal Craching	التكسير الحراري
Tray	صينية
Vacuum Distllation	التقطير الفراغي
Vacuum Pump	مضخة تفريغ
Water Drive	الدفع بالماء
Power Output	القدرة الناتجة

Thermody namics	الديناميك الحراى
Mechanical Efficiency	الكفائة الميكانيكية
Combression Ratio	نسبة الانضغاط
Down Strok	شوط الهبوط
Up Stroke	شوط الصعود
Piston	مكبس
Stroke	شوط
Indicated Mean Effective Pressure	معدل الضغط المؤثر
Horse Power	القدرة الحصانية
Knock	فرقعة المحرك
Gasoline	كازولين او بنزين
Tatraethyl Lead	رابع ايثيل الرصاص
Octane Number	عدد او درجة الاوكتين
Research Octane Number	عدد الاوكتين للبحث
Motor Octane Number	عدد الاوكتين للمحرك
Straight Distllation	التقطير المباشر
Straight - run gasoline	الكازولين المستقطر مباشرة
Cracked gasolione	كازولين التكسير الحراري
Debutanization	إزالة البيوتان
Stabilitation	إزالة الغازات المذابة السريعة
Alkylation	الالكله
Cracking	التكسير

Residues	مخلفات
Catalytic cracking	التكسير بالوسيط الكيميائي
Catalyst	عامل مساعد
Desorbtion	عملية المج
Recovery of Reactions	استخلاص منتجات التفاعل
Anti – freeze product	معيق التجميد
Depropanizer	برج إزالة البروبان
Stabilization tower	برج التركيز
Absorptim Tower	برج امتصاص
Vabour pressure	الضغط البخاري
Treating	معالجة
Gummy polyineers	مركبات صمغية
Polysulphide	كبريتيد مضاعف
Sludge	وسخ مترسب
Sweetening	تحلية
Isomerization	عملية التماثل
Rerun tower	برج إعادة التقطير
Stripper	منصل
Polymergasoline	الجازولين المبلمر
Monomer	مركبات غير متبلمر
Hydrogenation	عملية الهدرجة

Alkylation	الالكلة استبدال الهيدروجين اليفاتى هيدروكاربونى
Reforming	عملية التهذيب
Volatility	تطايرية او قابلية التطاير
Natural or Casing head gasolihe	الجازولين الطبيعي
Lean	فقير
Adsorption	امتزاز
Adsorbent	ممتز
Desorption	عملية المج
Live steam	البخار الحي
Light end	متطايرات نفطية
Premium	ممتاز
High test	الاختبار العالي
Oil shales	طفل زيتي
Lignite	الفحم البني الداكن
Tar	قطران
Water gas	غاز الماء
Revolution per minute	دورة في الدقيقة
Retarded ignition	الإشعال المؤخر
Delay period	فترة تأخر
Ingection	الحقن
Compression stroke	ضربة الانضغاط
Cetane number	العدد السيتانى

Nornal cetane , C 16 h 34	السيتان الاعتيادي
Methyl naphthalene	مثيل النفثالين
Diesel Index	دليل الديزل
Aniline number	العدد الانيلينى
Amreican Petroleum Institute , API	معهد البترول الامريكى
Resisance Thermometer	ترمومتر مقاومة
Capacitance	موسوعة
Condenser	مكثف
Thyratron	ثايراترون
Relay	مرحل
Ethyl Nitrare	نترات الاثيل
Inhipitor	مانع للتفاعل
Surface Tension	الشد السطحي
Smoke Point	نقطة الادخان
Exhaust	غاز العادم
Soot	سخام
Emulsion	مستحلب
Kerosene	النفط الأبيض
Aircraft Turbine kerosene (ATK)	وقود الطائرات النفاثة
Eldeleneau brocess	طريقة اللديلينو
Doctor test	فحص بطريقة الدكتور

Char Value	قيمة التفحم
Freezing boint	نقطة الانجماد
Inorganic Acidity	الحامضية غير العضوية
Rocket fuel	وقود الصاروخ
Thrust	قوة الدفع
Specific Impulse	الدفع النوعي
Thiokol	ثايكول
Hydrasine	هيدرازين
Boranes	بورينات
Cardboard	ألواح كارتون
Clay	طين
Gunpowder	بارود
Wick - Fuse	فتيلة المصهر
Stick	عصا
Combustion Chambor	غرفة الاحتراق
Poise	وحدة اللزوجة المطلقة
Kinematic viscosity	اللزوجة الكيمائية
Centistoke	سنتيستوك
Nomograbh	رسم بياني
Chemical additive	المضيفات الكيميائية
Oxidation residue	مقاومة التأكسد

Carbon residue	بقايا الكربون
Neuturalization number	رقم التعادل
Wear	برى
Centrifugal	الطرد المركزي
Gydrometer	هايدرومتر
Shaft	عمود الإدارة
Torque	عزم الدوران
Fluid Lubrication	التزييت المائعى
Boundary Lubrication	التزييت الرقيق
Erosion	التعرية
Fluid gasket	حاشية مائعية
Piston ring	حلقة المكبس
Hydraulic fluid	مائع هيدرولى
Pitch	درجة
Gears	مسننات
Lateral attraction	تجاذب جانبي
Polar group	مجاميع مستقطبة
Active atom	ذرات نشطة
Stearic acid	حامض الستياريك
Angstrom	انجستروم
Hydrocarbon bolymer	الراتنجات الهيدروكاربونية

Nucleus	نواة
Nuclii	نويات
Gel	جل
Detergent	النظفات
Surface tension	الشد السطحي
Interfacial surface tension	الشد السطحي البيني
Antioxidants	مانعات للتأكسد
Corrosion inhibitor	مانع التآكل
Castor oil	دهن الخروع
Spark plug	شمعة إشعال بالشر
Tricresyl Phosphate	ترايكريسل فوسفات
Stainless steel	صلب لا يصدأ
Scoring	تخديش
Cutting oil	دهن القطع
Reject	رفض
Brass	النحاس الأصفر
Copper oleate	أوليات النحاس
Oleic acid	حامض الاوليك
Coagulation	تخثر
Greases	شحوم
Emulsifying agent	عامل الاستحلاب

Brash heap	كومة كبيرة على شكل فرشاة
Fibre	ليفه
Fibril	شعيرة
Aggregate	تجمع
Micelle	ايون غروي
Adsorb	امتز ، امتص
Thixotropy	تسييل القوام الهلامي بالرج
Syneresis	فقدان السائل من مادة هلامية القوام
Mica	ميكا
Rosin oil	زيت
Slaked lime ;hydrated lime	الجير المطفأ
Calcium Stearate	ستيارات الكالسيوم
Stability	ثباتية
Modifiers	مغيرات
Pressure kettle	قدرة الضغط
Glyceride	جليسيريد
Hydration	تميع
An hydrous	لا مائي
Clarity	وضوح ، نقاوة
Dropping	نقطة التسييل
Water proof	صامد للماء

Versatile	متعدد الاستعمال
Rosin	القلفونية
Slurry	محلول عالق
Axle	محور
Bushing	وصلة ازدواج
Dielectic lubricants	دهونات عازلة
Dolly wheel	العجلات السائدة
Colloidal graphite	جرافيت غروانى
Impregnated	مُشرب
Brake lining	بطانة المكبح
Corrosion	التآكل
Mechanism	ميكانيكية
Electrochemical potential	الجهد الكهروكيميائى
Overpotential	فرط الجهد الكهروكيميائى
pH	الرقم الهيدروجيني
Corrosion Inhibitors	مانع التآكل
Equibifrium potential	جهد الإتزان
Saturated Calomel Electrode	قطب الكالوميل القياسي
Galvanic Corrosion	تآكل جلفانى
Galvanic Corrosion	خلية جلفانية
Local Action	الفعل الموضعي
Pitting Corrosion	تآكل تنقري

Austenitic Steel	فولاذ لا يصدأ
Stress	شد
Platelet	لويحة
Shaking	اهتزاز
Tapping	نقر
Flexing	لوى
Corrosion Fatigue	تآكل الإجهاد
Meshing Gear	ترس التعشق
Annealing	تلدين
Alkaline – earth Metal	معادن الأتربة القلوية
Anodizing	طريقة الانودية
Passive Film	طبقة واقية غير فعالة
Corrosion product	نتاج التآكل
Lactic Acid	حامض اللبنيك
Hydrated Oxide	الأكسيد المائي او المميأ
Concentration Cell	خلية تركيزية
Galvanization	جلونة
Galvanized	مجلفن
Marcasite	كبريتيد الحديد الأبيض
Electromotive Force	القوة الدافعة الكهربائية
Differential Aeration	خلية الأوكسجين التركيزية

Washer	فلكة
Clay	طين
Cider	رماد
Stray Current	تيار كهربائي شارد
Red Water	الماء الأحمر
Silica Gel	جل السليكا
Caustic Embrittlement	انشطا ر المعدن بسبب الصودا الكاوية
Intergranular Corrosion	تآكل بين حبيبات المعدن
Blistering	انتفاخ
Hydrogen Embrittlement	الانشطار بسبب الهيدروجين
Desalting	إزالة الملح
Anti - freeze solution	محلول يقاوم الانجماد
Surface - active chemical	مادة كميائية ذات فعالية سطحية
Hydrophopic	طارد للماء
Alkyl Radical	شق الالكيل
Acid pickling	تنظيف المعدن بمغطس حامضي
Descaling	إزالة القشور المتكونة من مركبات معدنية
Rosin Amine	امين راتينج
Vapour phase Inhibitor	دهن شحمي
Grease	نزع الخارصين
Dezincification	مكشاف نقطة الخمود الكهربائي
Limestone	كاربونات الكالسيوم

Sediment	راسب
Scale	قشور
Sacricial Anode	القطب الموجب الذائب
Cathodic protection	الحماية الكاثودية
Transmission Line Tower	برج نقل الكهربائية
Hot Enamel	المينا الحارة
Trailing platinum – Clad siler	الفضة المغطاة بالبلاتين
Alkyed Coatings	أغطية الالكيد
Phenolic Coatings	أغطية الفينولات
Baking for Curings	عملية تجفيف بالحرارة لإكمال النضوج للطلاء
Asphalt Coatings	أغطية الإسفلت
Coal Tar Coatings	أغطية قار الفحم
Epoxy Ester Coatings	أغطية استيرات الابوكسى
Chlorinated Rubber Coatings	أغطية المطاط الكلورى
Zince – rich Coatings	أغطية غنية بالخارصين
Pigmented	مخضبة
Sacrificial protection	الحماية بالانود الذواب
Vehicle	سائل حمل الدهن
Epoxy resin	راتينجات الابوكسى
Urethane Coatingo	أغطية اليورثين
Vinyl Coatings	أغطية الفينيلات
Epoxy Coatings	أغطية الابوكسى

High – Temperaure Coatings	**أغطية مقاوة للدرجات الحرارية العالية**
Metallized Coatings	**أغطية الرش المعدني**
Wetting	**الترطيب**
Inhibitive pigment	**صبغة مانعة**
Erosion	**تعرية ميكانيكية**
Chaiking	**ظاهرة الطباشير**
Peeling	**التجرد القشري**
Flaking	**التقشير**
Delamination	**الانفصال الى طبقات رقيقة**
Mill Scale	**قشور المصنع**
Blistering	**التبثر او التنفط**
Lifting and wrinkling	**الرفع والتجعد**
plastics	**اللدائن**
Plasticizer	**ملدن**
Resin	**راتنج**
Synthetic	**اصطناعي**
Varnish	**ورنيش ، طلاء راتنجى**
Urea – formaldehyde Resins	**راتنجات اليوريا فورمالديهايد**
Urethane Resins	**راتنجات اليوريثان**
Casein plastic	**لدائن الكازيين**
Bakelite	**باكليت**
Laminate	**ألواح رقيقة**

Solid Foam	مادة صلبة رغوية
Extrusion	بثق
Handle	مقبض
Tool	أداة
Upholstery	نجادة
Brittle	قسم
Acetic anhydride	حامض خليك لا مائي
Butyric	حامض البيوتريك
Dehydrohenation	نزع الهيدروجين
Dehydration	إزالة الماء
Linear	طولي
Curing	انضاج
Resilience	مرونة عكسية
Alkaling metal	المعادن القلوية
Safty Glass	زجاج الأمان
Expansion joint	وصلة تمديدية
Bristle	هلب
Casting	سبك
Coating	تغطية
Basicity of an Acid	قاعدية الحامض
Hydrolysis	التحلل المائي

Substituent	بديل
Antena	هوائي
Antena Housing	اغلفة الهوائيات
Regeneration	إعادة توليد
Lacquer	مواد طلاء
Protective Coating	الاطلية الواقية
Garment	كساء
Elasticity	مطاطية
Sap	عصارة
Latex	عصارة
Tar	قطران
Putrefaction	تعفن
Putrefy	عفن
Accretion	تضام
Stretch	شد
Kneading	عجن
Milling	طحن
Filler	حشوة
Accelerater	معجل ، مسرع
Hopper	قادوس
Ram	مدك ، مطرقة

Rotor	العضو الدوار
Cooling Water	ماء التبريد
Sinew	قوة
Staggeeing	متأرجح
Creeb	زحف ، تسلق
Litharge	أول او كسيد الزنك
Washers	حلقة (معدنية او جلدية)
Talc	سليكات المغنيسيوم المميأ
Tube	الإطار الداخلي
Aging	تقاوم ، تعتيق
Seal	مانع التسرب
Tug	قطر
Resilience	رجوعية
Hydrazine	الهيدرازين
Ionic Lattice	شبكة أيونية
Lubricating Oil	زيوت التزلق
Styrene	الستايرين
Threshold Treatment	معاملة المشرف
Wet Steam	بخار رطب
Erhchrome Black	صبغة- تستعمل كاشف
Free Chlorine Residue	الكلور الحر المتبقي

Ion Exchanger	مبادل ايوني
Lignin	مادة اللكنين
Bermanent	ثابت- دائم
pH	الرقم الهيدروجيني
Bhotoelectric Calorimeter	جهاز لقياس كثافة الضوء(شدة الضوء)
Bolar	قطبي
Residual Chlorine	الكلور المتخلف
Tannin	مادة التأنين الدابغة
Temborary	مؤقت
Temborary Hardness	العسرة المؤقتة
Transmission of light	انتقال الضوء
Turbidity	تعكر
Water For domestic Use	الماء للاستعمال المنزلي
Zeolite	مبادل ايوني

الملاحق

جدول (1) متوسط السعة الحرارية لغازات الاحتراق
كيلو جول / كيلو مول (ك) أو جول / مول (ك)
درجة الحرارة المرجعية 273.15 ك عند ضغط 1.013 بار

T ك	N_2	O_2	Air	H_2	CO	CO_2	H_2O
273	29.116	29.242	29.062	28.610	29.121	35.961	33.476
291	29.121	29.280	29.075	28.694	29.125	36.426	33.510
298	29.121	29.296	29.075	28.719	29.129	36.468	33.522
373	29.142	29.526	29.142	28.978	29.175	38.166	33.727
473	29.225	29.932	29.292	29.100	29.497	40.125	34.100
573	29.384	30.439	29.514	29.150	29.526	41.853	34.543
673	29.602	30.878	29.782	29.217	29.790	43.346	35.049
773	29.865	31.334	30.083	29.280	30.108	44.685	35.593
873	30.154	31.761	30.401	29.351	30.430	45.878	36.166
973	30.447	32.150	30.711	29.439	30.757	46.949	36.756
1073	30.752	32.501	31.020	29.547	31.079	47.917	37.355
1173	31.045	32.823	31.317	29.677	31.384	48.869	37.949
1273	31.305	33.121	31.585	29.824	31.873	49.580	39.585

جـــدول (2)

مواصفات وقود الطائرات ATK

الكثافة بمقياس API	40
نقطة الوميض	41 م° الحد الأدني
المقطر 10% بالحجم	170 م°
نقطة الغليان النهائية	275 م°
اللون بطريقة السيبوليت	25 الحد الأدني
الكبريت	30 جزء بالمليون
الكشف Doctor test	سالب
قيمة التفحم Char Value	$\frac{10 \text{ ملجم}}{\text{كجم}}$ الحد الأعلي
المواد الصمغية	$\frac{6 \text{ ملجم}}{100 \text{ مل}}$ الحد الأعلي
نقطة الادخان	25 ملم الحد الأدني
نقطة الانجماد	50-م° الحد الأعلي
الحامضية الغير عضوية	لا توجد

جـدول (3)

الدفع النوعي لبعض الوقود المختلفة والعوامل المؤكسدة القوية

الدفع النوعي	المادة المؤكسدة	الوقود
242	$1.5\ O_2$	$C_2H_5 - OH$
230	$4H_2\ O_2\ (\%99)$	$C_2H_5\ OH$
248	$2.2\ O_2$	JP_4
250	$1.3\ O_2$	NH_3
253	$2.3\ (\%70\ O_2\ ,\ \%30\ O_3\ )$	JP_4
266	$1.9\ (\%\ 100\ O_3\ )$	
265	$2.6\ F_2$	JP_4
277	$0.63\ O_3$	$NH_2\ NH_2$
288	$2.6\ F_2$	NH_3
291	$5.0\ F_2$	$B_2\ H_6$
296	$2.3\ F_2$	$CH_3\ OH$
298	$1.98\ F_2$	$NH_2\ NH_2$
511	$8.1\ O_2$	H_2

جـــدول (4)

تحاليل نموذجية لمختلف غازات الوقود .

غاز المجاري	غاز فرن الصهر	غاز الماء المكربن	غاز الماء	غاز المولدات	غاز الكوك	غاز الفحم	الغاز الطبيعي	المركب
--	26.2	35.4	43.6	33.5	5.1	7.4	--	CO
24.6	13.0	5.3	4.0	1.0	1.4	1.2	1.0	CO_2
--	3.2	40.0	47.8	10.5	57.4	52.1	--	H_2
73.3	--	10.7	0.3	2.5	28.5	29.2	85.0	CH_4
0.6	--	5.4	--	--	2.9	7.9	14.0	C_nH_m
1.5	57.6	3.2	4.3	52.5	4.7	2.2	--	N_2+O_2

جـــدول (5)
الخواص العامة لزيت السليكون

موائع	اللزوجة سبتيستوك بحرارة 25 م	معامل الحرارة اللزوجة	نقطة الوميض م°	نقطة الانسكاب م°	مجال الحرارة م°
200	20	.59	232.2	-60	-60 إلى 176.6
	100	.60	301.6	-55	-54 إلى 176.6
	500	.62	315.5	-50	-48.3 إلى 176.6
	12.500	.58	315.5	-46.1	-46.1 إلى 176.6
510	50	.62	273.8	-62.2	-56.6 إلى 176.6
	100	.62	233.8	-62.2	-56.6 إلى 176.6
	500	.65	273.8	-62.2	-56.6 إلى 176.6
	1000	.63	273.8	-62.2	-56.6 إلى 176.6
550	150 100	.76	301.6	50	-40 إلى 176.6
710	525 475	.83	301.6	-22.2	-18 إلى 260

جدول (6) خلاصة بالمواد اللدائنية والراتنجية

الاسم	المصدر	المركب الاحادي	الخواص الرئيسية المهمة	الاستعمالات المتداولة
السليلوز السليونات الريون الفسكوس	الخشب القطن قش، التبن هيدروكسيد الصوديوم		اعادة توليد السليلوز ذو الوزن الجزيئي الصغير	النسيج، اللدائن ، الرقائقية الشفافة ، حبال الاطارات
بيرالين بروكسلين نترات السليلوز	السليلوز حامض النتريك + حامض الكبريتيك	تستبدل (OH) بجذر $- O- NO_2$	صلب، شفاف، يذوب في الاستر، الكيتونات، يشتعل بسهولة	مقابض الادوات طلاء اللك
خلات السليلوز السيلانيس اللوماريث الملدنات	السليلوز حامض الخليك خلات الانهيدريد	تستبدل جذور (OH) في السليلوز بمجموعة الخلات	مقاومة عالية للهب ومواصفات قولبة جيدة، معدل عال لامتصاص الماء	افلام السلامة ، اللدائن الرقيقة الشفافة ، الاغلفة النسيج
اثيل السليلوز الايثوليل	سليلوز الصوديوم كلوريد الاثيل	يستبدل جذر الهيدروكسيل بـ OC_2H_5	أقوى انواع المشتقات السليلوزية	القبعات، الادوات أغطية الانسجة

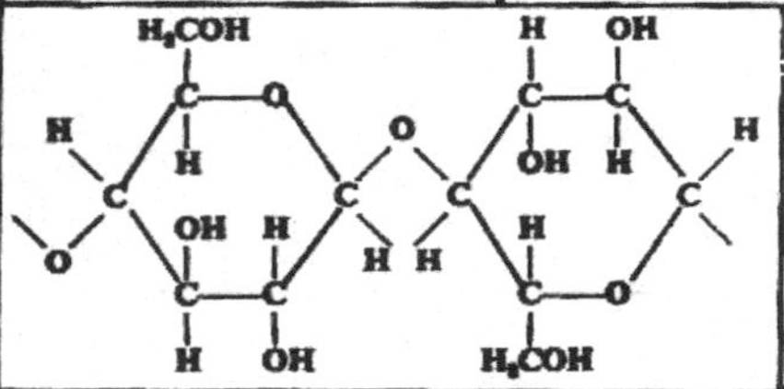

تابع جدول (6) خلاصة بالمواد اللدائنية والراتنجية

الاسم	المصدر	المركب الاحادي	الخواص الرئيسية المهمة	الاستعمالات المتداولة
البولي اثيلين البوليثين البولي بروبلين	الاثيلين	$-CH_2CH_2-$ CH_3 $-CH_2CH_2-$	خامل، ثابت، مرن بدرجات الحرارة المنخفضة ، قليل الامتصاص للماء ، خفيف جداً	حاجز للأبخرة، الانابيب المرنة، الحبال، المفروشات الارضية، الافلام الرقائقية التغليف، الاوعية
تترا الوايثيلين تفلون، TEE الكيل TFCE	$F_2 + C_2H_4$	$-CF_2-CF_2-$ $-Gclf-CF_2-$	عديم التفاعل ، غير لاصق ، يقولب لتقنية المعادن ، ذو درجة انصهار عالية جداً	اجزاء الرادار ، الحشوات بدرجة الحرارة العالية ، مواد تزييت صلبة
البولي فينيل استات	$CH=CH+HO-\overset{\overset{O}{\parallel}}{C}-CH_3$	$-CH_2-\underset{\underset{OOCCH_3}{\vert}}{CH}$	تتوسع عند التصلب	لاصق مستحلب الاصباغ
كحول الفينيل	$-CH_2-\underset{\underset{OOCCH_3}{\vert}}{CH}+H_2O$	$-CH_2\underset{\underset{OH}{\vert}}{CH}-$	راتنج صغير قابل للذوبان بالماء ، راتنج كبير عديم الذوبان بالماء ، قوة شد كبيرة، مرن	الرقائق القوية من النوع الذائب أو غير الذائب في الماء

تابع جدول (6) خلاصة بالمواد اللدائنية والراتنجية

الاسم	المصدر	المركب الأحادي	الخواص الرئيسية المهمة	الاستعمالات المتداولة
مثيل ميثا اكريلات	CH_3COCH_3 + HCN + CH_3OH	$-CH_2-C(CH_3)(COOCH_3)-$	مواصفات بصرية جيدة ، جيد القلوية .	العلامات العاكسة العدسات ، الاغلفة الشفافة الاضوية الخلفية للسيارات الحلي، مستحلب الأصباغ
نترات الاكرليك اكريلان اورلون	CH = CH + H − CN	$-CH_2-CH(CN)-$		الالياف ، الراتنجات
راتنجات التكثف الطولية				
التريلين الميلار الديكرون	HO CH_2 − CH_2OH + كليكول حامض النترايتاليك		مقاوم للحرارة، الياف قوية ، رقائق مقاومة للماء	رقائق قوية، انسجة ، حبال
النايلون	$H_2N(CH_2)_6NH_2$ + هيكساثيلين داي	املاح النايلون $HOOC(CH_2)_4COOH$ امين حامض الاديبيك	قليل الامتصاص للماء، راتنجات قوية	انسجة، الحبال، الشعر الخشن، القولبة

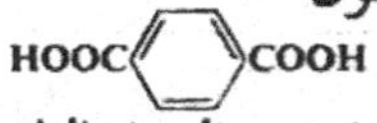

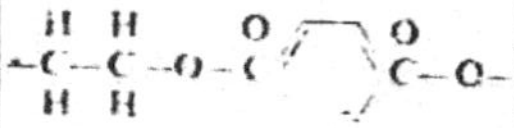

تابع جدول (6) خلاصة بالمواد اللدائنية والراتنجية

الاسم	المصدر	المركب الأحادي	الخواص الرئيسية المهمة	الاستعمالات المتداولة
السليكون	$HO-Si(R)(R)-OH$ سيلانديول	$-O-Si(R)(R)-$	مقاوم للحرارة ، مقاوم للماء مواد غير لاصقة	مزيتات خاصة، الهياكل المقاومة للحرارة، الشحوم مطاط السيلاستيك
الكلبتال	$CH_2(OH)-CH(OH)-CH_2(OH)$ +		الراتنجات المرتبة عرضياً	الورنيش والاطلية
راتنجات السليكون	$R-Si(OH)(OH)-OH$	$HO-Si(R)-O-Si(R)-OH$	راتنجات مقاومة للحرارة تعتمد الخواص على طبيعة الجذر ومقادر البلمرة	اغطية مقاومة للحرارة ومواد عازلة
فينول فورمالديهايد			يتصلب بالحرارة، قوى يعتمد على نسبة الفينول الى الفورمالديهايد	مواد لدائنية لاصقة، ورنيش، الاطلية، المواد العازلة، الأجزاء المقولبة
اليوريا فورمالديهايد	$H_2N.CO.NH_2$ + HCHO	$NH{\cdot}CH_2OH-CO-NH{\cdot}CH_2OH$	راتنجات شبه شفافة	مواد تشرب بدرجات الحرارة والضغط المنخفضة ، مواد لاصقة مواد رابطة

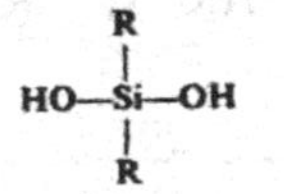

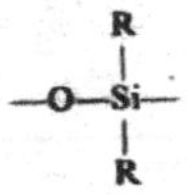

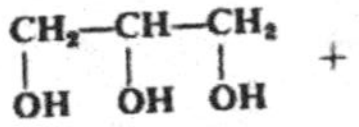

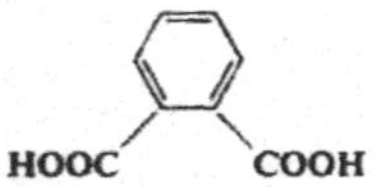

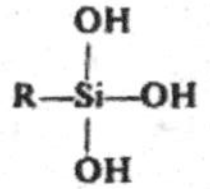

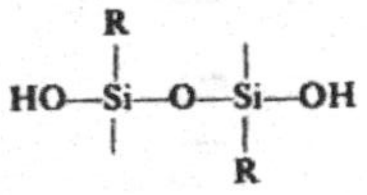

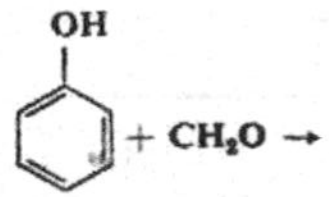

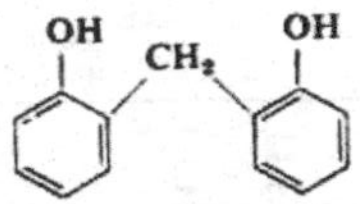

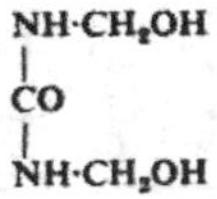

جدول (7)

الخواص التي تحدد استعمال اللدائن

(1 ـ الخاصية بالدرجة الأولى من الاهمية)

(2 ـ الخاصية بالدرجة الثانية من الاهمية)

المادة	المقاومة										درجة الحرارة القصوى م	السعر التقريبي دولار/ كغم
اللدائن التي تلدن بالحرارة	قوة الشد والصلابة	القوة	قوة العزل	امتصاص الماء	المواد الكيمياوية	عوامل التعرية	الحرارة	المرونة	الخواص البصرية	التلون		
الاسيتال	1	2	2	-	2	-	1	-	-	1	107	2.097
الاكرلك	1	-	-	-	2	1	-	-	1	-	93-88	1.3-0.022
خلات السليلوز	1	1	2	-	-	-	-	-	1	1	93-82	1.43-0.79
بيربيت خلات الاستات	1	1	2	1	-	1	-	-	1	1	93-82	1.589-0.88
بروبينات السليلوز	1	2	1	-	-	-	-	-	1	1	=	=
البولي ايثر المعرض للكلور	-	-	-	1	1	-	1	-	-	-	149	13.24b
اثيل سليلوز	2	1	-	-	-	-	-	1	-	1	93-82	1.77-1.28
كلوروكاربون CFE	-	2	1	1	1	1	1	-	-	-	260	16.44-9.9
فلوروكاربون TFE	2	2	-	1	1	1	1	1	-	-	199	17.66-15.45
النايلون	1	1	2	-	2	-	1	-	2	2	121	4.4-2.6
البولي ايثيلين	1	1	1	1	1	-	-	1	1	2	100.74	0.949-0.728
البولي بروبلين	1	1	1	1	1	-	-	1	1	2	110	1.037
البولي ستيرين	1	-	1	-	2	-	-	-	1	1	71-60	0.97-0.55
المعدل	1	1	2	-	1	-	1	-	-	1	100	=
الفينيل	1	1	1	2	1	-	-	1	1	1	79	0.95-0.597

جدول (8) قيم حاصل الاذابة لبعض المواد المعروفة

المركب	ثابت حاصل الاذابة في 25م °	المركب	ثابت حاصل الاذابة في 25 م°
AgCl	1.5×10^{-10}	PbS	1×10^{-28}
AgBr	4×10^{-13}	$PbCO_4$	2×10^{-14}
AgI	1×10^{-16}	$PbSO_4$	2×10^{-8}
CaF	4×10^{-11}	$Fe(OH)_2$	6×10^{-20}
$CaCO_3$	4.8×10^{-9}	$Fe(OH)_3$	1×10^{-38}
$MgCO_3$	1×10^{-5}	CuS	1×10^{-40}
$Mg(OH)_2$	9×10^{-12}	$Cu(OH)_2$	6×10^{-20}
$BaCO_3$	8.1×10^{-9}	ZnS	1×10^{-23}
$BaSO_4$	1×10^{-10}	$Al(OH)_2$	1×10^{-33}
$BaCrO_4$	1×10^{-10}	$Ca(OH)_2$	1×10^{-6}
$PbCl_2$	1.7×10^{-5}		
PbI_2	8×10^{-9}		

المراجع

المراجـع

1- ((**الكيمياء الهندسية**))

د . محمود عمر عبد الـلـه – جامعة البصرة 1999.

2- ((**الصناعات الكيميائية التجارية**))

مهندس عبد الكربم درويش – دار المعرفة – دمشق 2004 .

3- ((**كيمياء المهندسين**))

كار تميل – ترجمة د. ثروت صالح – جامعة الموصل 2001 .

4- ((**الكيمياء في الهندسة**))

لومير مونرو – نرنتس هول – نيوجيرسي 2005 .

5- ((**الكيمياء الصناعية**))

د. عزيز أمين – جامعة بغداد 1990 .

6- ((**مبادئ الكيمياء الصناعية**))

كريس كلاوسن – ترجمة د . عزيز أمين – جامعة بغداد 1995 .

7- ((**أسس الكيمياء الصناعية**))

أ.د. محمد مجدي واصل – دار الفجر للنشر والتوزيع – القاهرة 2005 م .

8- **((أسس الكيمياء الغروية))**

أ.د. محمد مجدي واصل – مجموعة النيل العربية – القاهرة 2006 م .

9- ((**كيمياء البوليمرات**))

أ.د. محمد مجدي واصل – دار الفجر للنشر والتوزيع – القاهرة 2005 م .

10- ((**مبادئ الكيمياء العامة**))

أ.د. محمد مجدي واصل – دار الفجر للنشر والتوزيع – القاهرة 2004 م .

11- ((**أسس الكيمياء الإشعاعية**))

أ.د. محمد مجدي واصل – دار طيبة للنشر والتوزيع – القاهرة 2007 م .

12- ((**أسس كيمياء السطوح**))

أ.د. محمد مجدي واصل– الأكادمية الحديثة للكتاب الجامعي– القاهرة 2007 م

13- ((**مبادئ الكيمياء الحفزية**))

أ.د. محمد مجدي واصل– الأكادمية الحديثة للكتاب الجامعي– القاهرة 2007 م

14- ((**أسس الكيمياء التحليلية**))

أ.د. محمد مجدي واصل – دار الفجر للنشر والتوزيع – القاهرة 2005 م .

15- ((**أساسيات كيمياء العناصر**))

أ.د. محمد مجدي واصل – دار طيبة للنشر والتوزيع – القاهرة 2006 م .

16- ((**أسس كيمياء المركبات التناسقية**))

أ.د. محمد مجدي واصل – دار طيبة للنشر والتوزيع – القاهرة 2008 م .

17- ((**الكيمياء الفيزيائية العملية**))

أ.د. محمد مجدي واصل – دار النشر للجامعات – القاهرة 2008 م .

18- ((**أسس الكيمياء الحركية**))

أ.د. محمد مجدي واصل – دار طيبة للنشر والتوزيع – القاهرة 2006 م .

19- ((**أسس الكيمياء الكهربية**))

أ.د. محمد مجدي واصل – دار طيبة للنشر والتوزيع – القاهرة 2007 م .

20- ((**أسس كيمياء العناصر الانتقالية**))

أ.د. محمد مجدي واصل – دار طيبة للنشر والتوزيع – القاهرة 2008 م .

المحتويات

بسم الله الرحمن الرحيم

المحتويات

تم بحمد الـلـه وعونه

Printed in the United States
by Bookmasters

Printed in the United States
By Bookmasters